U0734295

高等院校数字艺术精品课程系列教材

全彩慕课版

# InDesign
## 核心应用案例教程

InDesign 2020

龚雄涛 尹薇婷 王占勇 主编／袁胜虎 于波 秦航琪 副主编

人民邮电出版社

北 京

**图书在版编目（CIP）数据**

InDesign 核心应用案例教程 ：全彩慕课版 ：
InDesign 2020 / 龚雄涛，尹薇婷，王占勇主编.
北京 ：人民邮电出版社，2025. -- （高等院校数字艺术
精品课程系列教材）. -- ISBN 978-7-115-65238-6

Ⅰ. TS803.23

中国国家版本馆 CIP 数据核字第 202491BE76 号

## 内 容 提 要

本书全面、系统地介绍 InDesign 2020 的基本操作和核心功能，具体包括初识 InDesign、InDesign 2020 基础知识、常用工具与面板、基础绘图、高级绘图、版式编排、页面布局、书籍与目录和商业案例实训等内容。

本书第 1、2 章介绍 InDesign 基础知识；第 3～8 章以课堂案例为主线展开讲解，每个课堂案例都有详细的操作步骤，学生通过实际操作可以快速熟悉软件功能和设计流程，课堂案例之后的软件功能解析能带领学生深入学习软件操作技巧，课堂练习和课后习题可以提高学生的实际应用能力，拓宽其设计思路；第 9 章为商业案例实训，旨在帮助学生熟悉商业项目制作流程，使学生达到 InDesign 实战的水平。

本书可作为高等职业院校数字媒体类专业 InDesign 课程的教材，也可作为 InDesign 初学者的参考书。

◆ 主　　编　龚雄涛　尹薇婷　王占勇
　　副主编　袁胜虎　于　波　秦航琪
　　责任编辑　王亚娜
　　责任印制　王　郁　焦志炜

◆ 人民邮电出版社出版发行　　北京市丰台区成寿寺路 11 号
　　邮编　100164　　电子邮件　315@ptpress.com.cn
　　网址　https://www.ptpress.com.cn
　　临西县阅读时光印刷有限公司印刷

◆ 开本：787×1092　1/16
　　印张：14.5　　　　　　　　　2025 年 2 月第 1 版
　　字数：364 千字　　　　　　　2025 年 2 月河北第 1 次印刷

定价：79.80 元

读者服务热线：(010)81055256　印装质量热线：(010)81055316
反盗版热线：(010)81055315

# 前 言

　　本书全面贯彻党的二十大精神，以社会主义核心价值观为引领，传承中华优秀传统文化，坚定文化自信。为使本书内容更好地体现时代性、把握规律性、富于创造性，编者对本书的体例结构做了精心的设计。

## 如何使用本书

　　**第一步**，学习基础知识，快速上手 InDesign。

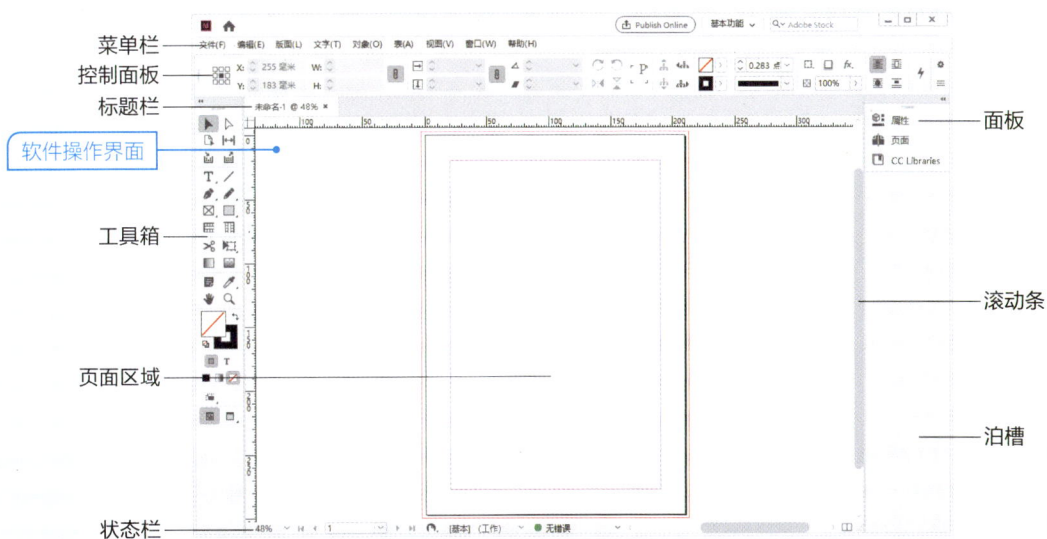

菜单栏
控制面板
标题栏
软件操作界面
工具箱
页面区域
状态栏

面板
滚动条
泊槽

位图和矢量图

**第二步**，练习课堂案例，熟悉流程。

## 4.1.1 课堂案例——绘制向日葵插画

了解学习
目标和
知识要点

【**案例学习目标**】学习使用基本绘图工具绘制向日葵插画。向日葵插画的效果如图4-1所示。

【**案例知识要点**】使用"矩形工具"、"角选项"命令、"椭圆工具"绘制土壤，使用"矩形工具"、"角选项"命令、"直线工具"、"旋转角度"选项、"水平翻转"按钮绘制向日葵枝叶，使用"多边形工具"、"角选项"命令、"椭圆工具"、"再次变换"命令绘制葵花和籽。

【**效果所在位置**】云盘 > Ch04 > 效果 > 绘制向日葵插画.indd。

精选典型
商业案例

微课

绘制向日葵
插画

图4-1

（1）选择"文件 > 新建 > 文档"命令，弹出"新建文档"对话框，设置如图4-2所示。单击"边距和分栏"按钮，弹出"新建边距和分栏"对话框，设置如图4-3所示。单击"确定"按钮，新建一个文档。选择"视图 > 其他 > 隐藏框架边缘"命令，将所绘制图形的框架边缘隐藏。

文字步骤
详解

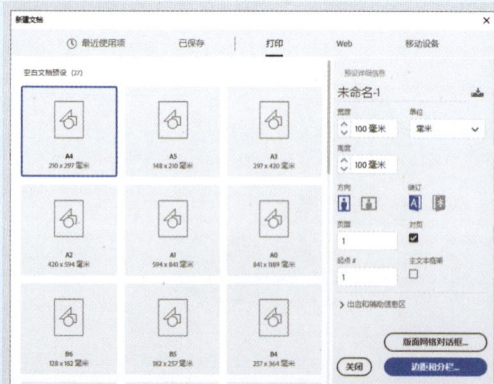

图4-2

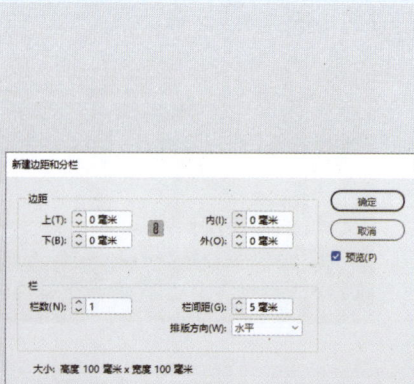

图4-3

**第三步，**完成课堂练习 + 课后习题，提高应用能力，拓宽设计思路。

更多商业案例

## 4.3　课堂练习——绘制卡通船

【练习知识要点】使用"矩形工具"、"直接选择工具"和"删除锚点工具"制作卡通船主体，使用"多边形工具"和"矩形工具"绘制烟囱，使用"椭圆工具"、"复制"命令和"原位粘贴"命令复制粘贴图形，效果如图4-116所示。

【效果所在位置】云盘 > Ch04 > 效果 > 绘制卡通船.indd。

图 4-116

微课

绘制卡通船

扫码看操作视频

巩固本章所学知识

## 4.4　课后习题——绘制宫灯插画

【习题知识要点】使用"椭圆工具"、"矩形工具"、"描边"面板、"路径查找器"面板、"角选项"命令、"直线工具"和"多边形工具"绘制宫灯插画，效果如图4-117所示。

【效果所在位置】云盘 > Ch04 > 效果 > 绘制宫灯插画.indd。

图 4-117

微课

绘制宫灯插画

InDesign

**第四步**，演练商业案例实训，熟悉商业项目制作流程。

图标设计

标志设计

插画设计

海报设计

广告设计

宣传单设计

杂志设计

卡片设计

Banner设计

书籍设计

画册设计

## 配套资源

● 书中所有案例的素材文件及最终效果文件。

● 全书 9 章 PPT 课件。

● 教学大纲。

● 配套教案。

任课教师可登录人邮教育社区（www.ryjiaoyu.com），搜索本书书名，在相关页面中免费下载资源。

登录人邮学院网站（www.rymooc.com）或扫描封面上的二维码，使用手机号码完成注册，在首页单击"学习卡"，输入封底刮刮卡中的激活码，即可在线观看本书慕课。

## 教学建议

本书的参考学时为 64 学时，其中实训环节为 28 学时，各章的参考学时见下面的学时分配表。

| 章 | 内　　容 | 学 时 分 配 | |
|---|---|---|---|
| | | 讲　　授 | 实　　训 |
| 第 1 章 | 初识 InDesign | 2 | — |
| 第 2 章 | InDesign 2020 基础知识 | 2 | — |
| 第 3 章 | 常用工具与面板 | 6 | 4 |
| 第 4 章 | 基础绘图 | 2 | 4 |
| 第 5 章 | 高级绘图 | 4 | 4 |
| 第 6 章 | 版式编排 | 6 | 4 |
| 第 7 章 | 页面布局 | 6 | 4 |
| 第 8 章 | 书籍与目录 | 2 | 4 |
| 第 9 章 | 商业案例实训 | 6 | 4 |
| 学 时 总 计 | | 36 | 28 |

由于编者水平有限，书中难免存在不足之处，敬请广大读者批评指正。

编者

2024 年 11 月

# 目 录

## ─01─

### 第1章 初识 InDesign

## ─02─

### 第2章　InDesign 2020 基础知识

## ─03─

### 第3章　常用工具与面板

# 目录

# 06

## 第 6 章　版式编排

InDesign

─ 07 ─

# 第 7 章　页面布局

─ 08 ─

# 第 8 章　书籍与目录

# 目 录

**09**

## 第9章 商业案例实训

# 扩展知识扫码阅读

## 设计基础

 ✔认识形体　　 ✔透视原理

 ✔认识设计　　 ✔认识构成

 ✔形式美法则　 ✔点线面

 ✔基本型与骨骼　 ✔认识色彩

 ✔认识图案　　 ✔图形创意

 ✔版式设计　　 ✔字体设计

>>>

## 设计应用

 ✔创意绘画　　 ✔图标设计

 ✔装饰设计　　 ✔VI设计

 ✔UI设计　　 ✔UI动效设计

 ✔标志设计　　 ✔包装设计

 ✔广告设计　　 ✔文创设计

 ✔网页设计　　 ✔H5页面设计

 ✔电商设计　　 ✔MG动画设计

 ✔网店美工设计　 ✔新媒体美工设计

01

# 第1章
# 初识 InDesign

▶ **本章简介**

在正式学习InDesign之前，首先要认识InDesign，了解其应用领域，才能为后续的学习奠定基础，提高学习效率。

**学习目标**

微课

第1章简介

● 了解InDesign的应用领域。

**素养目标**

● 培养对版式设计的兴趣。
● 培养自主获取新知识的学习态度。

# 1.1　InDesign 简介

InDesign是由Adobe公司开发的专业设计排版软件。InDesign拥有强大的图形图像编辑工具和页面排版功能，广泛应用于卡片设计、海报设计、广告设计、宣传单设计、画册设计、包装设计、杂志设计和书籍设计等领域，深受版式编排人员和平面设计师的喜爱。

# 1.2　InDesign 应用领域

## 1.2.1　卡片设计

卡片是人们增进交流的一种载体，用于传递信息、交流情感。卡片的种类繁多，有邀请卡、祝福卡、生日卡、新年贺卡等。使用InDesign可以设计制作多种风格的卡片，如图1-1所示。

图 1-1

## 1.2.2　海报设计

海报是广告艺术中的一种大众化载体，又名"招贴"或"宣传画"。海报具有尺寸大、远视性强、艺术性高等特点，因此，在宣传媒介中占有极重要的位置。使用InDesign可以设计制作多种尺寸和表现形式的海报，如图1-2所示。

图 1-2

## 1.2.3 广告设计

当前，广告以多样的形式出现在大众生活中，可通过手机、电视、报纸和户外灯箱等媒介来发布。使用InDesign设计制作广告可以更灵活地进行版式编排，更好地展示宣传内容，如图1-3所示。

图 1-3

## 1.2.4 宣传单设计

宣传单是直销广告的一种，对宣传活动和促销商品有着重要的作用。宣传单通过派送、邮递等手段，可以有效地将信息传递给目标受众。使用InDesign可以便捷地设计制作各种样式的宣传单，如图1-4所示。

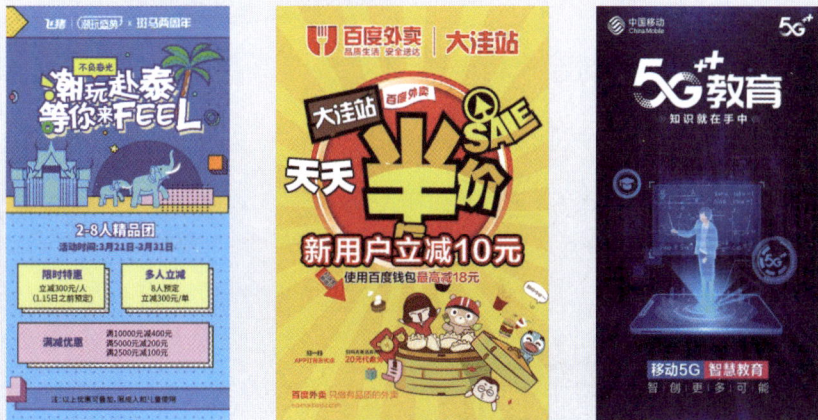

图 1-4

## 1.2.5 画册设计

画册可以起到有效宣传企业、产品、文化和服务等的作用，能够提高企业的知名度和人们对产品的认知度。使用InDesign设计制作的画册，版式编排丰富多样，能兼顾商业性和艺术感，如图1-5所示。

图 1-5

## 1.2.6　包装设计

包装是商品的外在形象，可以起到保护与美化商品、提高商品价值及传达商品信息的作用。好的包装可以让商品在同类产品中脱颖而出，引发消费者的关注。使用InDesign可以完成包装设计平面模切图、包装设计产品效果图的设计制作，如图1-6所示。

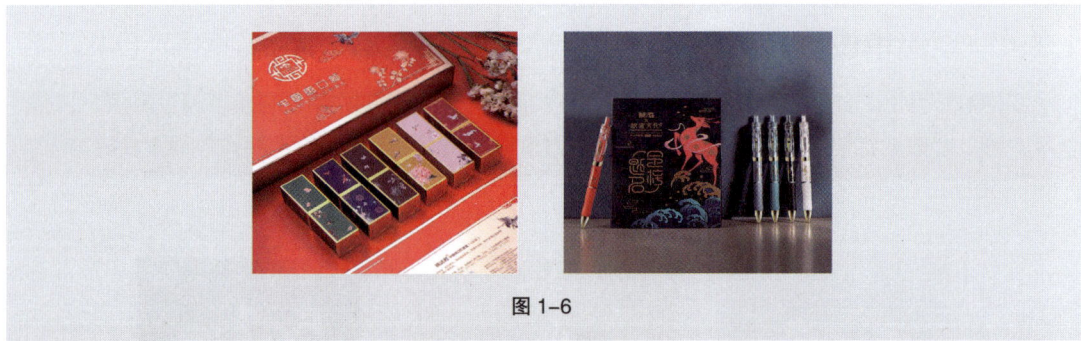

图 1-6

## 1.2.7　杂志设计

杂志是比较专项的宣传媒介之一，它具有目标受众准确、实效性强、宣传力度大、效果明显等特点。使用InDesign设计制作的杂志，版式编排灵活多变，设计风格整体性强，色彩运用丰富活泼，如图1-7所示。

图 1-7

## 1.2.8 书籍设计

书籍是人类历史发展的积淀，是思想、文化、知识、经验得以保存的依托，是人类进步的重要标志之一。使用InDesign设计制作的书籍，整体策划及造型设计更加灵活、形式新颖多样，如图1-8所示。

图 1-8

# 第2章

# 02

# InDesign 2020 基础知识

▶ **本章简介**

本章介绍InDesign 2020的基础知识，对其工具、面板、文件、视图和窗口等的基本操作进行详细的讲解。通过本章的学习，学生可以了解InDesign 2020的基本功能，掌握软件基本的操作方法。

**学习目标**

- 熟悉InDesign 2020的操作界面。
- 了解窗口的排列方式。

**技能目标**

- 掌握文件的新建、保存、打开和关闭方法。
- 掌握视图的显示方法。

**素养目标**

- 提高计算机操作水平。
- 培养积极实践的学习态度。

微课

第2章简介

# 2.1 InDesign 2020 的操作界面

本节介绍InDesign 2020的操作界面，对菜单栏、控制面板、工具箱、面板及状态栏进行详细的讲解。

## 2.1.1 操作界面

InDesign 2020的操作界面主要由菜单栏、控制面板、标题栏、工具箱、面板、页面区域、滚动条、泊槽、状态栏等部分组成，如图2-1所示。

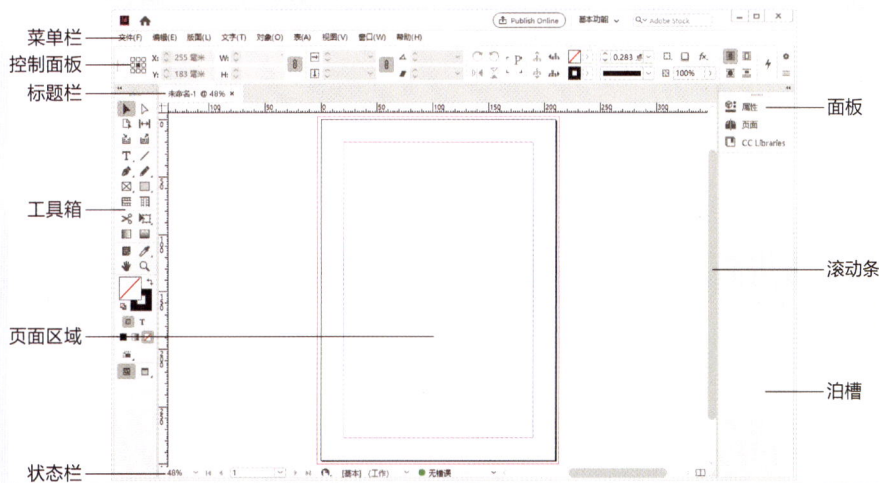

图 2-1

菜单栏：包括InDesign 2020中的所有操作命令，包括9个主菜单。每一个主菜单又包括多个子菜单，应用其中的命令可以完成基本操作。

控制面板：用于选取或调用与当前页面中所选项目或对象有关的选项和命令。

标题栏：当前文档的名称和显示比例。

工具箱：包括InDesign 2020中的所有工具。大部分工具还有其展开式工具面板，里面包含与该工具功能相类似的工具，可以更方便、快捷地进行绘图与编辑。

面板：可以快速调出许多用来设置数值和调节功能的面板，它是InDesign 2020中最重要的组件之一。面板是可以折叠的，可根据需要分离或组合，具有很高的灵活性。

页面区域：在操作界面中间以黑色实线表示的矩形区域，这个区域的大小就是用户设置的页面大小。页面区域还包括页面外的出血线、页面内的页边线和栏辅助线。

滚动条：当屏幕内不能完全显示整个文档的时候，通过拖曳滚动条可实现对整个文档的浏览。

泊槽：用于组织和存放面板。

状态栏：显示当前文档的所属页面、文档所处的状态等信息。

## 2.1.2 菜单栏

熟练地使用菜单栏能够快速、有效地完成绘制和编辑任务，提高排版效率。下面对菜单栏进行详细介绍。

　　InDesign 2020中的菜单栏包含"文件""编辑""版面""文字""对象""表""视图""窗口""帮助"9个主菜单，如图2-2所示。每个主菜单里又包含相应的子菜单。单击每一个菜单都将弹出其下拉菜单，如单击"版面"菜单，将弹出图2-3所示的下拉菜单。

图 2-2 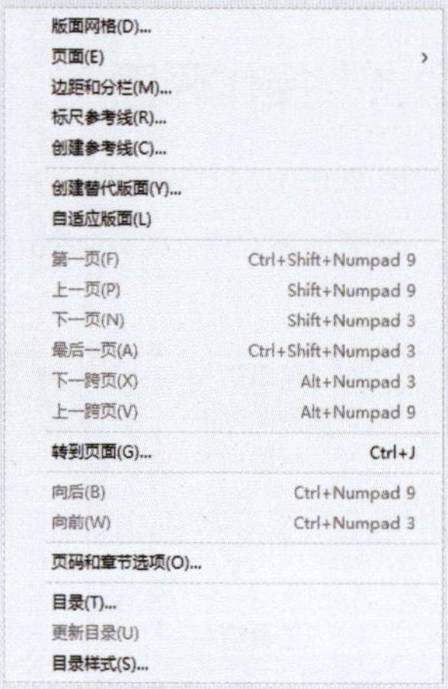　　　　　　　　　　　　　　　　　　　　　图 2-3

　　下拉菜单的左侧是命令的名称，在经常使用的命令右侧是该命令的快捷键，要执行命令，直接按相应快捷键，可以提高操作速度。例如，"版面 > 转到页面"命令的快捷键为Ctrl+J。

　　有些命令的右侧有一个向右的灰色箭头 >，表示该命令对应子菜单。单击它，即可弹出其子菜单。有些命令的后面有省略号"..."，表示选择该命令即可弹出其对话框，可以在对话框中进行更详尽的设置。有些命令呈灰色，表示该命令在当前状态下不可用，需要选中相应的对象或进行了合适的设置后，该命令才会变为可用状态。

## 2.1.3　控制面板

　　当用户选择不同对象时，InDesign 2020的控制面板将显示不同的选项，如图2-4～图2-6所示。

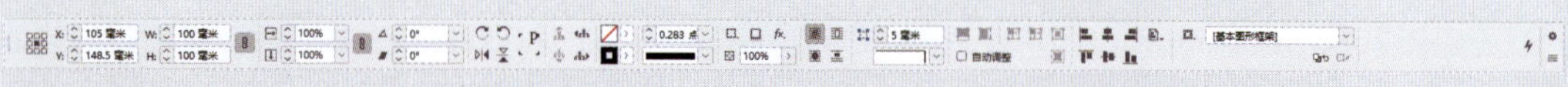

图 2-4

图 2-5

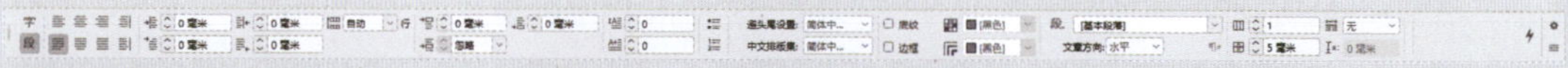

图 2-6

　　使用工具绘制对象时，可以在控制面板中设置所绘制对象的属性，可以对图形、文本和段落的属性进行设定和调整。

　　**提示：** 当控制面板的选项改变时，可以通过工具提示来了解选项的更多信息。工具提示在鼠标指针悬停在某个图符或选项上时自动出现。

## 2.1.4 工具箱

InDesign 2020工具箱中的工具具有强大的功能，这些工具可以用来编辑文字、形状、线条等页面元素。

工具箱不能像其他面板一样进行堆叠、连接操作，但是可以通过单击工具箱上方的 ›› 按钮实现单栏或双栏显示；或拖曳工具箱的标题栏到页面中，将其变为活动面板。单击工具箱上方的按钮 ⁝ 可以在垂直、水平和双栏3种外观间切换，如图2-7～图2-9所示。工具箱中部分工具的右下角带有一个黑色三角形，表示该工具还有展开工具组。将鼠标指针置于该工具上，按住鼠标左键，即可弹出展开工具组。

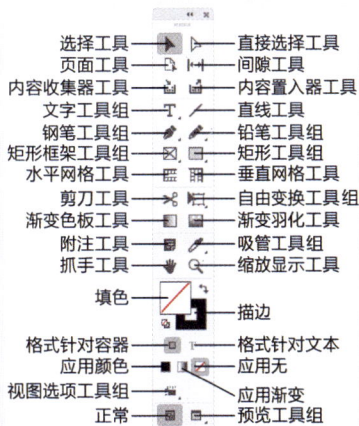

图 2-7　　　　　　　　　　　图 2-8　　　　　　　　　　　图 2-9

下面分别介绍各展开工具组。

文字工具组包括4个工具：文字工具、直排文字工具、路径文字工具、垂直路径文字工具，如图2-10所示。

钢笔工具组包括4个工具：钢笔工具、添加锚点工具、删除锚点工具、转换方向点工具，如图2-11所示。

铅笔工具组包括3个工具：铅笔工具、平滑工具、抹除工具，如图2-12所示。

矩形框架工具组包括3个工具：矩形框架工具、椭圆框架工具、多边形框架工具，如图2-13所示。

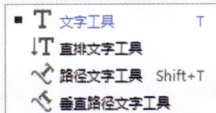
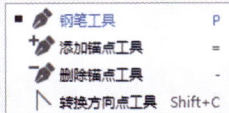
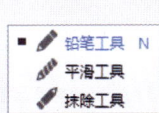
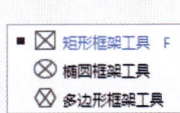

图 2-10　　　　　　　　图 2-11　　　　　　　　图 2-12　　　　　　　　图 2-13

矩形工具组包括3个工具：矩形工具、椭圆工具、多边形工具，如图2-14所示。

自由变换工具组包括4个工具：自由变换工具、旋转工具、缩放工具、切变工具，如图2-15所示。

吸管工具组包括3个工具：颜色主题工具、吸管工具、度量工具，如图2-16所示。

视图选项工具组包括6个工具：框架边线、标尺、参考线、智能参考线、基线网格、隐藏字符，如图2-17所示。

预览工具组包括4个工具：预览、出血、辅助信息区、演示文稿，如图2-18所示。

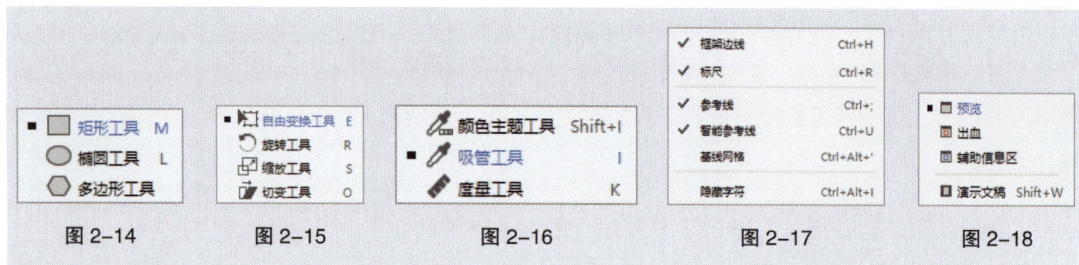

图2-14    图2-15       图2-16          图2-17           图2-18

## 2.1.5　面板

InDesign 2020的"窗口"菜单提供了多种面板，主要有附注、渐变、交互、链接、描边、任务、色板、输出、属性、图层、文本绕排、文字和表、效果、信息、颜色、页面等面板。

**1. 显示某个面板或其所在的组**

在"窗口"菜单中选择面板的名称，调出某个面板或其所在的组。要隐藏面板，在"窗口"菜单中再次选择面板的名称。如果这个面板已经在页面中显示，那么"窗口"菜单中的面板名称前会显示"√"。

> **提示：** 按Shift+Tab组合键，显示或隐藏除控制面板和工具箱外的所有面板；按Tab键，隐藏所有面板和工具箱。

**2. 排列面板**

在面板组中，单击面板的名称标签，对应面板就会被选中并显示为可操作的状态，如图2-19所示。把其中一个面板拖到组的外面，如图2-20所示，该面板会变为一个独立的面板，如图2-21所示。

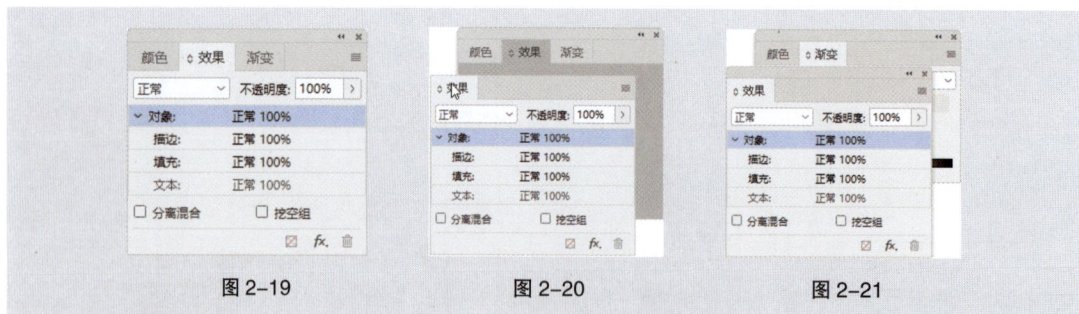

图2-19            图2-20            图2-21

按住Alt键，拖曳其中一个面板的标签，可以移动整个面板组。

**3. 面板菜单**

单击面板右上方的≡图标，会弹出当前面板的面板菜单，可以从中选择各种命令，如图2-22所示。

#### 4．改变面板高度和宽度

单击面板中的"折叠为图标"按钮 ，可将面板折叠为图标；单击"展开面板"按钮 ，可以使面板恢复为默认大小。

如果需要改变面板的高度和宽度，可以将鼠标指针放置在面板右下角，鼠标指针变为 形状，按住鼠标左键拖曳可缩放面板。

这里以"色板"面板为例，原面板效果如图2-23所示。将鼠标指针放置在面板右下角，鼠标指针变为 形状，按住鼠标左键拖曳到适当的位置，如图2-24所示；松开鼠标左键后，效果如图2-25所示。

图 2-22

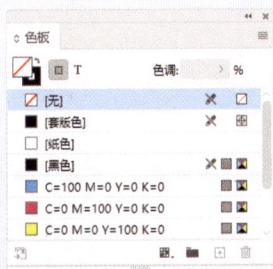
图 2-23

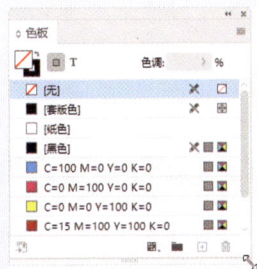
图 2-24

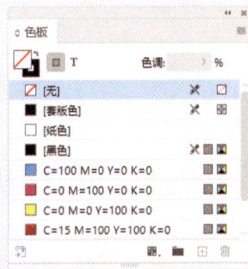
图 2-25

#### 5．将面板收缩到泊槽

在泊槽中的面板标签上按住鼠标左键，将面板标签拖曳到页面中，如图2-26所示，松开鼠标左键，可以将缩进面板转换为浮动面板，如图2-27所示；在页面中的浮动面板标签上按住鼠标左键，将面板拖曳到泊槽中，如图2-28所示，松开鼠标左键，可以将浮动面板转换为缩进面板，如图2-29所示。拖曳缩进到泊槽中的面板标签，将其放到其他的缩进面板标签中，可以组合出新的缩进面板组。使用相同的方法可以将多个缩进面板合并为一组。

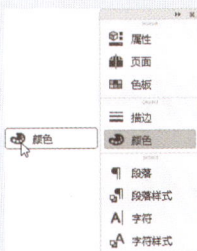
图 2-26

图 2-27

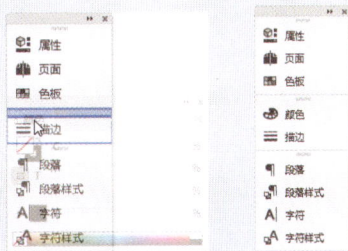
图 2-28

图 2-29

单击面板的标签（如"页面"标签 ），可以显示或隐藏面板。单击泊槽上方的 按钮，可以使面板变成展开面板或将其折叠为图标。

## 2.1.6　状态栏

状态栏在操作界面的最下面，包括3个部分（见图2-30）：左侧显示当前文档的缩放比例；中间显示当前文档所属的页面，下拉列表框中可显示当前的页码；右侧是滚动条，当绘制的图像过大不能完全显示时，可以通过拖曳滚动条浏览整张图像。

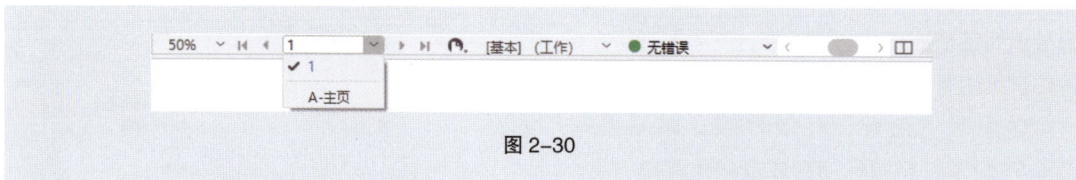

图 2-30

# 2.2　文件的基本操作

掌握一些基本的文件操作，是设计和制作作品的前提。下面介绍InDesign 2020的一些基本操作。

## 2.2.1　新建文档

新建文档是设计制作的第一步，可以根据自己的设计需要新建文档。

选择"文件 > 新建 > 文档"命令，或按Ctrl+N组合键，弹出"新建文档"对话框，用户根据需要单击上方的类别选项卡，选择需要的预设新建文档，如图2-31所示。在右侧的"预设详细信息"选项组中可修改文档的名称、宽度、高度、单位、方向和页面等的预设数值。

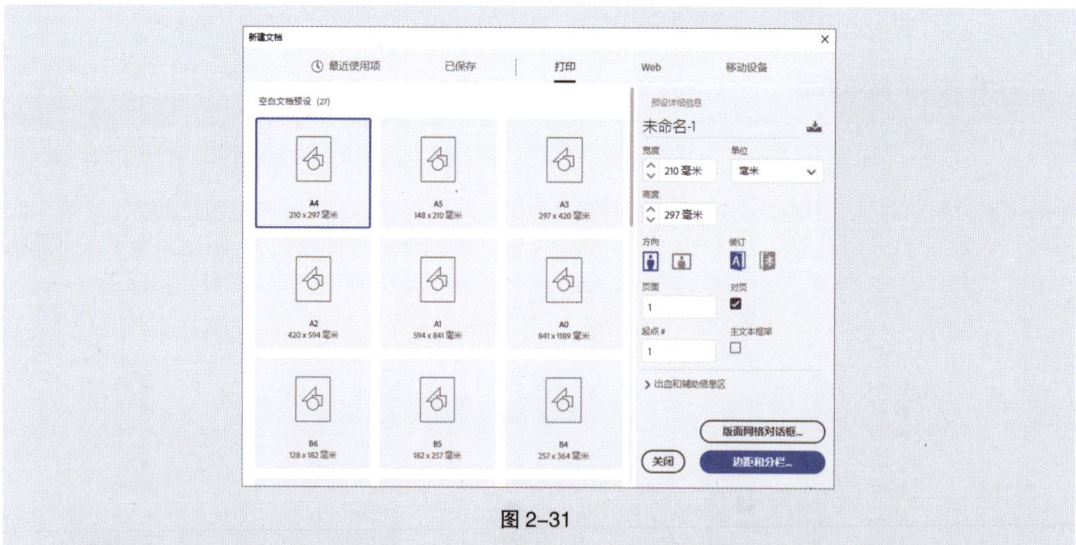

图 2-31

名称选项：用于输入新建文档的名称，默认状态下为"未命名-1"。

"宽度"和"高度"数值框：用于设置文档的宽度和高度的数值。页面的宽度和高度代表页面外出血和其他标记被裁掉之后的尺寸。

"单位"下拉列表：设置文档所采用的单位，默认状态下为"毫米"。

"方向"选项：单击"纵向"按钮■或"横向"按钮■，页面方向会发生纵向或横向的变化。

"装订"选项：有两种装订方式可供选择，即向左翻或向右翻。单击"从左到右"按钮，将按照左边装订的方式装订；单击"从右到左"按钮，将按照右边装订的方式装订。一般文本横排的版面选择左边装订，文本竖排的版面选择右边装订。

"页面"文本框：用于输入文档的总页数。

"对页"复选框：勾选该复选框可以在多页文档中建立左右页以对页形式显示的版面格式，就是通常所说的对开页。不勾选该复选框，新建文档的页面格式都以单面单页形式显示。

"起点"文本框：用于设置文档的起始页码。

"主文本框架"复选框：可以为多页文档创建常规的主页面。勾选该复选框后，InDesign 2020会自动在所有页面上加上一个文本框。

单击"出血和辅助信息区"左侧的箭头按钮，展开"出血和辅助信息区"选项组，如图2-32所示，可以设定出血及辅助信息区的尺寸。

图2-32

> **提示**：出血是为了避免在裁切带有超出边缘的图片或背景的作品时，因裁切的误差而露出白边所采取的预防措施，通常是在页面外扩展3mm。

单击"边距和分栏"按钮，弹出"新建边距和分栏"对话框。在该对话框中，可以在"边距"选项组中设置页面边空的尺寸，可分别设置"上""下""内""外"的值，如图2-33所示。在"栏"选项组中可以设置栏数、栏间距和排版方向。设置需要的数值后，单击"确定"按钮，新建一个页面。在新建的页面中，页边距所表示的"上""下""内""外"如图2-34所示。

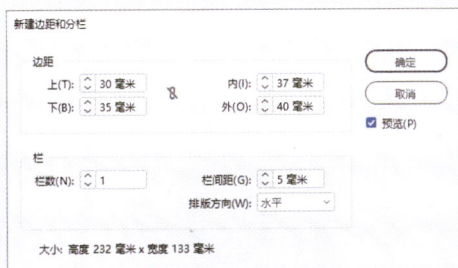

图2-33

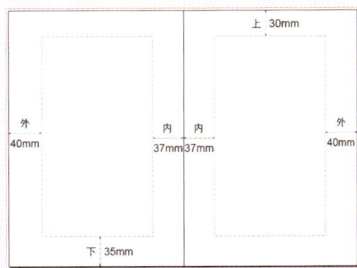

图2-34

## 2.2.2 保存文件

如果是新创建或无须保留原文件的设计，可以使用"存储"命令直接进行保存。如果想要将打开的文件进行修改或编辑后，不替代原文件而进行保存，则需要使用"存储为"命令。

### 1. 保存新创建的文件

选择"文件 > 存储"命令，或按Ctrl+S组合键，在弹出的"存储为"对话框中选择文件要保存的位置，在"文件名"文本框中输入文件名，在"保存类型"下拉列表中选择文件保存的类型，如图2-35所示，单击"保存"按钮，将文件保存。

> **提示**：第1次保存文件时，InDesign 2020会给出一个默认的文件名"未命名-1"。

**2. 另存已有文件**

选择"文件 > 存储为"命令，弹出"存储为"对话框，选择文件的保存位置并输入新的文件名，再选择保存类型，如图2-36所示，单击"保存"按钮，保存的文件不会替代原文件，而是以一个新的文件名另外进行保存。此命令可称为"换名存储"。

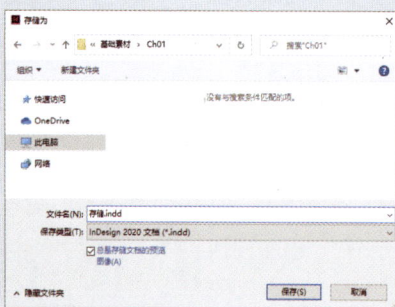
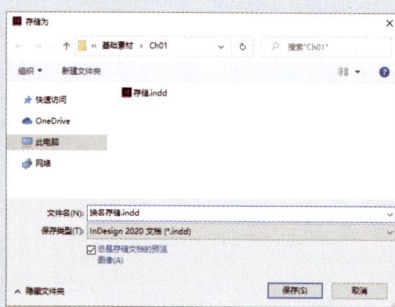

图2-35  图2-36

## 2.2.3　打开文件

选择"文件 > 打开"命令，或按Ctrl+O组合键，弹出"打开文件"对话框，如图2-37所示。

在对话框中找到要打开文件所在的位置并单击文件名。在"打开方式"选项组中，选择"正常"单选项，将正常打开文件；选择"原稿"单选项，将打开文件的原稿；选择"副本"单选项，将打开文件的副本。设置完成后，单击"打开"按钮，页面中就会显示打开的文件，如图2-38所示。也可以直接双击文件名来打开文件。

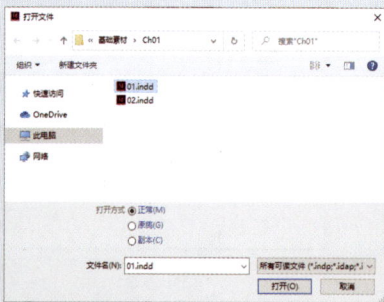
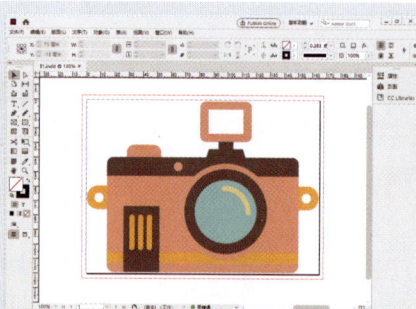

图2-37  图2-38

## 2.2.4　关闭文件

选择"文件 > 关闭"命令，或按Ctrl+W组合键，文件将会被关闭。如果文档没有保存，将会弹出一个提示对话框，如图2-39所示。

单击"是"按钮，系统将在关闭之前对文档进行保存；单击"否"按钮，在文档关闭时，系统将不对文档进行保存；单击"取消"按钮，文档不会关闭，系统也不会进行保存操作。

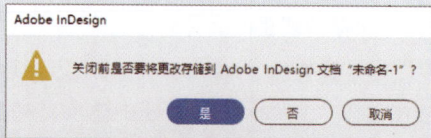

图2-39

# 2.3 视图与窗口的基本操作

在使用InDesign 2020进行图形绘制的过程中，用户可以随时改变视图与窗口的显示方式，以便更加细致地观察所绘图形的整体或局部。

## 2.3.1 视图的显示

"视图"菜单可以选择预定视图以显示页面或粘贴板。选择某个预定视图后，页面将保持此视图效果，直到再次改变预定视图为止。

**1. 显示整页**

选择"视图 > 使页面适合窗口"命令，可以使页面适合窗口显示，如图2-40所示。选择"视图 > 使跨页适合窗口"命令，可以使对开页适合窗口显示，如图2-41所示。

图 2-40

图 2-41

**2. 显示实际大小**

选择"视图 > 实际尺寸"命令，可以在窗口中显示页面的实际大小，也就是使页面100% 地显示，如图2-42所示。

**3. 显示完整粘贴板**

选择"视图 > 完整粘贴板"命令，可以查找或浏览粘贴板上的全部对象，此时界面中显示的是缩小的页面和整个粘贴板，如图2-43所示。

图 2-42

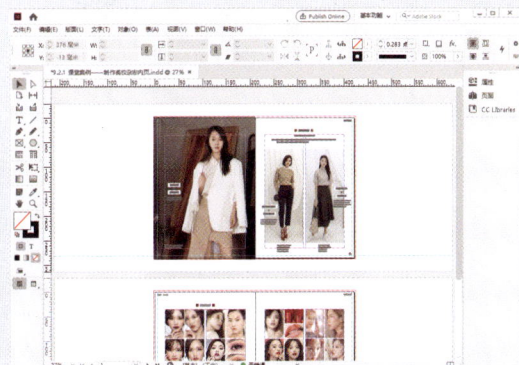

图 2-43

#### 4. 放大或缩小页面视图

选择"视图 > 放大（或缩小）"命令，可以将当前页面视图放大或缩小，也可以选择"缩放显示工具" $\boxed{Q}$ 进行缩放。

当页面中的"缩放显示工具"图标变为 $\oplus$ 时，单击可以放大页面视图；按住Alt键时，页面中的"缩放显示工具"图标变为 $\ominus$ ，单击可以缩小页面视图。

选择"缩放显示工具" $\boxed{Q}$ ，按住鼠标左键沿着想放大的区域拖曳出一个虚线框，如图2-44所示，虚线框范围内的内容会被放大显示，效果如图2-45所示。

图 2-44

图 2-45

按Ctrl+ + 组合键，可以将页面视图按比例进行放大；按Ctrl+ – 组合键，可以将页面视图按比例进行缩小。

在页面中右击，弹出图2-46所示的快捷菜单，在快捷菜单中可以选择命令对页面视图进行编辑。

选择"抓手工具" $\boxed{\text{✋}}$ ，在页面中按住鼠标左键拖曳可以对窗口中的页面进行移动。

图 2-46

### 2.3.2 窗口的排列

排版文件的窗口显示主要有平铺和全部在窗口中浮动两种。

选择"窗口 > 排列 > 平铺"命令，可以将打开的几个排版文件分别水平平铺显示在窗口中，效果如图2-47所示。

选择"窗口 > 排列 > 全部在窗口中浮动"命令，可以将打开的几个排版文件层叠在一起，只显示位于窗口最上层的文件，如图2-48所示。如果想选择需要操作的文件，单击文件名就可以了。

图 2-47

图 2-48

选择"窗口 > 排列 > 新建窗口"命令，可以将打开的文件复制一份。

### 2.3.3　预览文档

可通过工具箱中的预览工具来预览文档，如图2-49所示。

预览：单击工具箱底部弹出菜单中的"预览"按钮，文档将以预览显示模式显示，可以显示文档的实际效果。

出血：单击工具箱底部弹出菜单中的"出血"按钮，文档将以出血显示模式显示，可以显示文档及其出血部分的效果。

辅助信息区：单击工具箱底部弹出菜单中的"辅助信息区"按钮，可以显示文档制作为成品后的效果。

演示文稿：单击工具箱底部弹出菜单中的"演示文稿"按钮，文档以演示文稿的模式显示。在演示文稿模式下，应用程序菜单、面板、参考线以及框架边缘都是隐藏的。

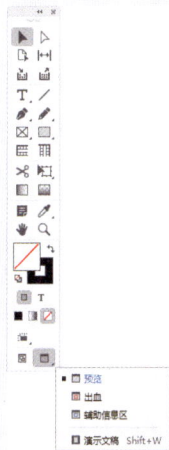

图 2-49

选择"视图 > 屏幕模式 > 预览"命令，如图2-50所示，也可显示预览效果，如图2-51所示。

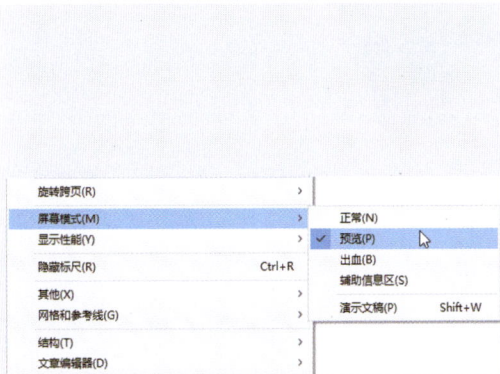

图 2-50

图 2-51

## 2.3.4　显示设置

图像的显示方式主要有快速显示、典型显示和高品质显示3种，如图2-52所示。

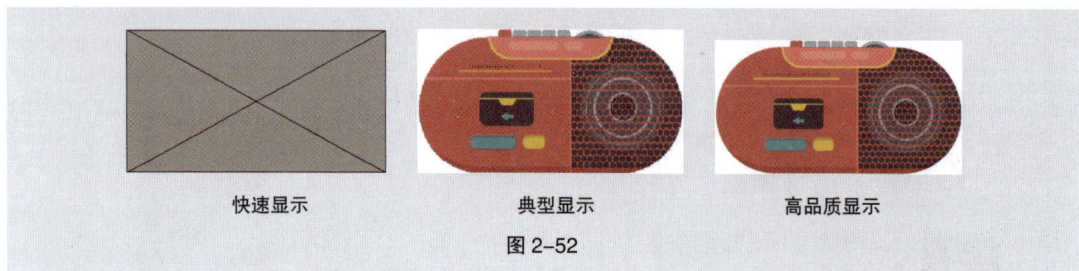

快速显示　　　　　　　典型显示　　　　　　　高品质显示

图 2-52

快速显示是将栅格图或矢量图显示为灰色块。

典型显示是显示低分辨率的代理图像，用于点阵图或矢量图的识别和定位。典型显示是默认选项，是显示可识别图像的最快方式。

高品质显示是将栅格图或矢量图以高分辨率显示。这一选项提供最高质量的显示，但速度最慢。当需要做局部微调时，使用这一选项。

> **注意：** 图像显示选项不会影响InDesign文档本身在输出或打印时的图像质量。在输出到PostScript设备或导出为EPS、PDF文件时，最终的图像分辨率取决于在打印或导出时设置的输出选项。

## 2.3.5　显示或隐藏框架边缘

InDesign 2020在默认状态下，即使没有选定图形，也显示框架边缘，这样在绘制过程中就会使页面显得拥挤，不易编辑。可以使用"隐藏框架边缘"命令隐藏框架边缘来简化页面显示。

在页面中绘制一个图形，如图2-53所示。选择"视图 > 其他 > 隐藏框架边缘"命令，隐藏页面中图形的框架边缘，效果如图2-54所示。

图 2-53　　　　　　　图 2-54

# 第 3 章
# 常用工具与面板

## ▶ 本章简介

　　本章讲解InDesign 2020中变换与填充工具的使用方法，以及如何创建和编辑文本，并对"效果"面板进行重点介绍。通过本章的学习，学生可以掌握文本输入和编辑的方法，以及图形对象的编辑技巧。

### 学习目标

- 掌握选择工具组的使用方法。
- 掌握不同类型文字的输入和编辑技巧。
- 熟练掌握各种颜色的填充方式和技巧。
- 熟练掌握用变换工具编辑对象的技巧。
- 掌握"效果"面板的使用技巧。

### 技能目标

- 掌握奖杯图标的组合方法。
- 掌握家居插画的绘制方法。
- 掌握闹钟图标的绘制方法。
- 掌握牛奶草莓广告的制作方法。

### 素养目标

- 培养夯实基础的学习习惯。

# 3.1 选择工具组

在InDesign 2020中，当对象呈选取状态时，对象的周围会出现限位框（又称为外框）。限位框是代表对象水平和垂直尺寸的矩形框。对象的选取状态如图3-1所示。

当同时选取多个图形对象时，各对象保留各自的限位框，选取状态如图3-2所示。

图 3-1          图 3-2

若要取消对象的选取状态，只要在页面中的空白位置单击即可。

## 3.1.1 课堂案例——组合奖杯图标

【**案例学习目标**】学习使用选择类工具组合奖杯图标。奖杯图标组合效果如图3-3所示。

【**案例知识要点**】使用"选择工具"移动图形，使用"取消编组"命令取消图形编组，使用"直接选择工具"调整图形的锚点。

【**效果所在位置**】云盘 > Ch03 > 效果 > 组合奖杯图标.indd。

微课
组合奖杯图标

图 3-3

（1）按Ctrl+O组合键，弹出"打开文件"对话框，选择云盘中的"Ch03 > 素材 > 组合奖杯图标 > 01"文件，单击"打开"按钮，打开文件，效果如图3-4所示。

（2）选择"选择工具"，将鼠标指针移动到奖杯的杯身上，鼠标指针形状变为，如图3-5所示。单击选中奖杯杯身，鼠标指针形状变为，如图3-6所示。

  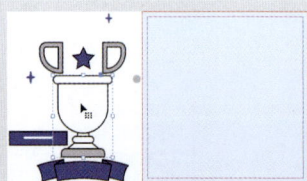

图 3-4          图 3-5          图 3-6

（3）按住鼠标左键并向右拖曳奖杯杯身到适当的位置，如图3-7所示。松开鼠标左键后，移动奖杯杯身后的效果如图3-8所示。

（4）选择"选择工具" ▶，单击选中五角星，如图3-9所示。按住鼠标左键并向右拖曳五角星到适当的位置，如图3-10所示，松开鼠标左键后，移动五角星后的效果如图3-11所示。用相同的方法选中并移动其他图形，效果如图3-12所示。

图 3-7

图 3-8

图 3-9

图 3-10

图 3-11

图 3-12

（5）选择"选择工具" ▶，单击选中彩带图形，如图3-13所示。按Ctrl+Shift+G组合键，取消图形编组，如图3-14所示。

（6）选择"添加锚点工具" ✎，在彩带图形左右两侧，分别单击，添加锚点，如图3-15所示。选择"直接选择工具" ▷，将鼠标指针放置到左侧添加的锚点上，鼠标指针形状变为▷，单击，该锚点被选中，如图3-16所示。

图 3-13

图 3-14

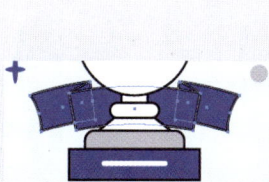
图 3-15

图 3-16

（7）按住鼠标左键并向右拖曳选中的锚点到适当的位置，如图3-17所示，松开鼠标左键后，图形形状如图3-18所示。

图 3-17

图 3-18

（8）选择"转换方向点工具" ⌐，将鼠标指针放置到需要转换的锚点上，如图3-19所示。单击，将平滑锚点转换为角点，效果如图3-20所示。

图 3-19  图 3-20

（9）用相同的方法移动另一个锚点并将其转换为角点，效果如图3-21所示。奖杯图标组合完成，效果如图3-22所示。

图 3-21  图 3-22

## 3.1.2 选择工具

选择"选择工具" ▶，在要选取的图形对象上单击，即可选取该对象。如果该对象是未填充的路径，则单击它的边缘即可将其选取。

选取多个图形对象时，按住Shift键，依次单击即可，效果如图3-23所示。

### 1. 选取矢量图

选择"选择工具" ▶，在页面中要选取的图形对象外围拖曳，将出现虚线框，如图3-24所示，虚线框接触到的对象都将被选取，如图3-25所示。

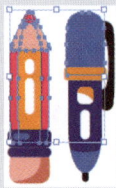

图 3-23  图 3-24  图 3-25

### 2. 选取位图

选择"选择工具" ▶，将鼠标指针置于图片上，当鼠标指针形状显示为▶时，如图3-26所示，单击图片可选取对象，如图3-27所示。在空白处单击，可取消选取状态，如图3-28所示。

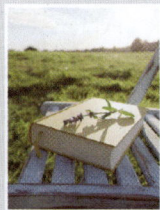

图 3-26  图 3-27  图 3-28

将鼠标指针移动到接近图片中心时，鼠标指针形状显示为✋，如图3-29所示，单击可选取限位框内的图片，如图3-30所示。按Esc键，可切换到选取对象状态，如图3-31所示。

  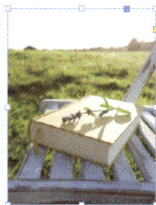

图 3-29　　　　　　图 3-30　　　　　　图 3-31

## 3.1.3　直接选择工具

### 1. 选取矢量图

选择"直接选择工具"▷，按住鼠标左键拖曳框选图形对象，如图3-32所示，松开鼠标左键，对象被选取，但被选取的对象不显示限位框，只显示锚点，如图3-33所示。

选择"直接选择工具"▷，在图形对象的某个锚点上单击，该锚点被选取，如图3-34所示。按住鼠标左键拖曳选取的锚点到适当的位置，如图3-35所示，松开鼠标左键，会改变对象的形状，如图3-36所示。在按住Shift键的同时单击需要的锚点，可选取多个锚点。

 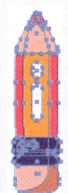   

图 3-32　　　　图 3-33　　　　图 3-34　　　　图 3-35　　　　图 3-36

选择"直接选择工具"▷，将鼠标指针放置在图形上并单击，图形呈选取状态，如图3-37所示，在中心点再次单击，选取整个图形，如图3-38所示，按住鼠标左键将其拖曳到适当的位置，如图3-39所示，松开鼠标左键，对象移动成功。

图 3-37　　　　　　图 3-38　　　　　　图 3-39

### 2. 选取位图

选择"直接选择工具"▷，单击图片的限位框，如图3-40所示，再单击中心点，如图3-41所示，按住鼠标左键将其拖曳到适当的位置，如图3-42所示。松开鼠标左键，只有限位框移动，框内的图片没有移动，效果如图3-43所示。

当鼠标指针置于图片之上时，"直接选择工具" ▷ 会自动变为"抓手工具" ✋，如图3-44所示，在图片上单击，可选取限位框内的图片，如图3-45所示。按住鼠标左键拖曳图片到适当的位置，如图3-46所示，松开鼠标左键，只有图片移动，限位框没有移动，效果如图3-47所示。

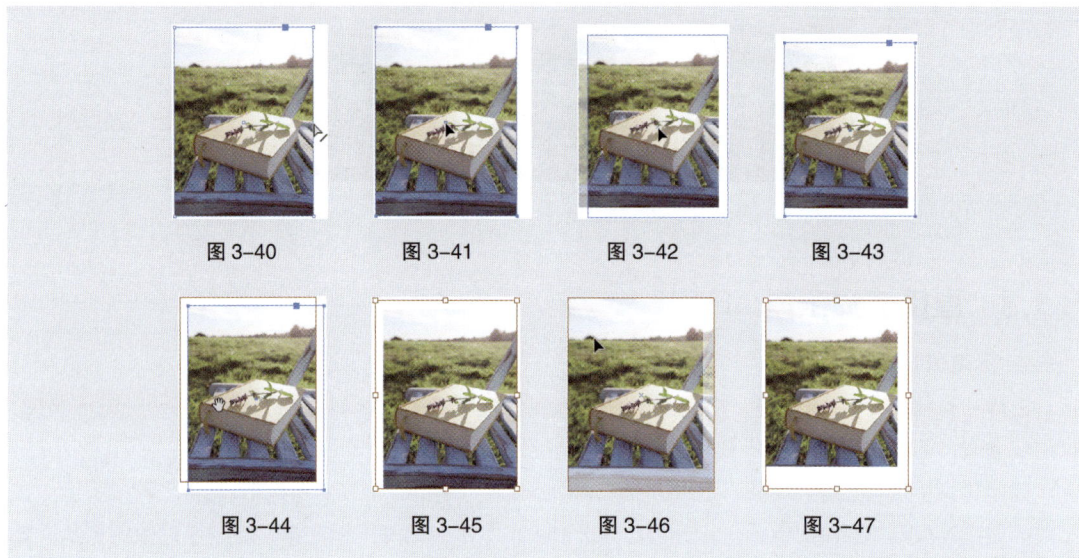

图 3-40　　　　　图 3-41　　　　　图 3-42　　　　　图 3-43

图 3-44　　　　　图 3-45　　　　　图 3-46　　　　　图 3-47

# 3.2 文字工具组

在InDesign 2020中，所有的文本都位于文本框内，通过编辑文本及文本框可以快捷地进行排版操作。下面介绍编辑文本及文本框的方法和技巧。

## 3.2.1 文字工具

### 1. 创建文本框

选择"文字工具" T 或"直排文字工具" IT，在页面中的适当位置单击并按住鼠标左键不放，拖曳到适当的位置，如图3-48所示。松开鼠标左键，创建文本框，文本框中会出现插入点，如图3-49所示。在拖曳时按住Shift键，可以创建一个正方形的文本框，如图3-50所示。

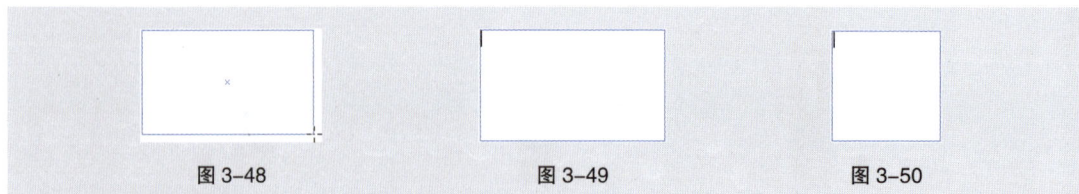

图 3-48　　　　　　　　图 3-49　　　　　　　　图 3-50

### 2. 输入文本

选择"文字工具" T 或"直排文字工具" IT，在页面中的适当位置拖曳创建文本框，当松开鼠标左键时，文本框中会出现插入点，直接输入文本即可。

选择"选择工具" ▶ 或选择"直接选择工具" ▷，在已有的文本框内双击，文本框中会出现插入点，直接输入文本即可。

### 3.2.2　路径文字工具

使用"路径文字工具" ✎和"垂直路径文字工具" ✎创建文本时，可以将文本沿着一条开放路径或闭合路径的边缘按水平或垂直方向排列，路径可以是规则或不规则的。路径文字和其他文本框一样有入口和出口，如图3-51所示。

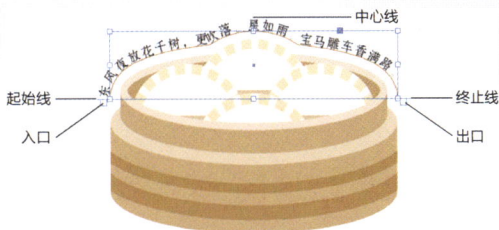

图 3-51

选择"钢笔工具" ✎，绘制一条路径，如图3-52所示。选择"路径文字工具" ✎，将鼠标指针定位于路径上方，鼠标指针形状变为 ✎，如图3-53所示，在路径上单击插入插入点，如图3-54所示，输入需要的文本，效果如图3-55所示。

图 3-52　　　　　　　图 3-53　　　　　　　图 3-54　　　　　　　图 3-55

**提示：** 若路径是有描边的，在添加文字之后会保持描边。要隐藏路径，用"选择工具"或"直接选择工具"选取路径，将填充和描边颜色都设置为无即可。

## 3.3　填充工具组

### 3.3.1　课堂案例——绘制家居插画

**【案例学习目标】** 学习使用"颜色"面板、"渐变色板工具"绘制家居插画，效果如图3-56所示。

微课

绘制家居插画

图 3-56

【**案例知识要点**】使用"选择工具"、"渐变色板工具"、"渐变羽化"命令、"描边"面板、"颜色"面板和"吸管工具"绘制家居插画。

【**效果所在位置**】云盘 > Ch03 > 效果 > 绘制家居插画.indd。

（1）按Ctrl+O组合键，弹出"打开文件"对话框，选择云盘中的"Ch03 > 素材 > 绘制家居插画 > 01"文件，单击"打开"按钮，打开文件，效果如图3-57所示。选择"选择工具"，选取上方的闭合路径，如图3-58所示。

（2）双击"渐变色板工具"，弹出"渐变"面板，在"类型"下拉列表中选择"线性"，在色带上选中左侧的渐变色标，设置C、M、Y、K值为4%、22%、25%、0%，选中右侧的渐变色标，设置C、M、Y、K值为3%、6%、15%、0%，如图3-59所示。为图形填充渐变色，并设置描边色为无，效果如图3-60所示。

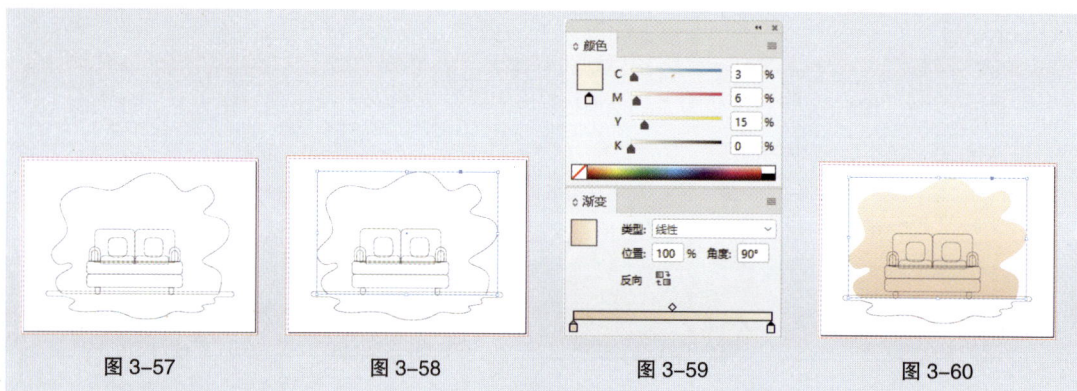

| 图 3-57 | 图 3-58 | 图 3-59 | 图 3-60 |

（3）选择"选择工具"，选取下方的闭合路径，如图3-61所示。选择"渐变"面板，在"类型"下拉列表中选择"线性"，在色带上选中左侧的渐变色标，设置C、M、Y、K值为13%、5%、7%、0%，选中右侧的渐变色标，设置C、M、Y、K值为31%、22%、21%、0%，如图3-62所示。为图形填充渐变色，并设置描边色为无，效果如图3-63所示。

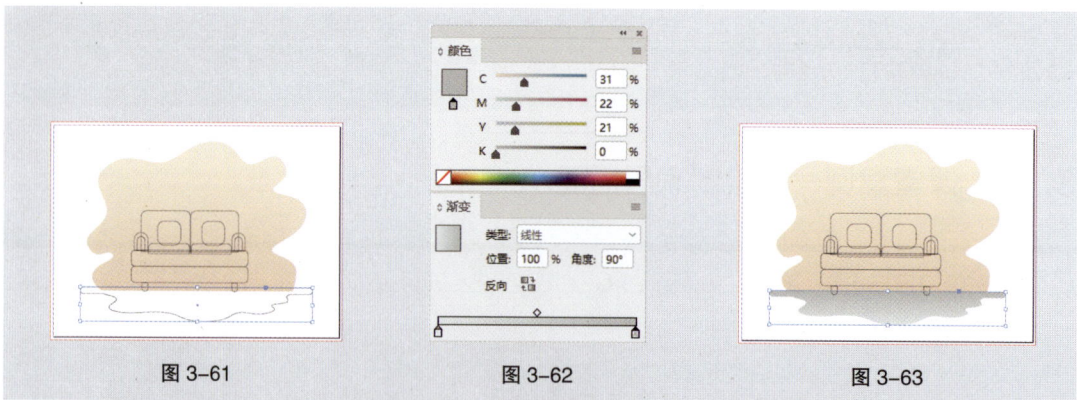

| 图 3-61 | 图 3-62 | 图 3-63 |

（4）单击控制面板中的"向选定的目标添加对象效果"按钮，在弹出的菜单中选择"渐变羽化"命令，弹出"效果"对话框，设置如图3-64所示。单击"确定"按钮，效果如图3-65所示。

（5）选择"选择工具"，选取需要的圆角矩形，如图3-66所示。选择"窗口 > 描边"命令，弹出"描边"面板，将"粗细"设为4点，如图3-67所示。按Enter键，效果如图3-68所示。

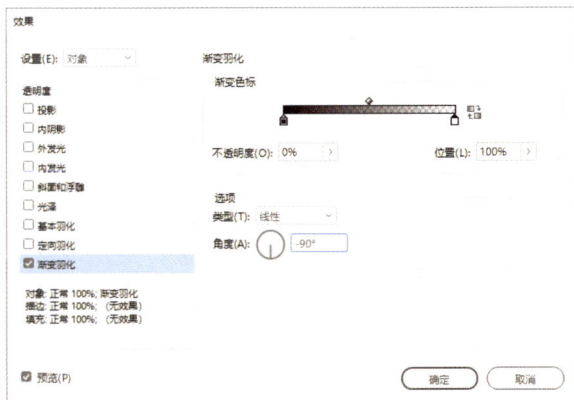

图 3-64

图 3-65

图 3-66

图 3-67

图 3-68

（6）选择"窗口 > 颜色 > 颜色"命令，弹出"颜色"面板，设置描边色的C、M、Y、K值为94%、67%、54%、14%，如图3-69所示。按Enter键，效果如图3-70所示。

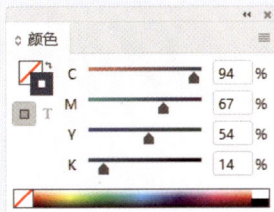

图 3-69

图 3-70

（7）在"颜色"面板中单击"填色"按钮，如图3-71所示。在"渐变"面板中，在"类型"下拉列表中选择"线性"，在色带上选中左侧的渐变色标，设置C、M、Y、K值为89%、55%、45%、1%，选中右侧的渐变色标，设置C、M、Y、K值为79%、29%、34%、0%，如图3-72所示。为图形填充渐变色，效果如图3-73所示。

（8）选择"选择工具" ▶，选取右侧的圆角矩形，如图3-74所示。选择"吸管工具" ✐，将鼠标指针放置在左侧圆角矩形上，鼠标指针形状变为✐，如图3-75所示。在圆角矩形上单击吸取颜色，效果如图3-76所示。用相同的方法填充其他图形为相应的颜色，效果如图3-77所示。

（9）按Ctrl+O组合键，弹出"打开文件"对话框，选择云盘中的"Ch03 > 素材 > 绘制家居插画 > 02"文件，单击"打开"按钮，打开文件。按Ctrl+A组合键，全选图形；按Ctrl+C组合键，复制选取的图形。返回正在编辑的页面，按Ctrl+V组合键，将复制的图形粘贴到页面中，选择"选择工具"▶，拖曳复制的图形到适当的位置，效果如图3-78所示。

（10）在页面空白处单击，取消图形的选取状态，家居插画绘制完成，效果如图3-79所示。

图 3-71

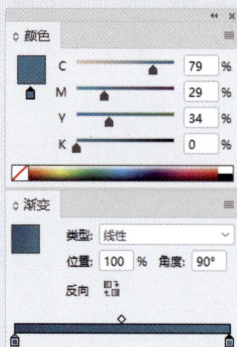

图 3-72

图 3-73

图 3-74

图 3-75

图 3-76

图 3-77

图 3-78

图 3-79

### 3.3.2　描边与填色

InDesign 2020提供了丰富的描边和填充设置，可以使用这些设置制作出精美的效果。下面介绍图形填充与描边的方法和技巧。

**1.　编辑描边**

描边是指一个图形对象的边缘或路径。默认状态下，在InDesign 2020中绘制出的图形基本上已画出了细细的黑色描边。通过调整描边的宽度，可以绘制出不同宽度的描边，如图3-80所示。还可以将描边设置为无。

单击工具箱下方的"描边"按钮，如图3-81所示，可以指定所选对象的描边颜色。按X键时，可以切换"填色"按钮和"描边"按钮的位置。单击"互换填色和描边"按钮↔或按Shift+X组合键，可以互换填充色和描边色。

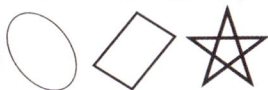

图 3-80

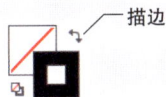
描边

图 3-81

在工具箱下方有3个按钮，分别是"应用颜色"按钮■、"应用渐变"按钮◨和"应用无"按钮◪。

• 设置描边的粗细

选择"选择工具" ▶，选取需要的图形，如图3-82所示。在控制面板中的"描边粗细"选项 ↕ 0.283 点 中选择需要的数值，如图3-83所示。按Enter键确定操作，效果如图3-84所示。

图 3-82

图 3-83

图 3-84

选取需要的图形，如图3-85所示。选择"窗口 > 描边"命令，或按F10键，弹出"描边"面板，在"粗细"下拉列表中选择需要的描边宽度值，或者直接输入合适的数值。本例"粗细"设置为"4点"，如图3-86所示，图形的描边宽度被改变，效果如图3-87所示。

图 3-85

图 3-86

图 3-87

• 设置描边的填充

保持图形被选取的状态，如图3-88所示。选择"窗口 > 颜色 > 色板"命令，弹出"色板"面板，单击"描边"按钮，如图3-89所示。单击面板右上方的≣图标，在弹出的菜单中选择"新建颜色色板"命令，弹出"新建颜色色板"对话框，设置如图3-90所示。单击"确定"按钮，对象描边的填充效果如图3-91所示。

图 3-88

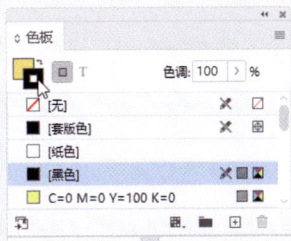

图 3-89

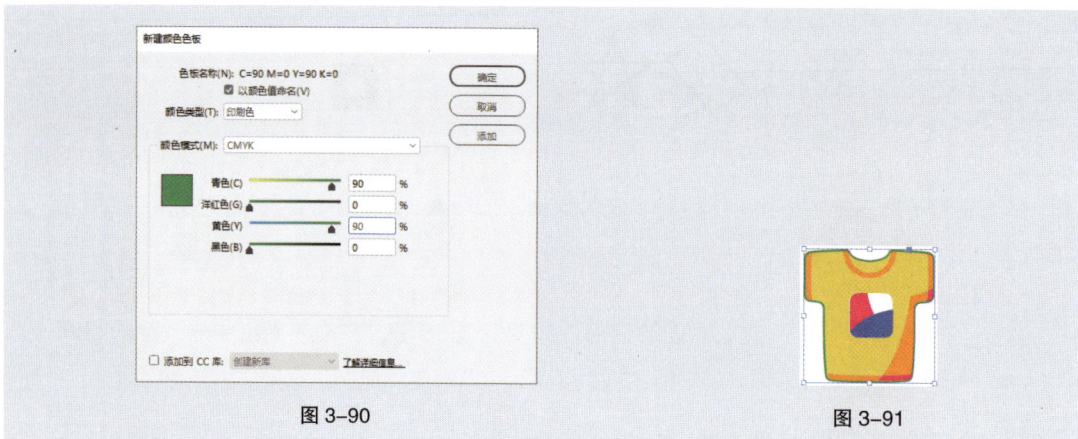

图 3-90

图 3-91

保持图形被选取的状态，如图3-92所示。选择"窗口 > 颜色 > 颜色"命令，弹出"颜色"面板，如图3-93所示。或双击工具箱下方的"描边"按钮，弹出"拾色器"对话框，如图3-94所示，在该对话框中可以调配所需的颜色，单击"确定"按钮，对象描边的颜色填充效果如图3-95所示。

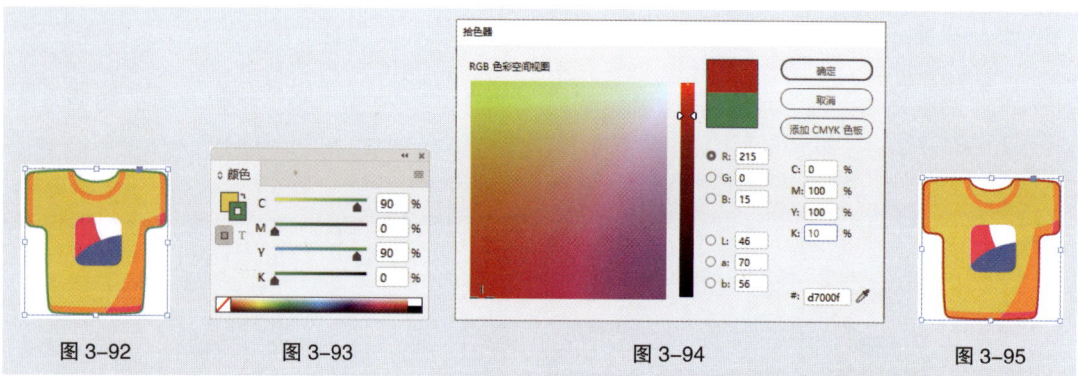

图 3-92

图 3-93

图 3-94

图 3-95

保持图形被选取的状态，如图3-96所示。选择"窗口 > 颜色 > 渐变"命令，在弹出的"渐变"面板中可以调配所需的渐变色，如图3-97所示，对象描边的渐变填充效果如图3-98所示。

图 3-96

图 3-97

图 3-98

● 使用"描边"面板

选择"窗口 > 描边"命令，或按F10键，弹出"描边"面板，如图3-99所示。"描边"面板主要用来设置对象描边的属性，如粗细、形状等。

在"描边"面板中，"斜接限制"选项可以设置描边沿路径改变方向时的伸展长度。可以在其下拉列表中选择所需的数值，也可以在数值框中直接输入合适的数值。"斜接限制"设置为"2"和"20"时的描边效果分别如图3-100、图3-101所示。

图 3-99

图 3-100

图 3-101

在"描边"面板中，末端是指一段笔画的首端和尾端，可以为笔画的首端和尾端选择不同的端点样式来改变末端的形状。使用"钢笔工具" ，绘制一段笔画，在"描边"面板中，"端点"选项包括3个不同端点样式的按钮 ，选定的端点样式会被应用到选定的笔画中，如图3-102所示。

平头端点

圆头端点

投射末端

图 3-102

"连接"选项是指一段笔画的拐点，连接样式就是指笔画转角处的形状。该选项有斜接连接、圆角连接和斜面连接3种不同的转角连接样式。绘制多边形的笔画，单击"描边"面板中的3个不同转角连接样式按钮 ，选定的转角连接样式会被应用到选定的笔画中，如图3-103所示。

斜接连接

圆角连接

斜面连接

图 3-103

在"描边"面板中，对齐描边是指在路径的内部、中间、外部设置描边，包括"描边对齐中心"按钮 、"描边居内"按钮 和"描边居外"按钮 对应的3种样式。选定这3种样式应用到选定的描边的效果如图3-104所示。

描边对齐中心

描边居内

描边居外

图 3-104

在"描边"面板中，在"类型"下拉列表中可以选择不同的描边类型，如图3-105所示。在"起始处/结束处"下拉列表中可以选择线段的首端和尾端的形状样式，如图3-106所示。

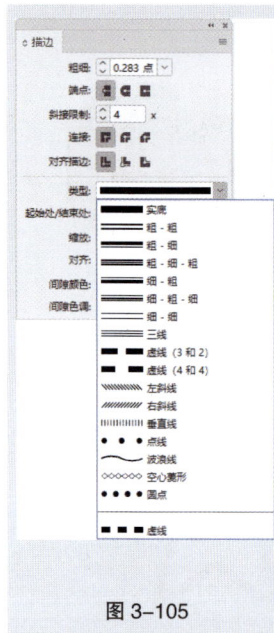
图 3-105

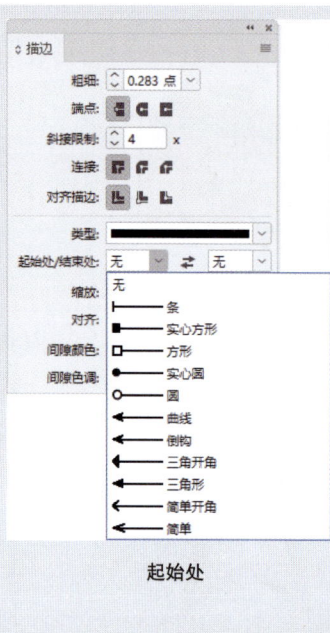
起始处
图 3-106

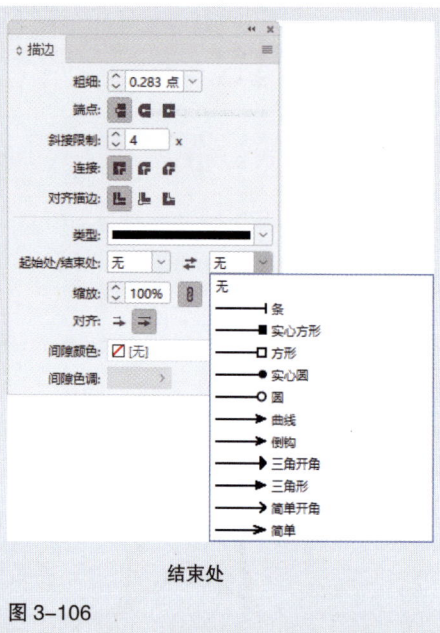
结束处

"互换箭头起始处和结束处"按钮 ⇄ 可以互换起始箭头和结束箭头。选中曲线，如图3-107所示，在"描边"面板中单击"互换箭头起始处和结束处"按钮 ⇄，如图3-108所示，效果如图3-109所示。

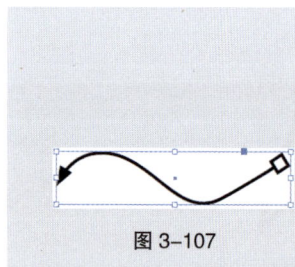
图 3-107

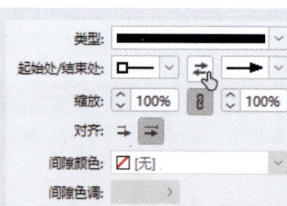
图 3-108

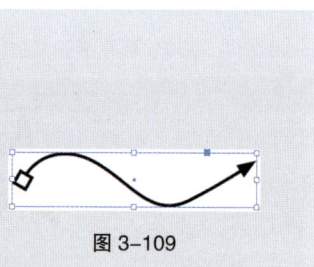
图 3-109

在"描边"面板的"缩放"选项中，左侧设置的是"箭头起始处的缩放因子"选项 ⌄ 100%，右侧设置的是"箭头结束处的缩放因子"选项 ⌄ 100%，设置为需要的数值，可以缩放曲线的起始箭头和结束箭头的大小。选中要缩放的曲线，如图3-110所示，将"箭头起始处的缩放因子"选项设置为200%，如图3-111所示，效果如图3-112所示。将"箭头结束处的缩放因子"选项设置为200%，效果如图3-113所示。

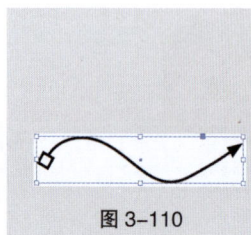
图 3-110

图 3-111

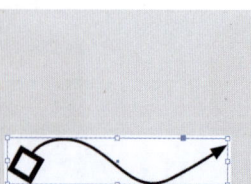
图 3-112

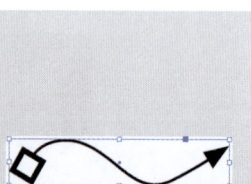
图 3-113

单击"缩放"选项右侧的"链接箭头起始处和结束处缩放"按钮，可以同时改变起始箭头和结束箭头的大小。

在"描边"面板的"对齐"选项中，左侧的是"将箭头提示扩展到路径终点外"按钮⇥，右侧的是"将箭头提示放置于路径终点处"按钮⇥，这两个按钮分别可以设置箭头在终点以外和箭头在终点处。选中曲线，单击"将箭头提示扩展到路径终点外"按钮⇥，箭头在终点外显示，如图3-114所示；单击"将箭头提示放置于路径终点处"按钮⇥，箭头在终点处显示，如图3-115所示。

图 3-114 　　　　　　图 3-115

在"描边"面板中，"间隙颜色"下拉列表用于设置除实线以外其他线段类型间隙之间的颜色，可选颜色如图3-116所示，间隙颜色的多少由"色板"面板中的颜色决定。"间隙色调"下拉列表设置的是所填充间隙颜色的饱和度，可选项如图3-117所示。

在"描边"面板中，在"类型"下拉列表中选择"虚线"，"描边"面板下方会自动弹出虚线设置选项，可以为描边创建虚线效果。虚线设置选项中包括6个选项，第1个选项默认的虚线值为"12点"，如图3-118所示。

图 3-116 　　　　　　图 3-117 　　　　　　图 3-118

"虚线"选项用来设置每一虚线段的长度。数值框中输入的数值越大，虚线的长度就越长；反之，输入的数值越小，虚线的长度就越短。

"间隔"选项用来设置虚线段之间的距离。输入的数值越大，虚线段之间的距离就越长；反之，输入的数值越小，虚线段之间的距离就越短。

"角点"下拉列表用来设置虚线中拐点的调整方法，其中包括无、调整线段、调整间隙、调整线段和间隙4种调整方法。

**2. 标准填充**

应用工具箱中的"填色"按钮可以指定所选对象的填充颜色。

● 使用工具箱填色

选择"选择工具" ▶，选取需要填充的图形，如图3-119所示。双击工具箱下方的"填色"按钮，弹出"拾色器"对话框，调配所需的颜色，如图3-120所示。单击"确定"按钮，对象的填充效果如图3-121所示。

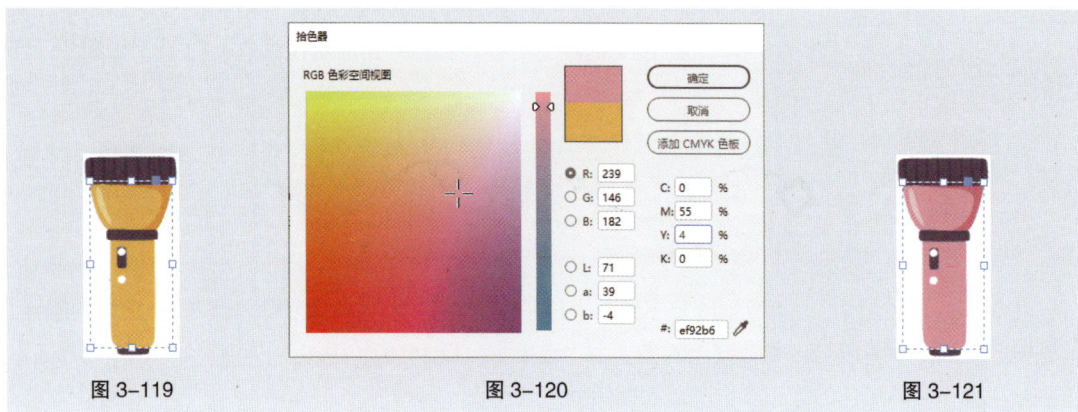

图 3-119                    图 3-120                    图 3-121

● 使用"颜色"面板填色

InDesign 2020也可以通过"颜色"面板设置对象的填充颜色，单击"颜色"面板右上方的 ≡ 图标，在弹出的菜单中选择当前取色时使用的颜色模式。无论选择哪一种颜色模式，面板中都将显示出相关的颜色内容，如图3-122所示。

选择"窗口 > 颜色 > 颜色"命令，弹出"颜色"面板。"颜色"面板上的按钮 用来进行填充颜色和描边颜色的互相切换，使用方法与工具箱中的按钮 的使用方法相同。

将鼠标指针移动到取色区域，鼠标指针变为吸管形状，单击可以选取颜色，如图3-123所示。拖曳各个颜色滑块或在各个数值框中输入有效的数值，可以精确调配颜色。

更改或设置对象的颜色时，选取已有的对象，在"颜色"面板中调配出新颜色，如图3-124所示。新调配的颜色就会被应用到当前选定的对象中，效果如图3-125所示。

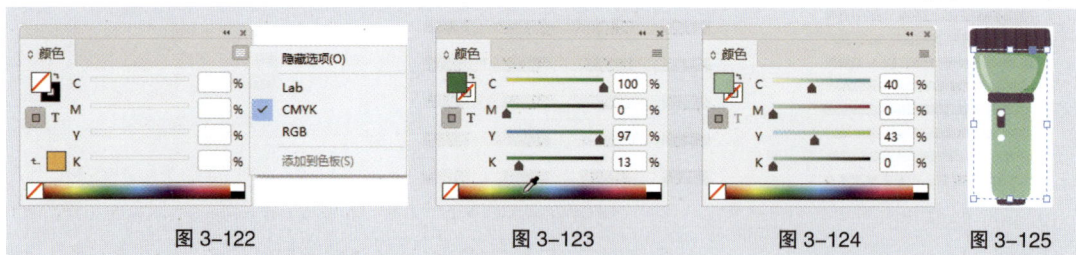

图 3-122            图 3-123            图 3-124            图 3-125

● 使用"色板"面板填色

选择"窗口 > 颜色 > 色板"命令，弹出"色板"面板，如图3-126所示。在"色板"面板中单击需要的颜色，可以将其选中并填充至选取的图形。

选择"选择工具" ▶，选取需要填充的图形，如图3-127所示。选择"窗口 > 颜色 > 色板"命令，弹出"色板"面板。单击面板右上方的 ≡ 图标，在弹出的菜单中选择"新建颜色色板"命令，弹出"新建颜色色板"对话框，设置如图3-128所示。单击"确定"按钮，对象的填充效果如图3-129所示。

图 3-126

图 3-127

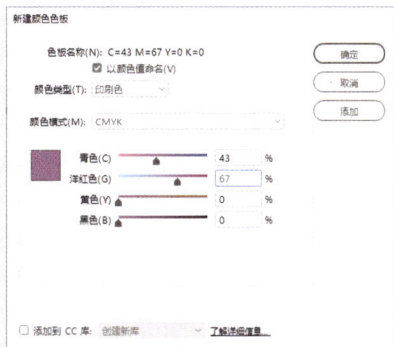

图 3-128          图 3-129

在"色板"面板中按住鼠标左键拖曳需要的颜色到要填充的路径或图形上，松开鼠标左键，也可以填充图形或描边。

### 3.3.3　渐变色板工具

**1. 创建渐变填充**

选取需要的图形，如图3-130所示。选择"渐变色板工具" ，在图形中需要的位置单击设置渐变的起点并按住鼠标左键拖曳，如图3-131所示。松开鼠标左键确定渐变的终点，渐变填充的效果如图3-132所示。

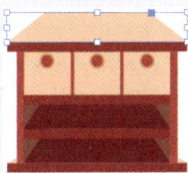

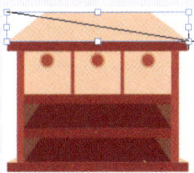

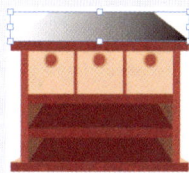

图 3-130          图 3-131          图 3-132

**2. "渐变"面板**

在"渐变"面板中可以设置渐变参数，可选择"线性"渐变或"径向"渐变，设置渐变的起始颜色、中间颜色和终止颜色，还可以设置渐变的位置和角度。

选择"窗口 > 颜色 > 渐变"命令，弹出"渐变"面板，如图3-133所示。在"类型"下拉列表中可以选择"线性"或"径向"渐变方式，如图3-134所示。

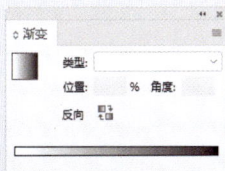

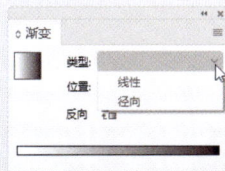

图 3-133          图 3-134

选取需要的图形，如图3-135所示，"角度"文本框中会显示当前的渐变角度，如图3-136所示。重新输入数值，如图3-137所示。按Enter键确定操作，可以改变渐变的角度，效果如图3-138所示。

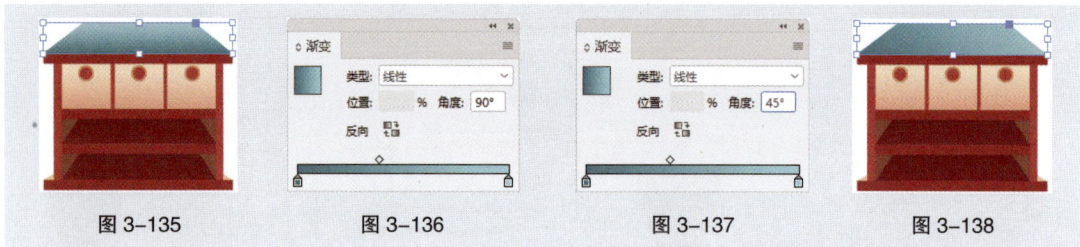

图 3-135　　　　　图 3-136　　　　　图 3-137　　　　　图 3-138

单击"渐变"面板下面的颜色滑块，"位置"文本框中会显示该滑块在渐变颜色中的颜色位置百分比，如图3-139所示。拖曳该滑块，改变该颜色的位置，将改变颜色的渐变梯度，如图3-140所示。

单击"渐变"面板中的"反向渐变"按钮 ，可将色谱条中的渐变反转，如图3-141所示。

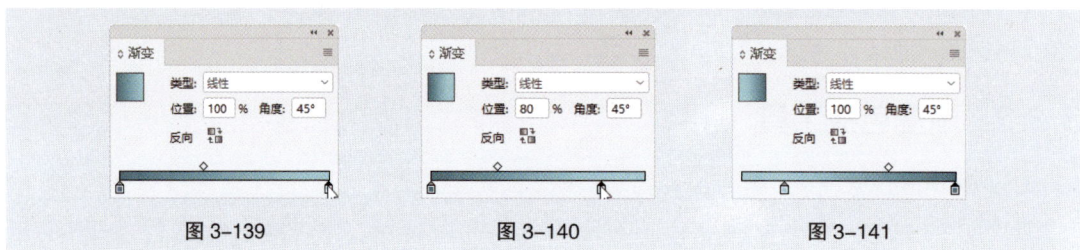

图 3-139　　　　　　　图 3-140　　　　　　　图 3-141

在渐变色谱条底边单击，可以添加一个颜色滑块，如图3-142所示。在"颜色"面板中调配颜色，如图3-143所示，可以改变添加滑块的颜色，如图3-144所示。按住颜色滑块并将其拖出"渐变"面板外，可以直接删除颜色滑块。

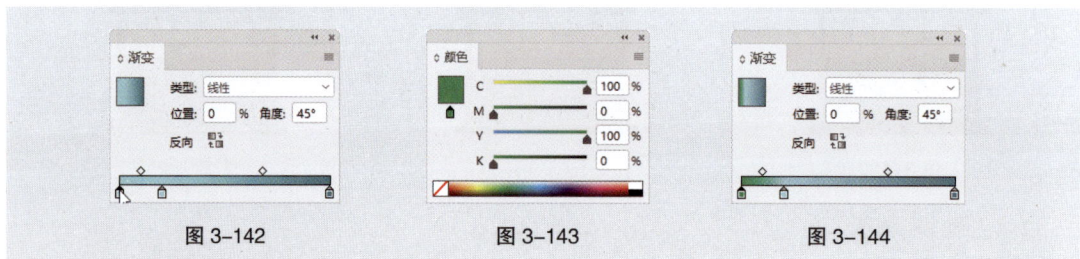

图 3-142　　　　　　　图 3-143　　　　　　　图 3-144

### 3．渐变填充的样式

● 线性渐变填充

选择需要的图形，如图3-145所示。双击"渐变色板工具" 或选择"窗口 > 颜色 > 渐变"命令，弹出"渐变"面板。在"渐变"面板的色谱条中，显示默认的从白色到黑色的线性渐变样式，如图3-146所示。在"渐变"面板"类型"下拉列表中选择"线性"，如图3-147所示，图形将被线性渐变填充，效果如图3-148所示。

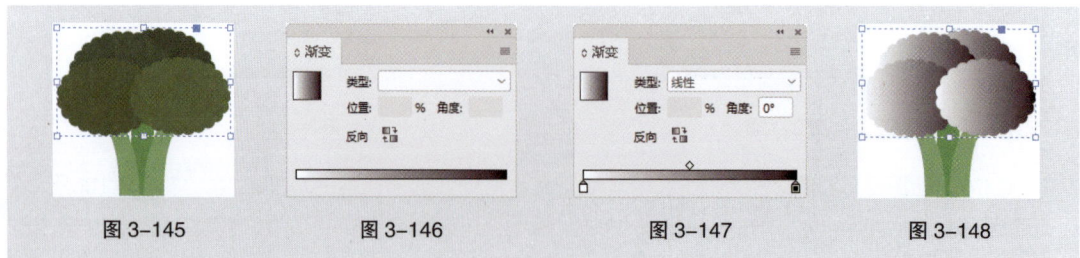

图 3-145　　　　　图 3-146　　　　　图 3-147　　　　　图 3-148

InDesign 核心应用案例教程（全彩慕课版）（InDesign 2020）

单击"渐变"面板中的起始颜色滑块█，如图3-149所示，然后在"颜色"面板中调配所需的颜色，设置渐变的起始颜色。再单击终止颜色滑块█，如图3-150所示，设置渐变的终止颜色，效果如图3-151所示，图形的线性渐变填充效果如图3-152所示。

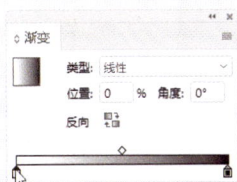

图 3-149

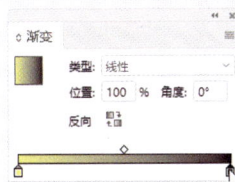

图 3-150

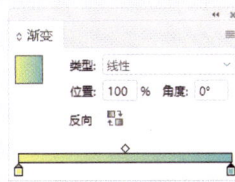

图 3-151

图 3-152

拖曳色谱条上边的控制滑块，可以改变颜色的渐变位置，如图3-153所示，这时"位置"文本框中的数值也会随之发生变化。设置"位置"文本框中的数值也可以改变颜色的渐变位置，图形的线性渐变填充效果也将改变，如图3-154所示。

如果要改变颜色渐变的方向，可选择"渐变色板工具"▢直接在图形中拖曳。当需要精确地改变渐变方向时，可通过"渐变"面板中的"角度"文本框来控制图形的渐变方向。

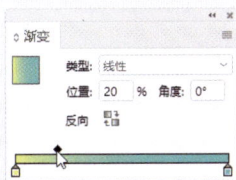

图 3-153

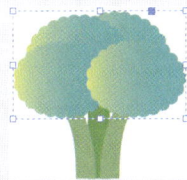

图 3-154

● 径向渐变填充

选择绘制好的图形，如图3-155所示。双击"渐变色板工具"▢或选择"窗口 > 颜色 > 渐变"命令，弹出"渐变"面板。"渐变"面板的色谱条中，显示默认的从白色到黑色的线性渐变样式，如图3-156所示。

在"渐变"面板的"类型"下拉列表中选择"径向"，如图3-157所示，图形将被径向渐变填充，效果如图3-158所示。

图 3-155

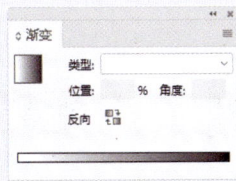

图 3-156

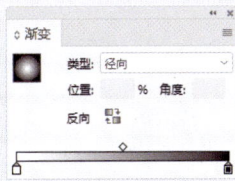

图 3-157

图 3-158

单击"渐变"面板中的起始颜色滑块█或终止颜色滑块█，然后在"颜色"面板中调配颜色，可改变图形的渐变颜色，效果如图3-159所示。拖曳色谱条上边的控制滑块，可以改变颜色的中心渐变位置，效果如图3-160所示。使用"渐变色板工具"▢拖曳，可改变径向渐变的中心位置，效果如图3-161所示。

图 3-159　　　　　　　　　　　图 3-160　　　　　　　　　　　图 3-161

### 3.3.4　渐变羽化工具

选取需要的图形，如图3-162所示。选择"渐变羽化工具" ，在图形中需要的位置单击设置渐变的起点并按住鼠标左键拖曳，如图3-163所示，松开鼠标左键确定渐变的终点，渐变羽化的效果如图3-164所示。

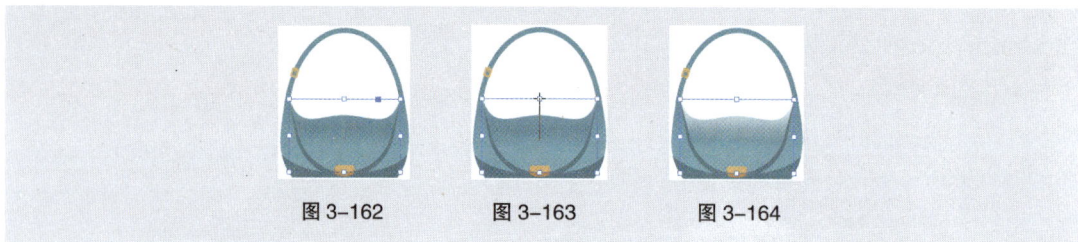

图 3-162　　　　　　图 3-163　　　　　　图 3-164

### 3.3.5　吸管工具

使用"吸管工具"可以将一个图形对象的属性（如描边、颜色、透明属性等）复制到另一个图形对象中，可以快速、准确地编辑属性相同的图形对象。

选择"选择工具" ，选取需要的图形，如图3-165所示。选择"吸管工具" ，将鼠标指针放在需复制属性的图形上，如图3-166所示，单击吸取图形的属性，选取的图形属性发生改变，效果如图3-167所示。

当使用"吸管工具" 吸取对象属性后，按住Alt键，吸管会转变方向并显示为空吸管，表示可以去吸新属性。不松开Alt键，单击新的对象，如图3-168所示，吸取新对象的属性。松开Alt键，效果如图3-169所示。

图 3-165　　　　图 3-166　　　　图 3-167　　　　图 3-168　　　　图 3-169

## 3.4　变换工具组

在InDesign 2020中，可以使用强大的图形对象变换功能对图形对象进行编辑，其中包括对象的旋转、缩放、切变和镜像等操作。

## 3.4.1 课堂案例——绘制闹钟图标

微课
绘制闹钟图标

图 3-170

（1）按Ctrl+O组合键，弹出"打开文件"对话框，选择云盘中的"Ch03 > 素材 > 绘制闹钟图标 > 01"文件，单击"打开"按钮，打开文件，效果如图3-171所示。

（2）选择"选择工具" ▶ ，选取需要的图形，在按住Alt+Shift组合键的同时，水平向右拖曳图形到适当的位置，复制图形，效果如图3-172所示。单击控制面板中的"水平翻转"按钮 ▷◁ ，水平翻转图形，效果如图3-173所示。

图 3-171          图 3-172          图 3-173

（3）选择"选择工具" ▶ ，在按住Shift键的同时，依次单击需要的图形，如图3-174所示。选择"对象 > 变换 > 旋转"命令，弹出"旋转"对话框，设置如图3-175所示。单击"复制"按钮，复制并旋转图形，效果如图3-176所示。

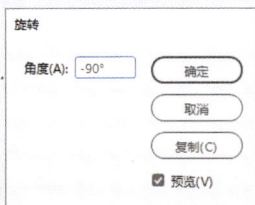

图 3-174          图 3-175          图 3-176

（4）选择"选择工具" ▶ ，选取需要的圆形，如图3-177所示。选择"对象 > 变换 > 缩放"命令，弹出"缩放"对话框，设置如图3-178所示。单击"复制"按钮，复制并缩小图形，效果如图3-179所示。

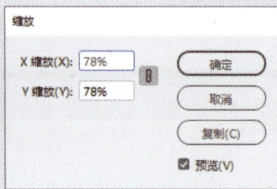

图 3-177　　　　　　　　　　　图 3-178　　　　　　　　　　　图 3-179

（5）填充图形为白色，并在控制面板中将"描边粗细"选项 $\updownarrow$ 0.283 点 ∨ 设为"8点"，按Enter键，效果如图3-180所示。选取需要的矩形，在控制面板中将"旋转角度"选项 △ $\updownarrow$ 0° ∨ 设为-32°，按Enter键，效果如图3-181所示。

（6）选择"选择工具" ▶，在按住Alt+Shift组合键的同时，水平向右拖曳图形到适当的位置，复制图形，效果如图3-182所示。单击控制面板中的"水平翻转"按钮 ▷◁，水平翻转图形，效果如图3-183所示。在页面空白处单击，取消图形的选取状态，闹钟图标绘制完成，效果如图3-184所示。

图 3-180　　　　　图 3-181　　　　　图 3-182　　　　　图 3-183　　　　　图 3-184

### 3.4.2　旋转工具

选择"选择工具" ▶，选取要旋转的对象，如图3-185所示。选择"自由变换工具" ⊠，对象的四周出现限位框，将鼠标指针放在限位框的外围，待变为旋转符号 ↰，按住鼠标左键拖曳，如图3-186所示。待对象旋转到需要的角度后松开鼠标左键，对象的旋转效果如图3-187所示。

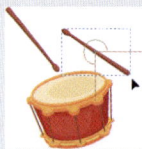

图 3-185　　　　　　　　　图 3-186　　　　　　　　　图 3-187

选取要旋转的对象，如图3-188所示。选择"旋转工具" ↻，对象的中心点出现旋转中心图标 ✛，如图3-189所示。将鼠标指针移动到旋转中心上，按住鼠标左键拖曳旋转中心到需要的位置，如图3-190所示。在所选对象外围拖曳旋转对象，效果如图3-191所示。

图 3-188　　　　　图 3-189　　　　　图 3-190　　　　　图 3-191

InDesign 核心应用案例教程（全彩慕课版）（InDesign 2020）

## 3.4.3 缩放工具

选择“选择工具”，选取要缩放的对象，对象的周围出现限位框，如图3-192所示。选择“自由变换工具”，按住鼠标左键拖曳对象右上角的控制手柄，如图3-193所示。松开鼠标左键，对象的缩放效果如图3-194所示。

图 3-192

图 3-193

图 3-194

选取要缩放的对象，选择“缩放工具”，对象的中心会出现缩放对象的中心控制点，单击并拖曳中心控制点到适当的位置，如图3-195所示。按住鼠标左键拖曳对角线上的控制手柄到适当的位置，如图3-196所示。松开鼠标左键，对象的缩放效果如图3-197所示。

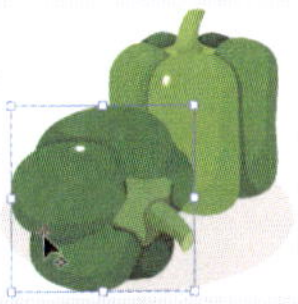
图 3-195

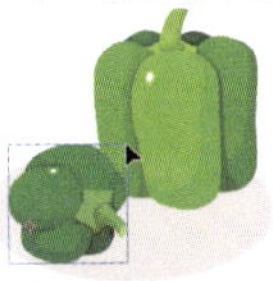
图 3-196

图 3-197

**提示：**拖曳对角线上的控制手柄时，按住Shift键，对象会按比例缩放，按住Shift+Alt组合键，对象会按比例地从对象中心缩放。

## 3.4.4 切变工具

选择“选择工具”，选取要倾斜变形的对象，如图3-198所示。选择“切变工具”，按住鼠标左键拖曳变形对象，如图3-199所示。倾斜到需要的角度后松开鼠标左键，对象的倾斜变形效果如图3-200所示。

图 3-198

图 3-199

图 3-200

## 3.4.5 水平与垂直翻转

选择“选择工具”，选取要镜像的对象，如图3 201所示。单击控制面板中的“水平翻转”按钮，可使对象沿水平方向翻转镜像，效果如图3-202所示。单击“垂直翻转”按钮，可使对象沿垂直方向翻转镜像。

选取要镜像的对象，选择"缩放工具" ，在图片上的适当位置单击，将镜像中心控制点置于适当的位置，如图3-203所示。单击控制面板中的"水平翻转"按钮▶◀，可使对象以中心控制点为中心水平翻转镜像，效果如图3-204所示。单击"垂直翻转"按钮⬛，可使对象以中心控制点为中心垂直翻转镜像。

| 图 3-201 | 图 3-202 | 图 3-203 | 图 3-204 |

**提示：** 在镜像对象的过程中，只能使对象本身产生镜像。想要在镜像的位置生成一个对象的复制品，必须先在原位复制一个对象。

# 3.5 "效果"面板

在InDesign 2020中，使用"效果"面板可以制作出多种不同的特殊效果。下面介绍"效果"面板的使用方法和编辑技巧。

## 3.5.1 课堂案例——制作牛奶草莓广告

【**案例学习目标**】学习使用"效果"面板、"效果"对话框制作牛奶草莓广告。牛奶草莓广告的效果如图3-205所示。

【**案例知识要点**】使用"置入"命令、"选择工具"裁切图片，使用"矩形工具"、"直接选择工具"、"效果"面板、"基本羽化"命令、"渐变羽化"命令制作木盘阴影，使用"投影"命令为图片添加投影效果。

【**效果所在位置**】云盘 > Ch03 > 效果 > 制作牛奶草莓广告.indd。

图 3-205

（1）选择"文件 > 新建 > 文档"命令，弹出"新建文档"对话框，设置如图3-206所示。单击"边距和分栏"按钮，弹出"新建边距和分栏"对话框，设置如图3-207所示。单击"确定"按钮，新建一个文档。选择"视图 > 其他 > 隐藏框架边缘"命令，将所绘制图形的框架边缘隐藏。

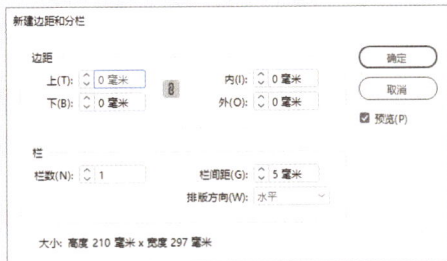

图 3-206                               图 3-207

（2）选择"文件 > 置入"命令，弹出"置入"对话框，选择云盘中的"Ch03 > 素材 > 制作牛奶草莓广告 > 01、02"文件，单击"打开"按钮，在页面空白处分别单击置入图片。选择"自由变换工具" ，分别将图片拖曳到适当的位置并调整大小，效果如图3-208所示。选择"选择工具" ，选取木盘图片，如图3-209所示。

图 3-208                        图 3-209

（3）单击控制面板中的"向选定的目标添加对象效果"按钮 fx.，在弹出的菜单中选择"投影"命令，弹出"效果"对话框，设置如图3-210所示。单击"确定"按钮，效果如图3-211所示。

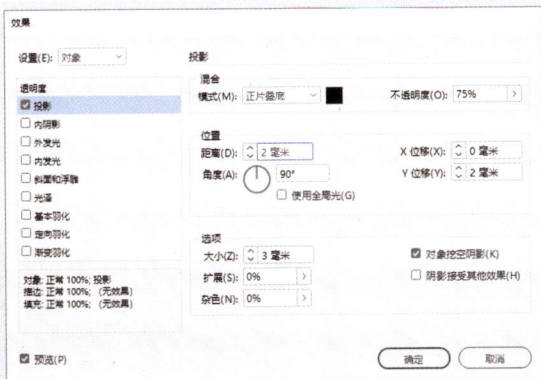

图 3-210                                      图 3-211

（4）选择"矩形工具" ，在适当的位置拖曳绘制一个矩形，如图3-212所示。选择"直接选择工具"⬈"，水平向右拖曳左上角锚点到适当的位置，如图3-213所示。用相同的方法调整右上角的锚点到适当的位置，效果如图3-214所示。按Shift+X组合键，互换填充色和描边色，效果如图3-215所示。

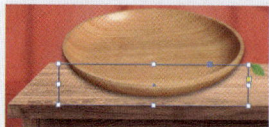
图 3-212

图 3-213

图 3-214

图 3-215

（5）选择"选择工具"⬈，选择"窗口 > 效果"命令，弹出"效果"面板，将混合模式设为"正片叠底"，将"不透明度"设为70%，如图3-216所示。按Enter键，效果如图3-217所示。

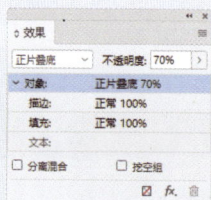
图 3-216

图 3-217

（6）单击控制面板中的"向选定的目标添加对象效果"按钮 fx，在弹出的菜单中选择"基本羽化"命令，弹出"效果"对话框，设置如图3-218所示。单击"确定"按钮，效果如图3-219所示。

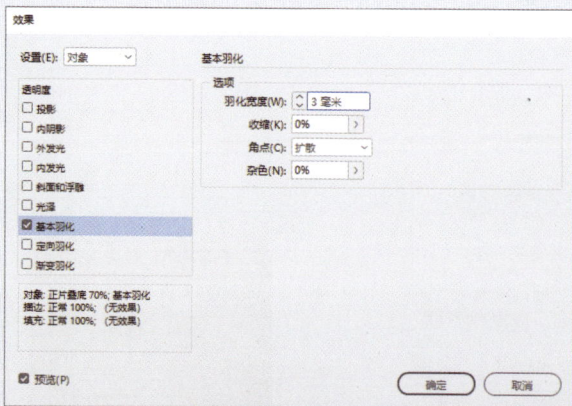
图 3-218

图 3-219

（7）单击控制面板中的"向选定的目标添加对象效果"按钮 fx，在弹出的菜单中选择"渐变羽化"命令，弹出"效果"对话框，设置如图3-220所示。单击"确定"按钮，效果如图3-221

所示。

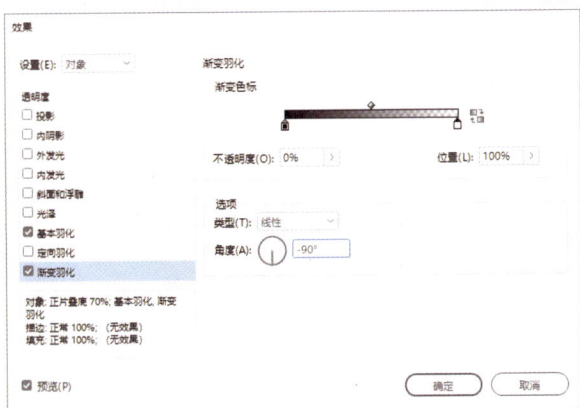

图 3-220

图 3-221

（8）按Ctrl+[ 组合键，将图形图层后移一层，效果如图3-222所示。取消图形的选取状态，选择"文件 > 置入"命令，弹出"置入"对话框，选择云盘中的"Ch03 > 素材 > 制作牛奶草莓广告 > 03 ~ 05"文件，单击"打开"按钮，在页面空白处分别单击置入图片。选择"自由变换工具" ，分别将图片拖曳到适当的位置并调整大小，选择"选择工具" ，裁剪图片，效果如图3-223所示。

图 3-222

图 3-223

（9）选取草莓图片，单击控制面板中的"向选定的目标添加对象效果"按钮 ，在弹出的菜单中选择"投影"命令，弹出"效果"对话框，设置如图3-224所示。单击"确定"按钮，效果如图3-225所示。

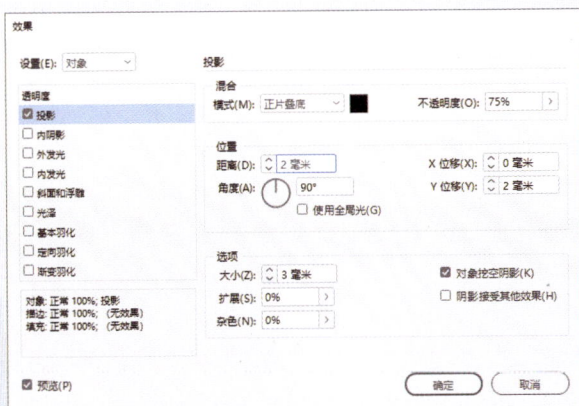

图 3-224

图 3-225

（10）选取按钮图片，单击控制面板中的"向选定的目标添加对象效果"按钮 *fx*，在弹出的菜单中选择"投影"命令，弹出"效果"对话框，设置如图3-226所示。单击"确定"按钮，效果如图3-227所示。

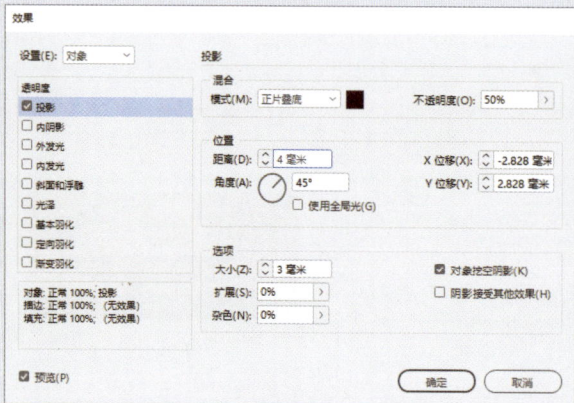

图 3-226

图 3-227

（11）按Ctrl+O组合键，弹出"打开文件"对话框，选择云盘中的"Ch03 > 素材 > 制作牛奶草莓广告 > 06"文件，单击"打开"按钮，打开文件。按Ctrl+A组合键，全选文字；按Ctrl+C组合键，复制选取的文字；返回正在编辑的页面，按Ctrl+V组合键，将其粘贴到页面中。选择"选择工具"▶，拖曳复制的文字到适当的位置，效果如图3-228所示。

（12）在页面空白处单击，取消文字的选取状态，牛奶草莓广告制作完成，效果如图3-229所示。

图 3-228

图 3-229

## 3.5.2　不透明度

选择"选择工具"▶，选取需要的图形对象，如图3-230所示。选择"窗口 > 效果"命令或按Ctrl+Shift+F10组合键，弹出"效果"面板，在"不透明度"下拉列表中选择或在数值框中输入需要的百分比，"组：正常"选项的百分比自动显示为设置的数值，如图3-231所示，对象的不透明度效果如图3-232所示。

选取需要的图形对象，如图3-233所示。在"效果"面板中，单击"描边：正常100%"选项，在"不透明度"下拉列表中选择或在数值框中输入需要的百分比，"描边：正常"选项的百分比自动显示为设置的数值，如图3-234所示，对象描边的不透明度效果如图3-235所示。

图 3-230

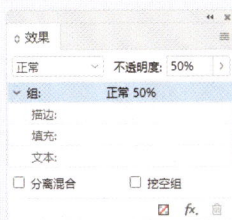
图 3-231

图 3-232

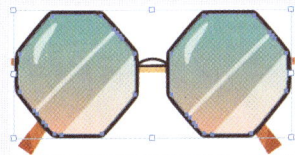
图 3-233

图 3-234

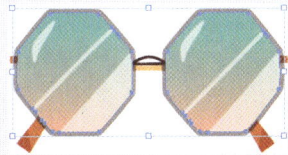
图 3-235

单击"填充：正常100%"选项，在"不透明度"下拉列表中选择或在数值框中输入需要的百分比，"填充：正常"选项的百分比自动显示为设置的数值，如图3-236所示，对象填充的不透明度效果如图3-237所示。

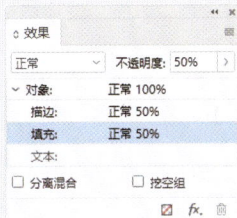
图 3-236

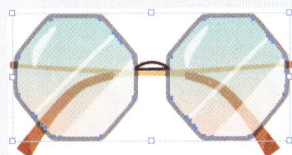
图 3-237

### 3.5.3 混合模式

使用混合模式选项可以在两个重叠对象间混合颜色，更改上层对象与底层对象间颜色的混合方式。使用混合模式选项制作出的效果如图3-238所示。

正常

正片叠底

滤色

叠加

图 3-238

| | | | |
|---|---|---|---|
| 柔光 | 强光 | 颜色减淡 | 颜色加深 |
| 变暗 | 变亮 | 差值 | 排除 |
| 色相 | 饱和度 | 颜色 | 亮度 |

图 3-238（续）

## 3.5.4　特殊效果

特殊效果用于向选定的目标添加特殊的对象效果，使图形对象产生变化。单击"效果"面板下方的"向选定的目标添加对象效果"按钮 *fx.*，在弹出的菜单中选择需要的命令，如图3-239所示，可以为对象添加不同的效果，如图3-240所示。

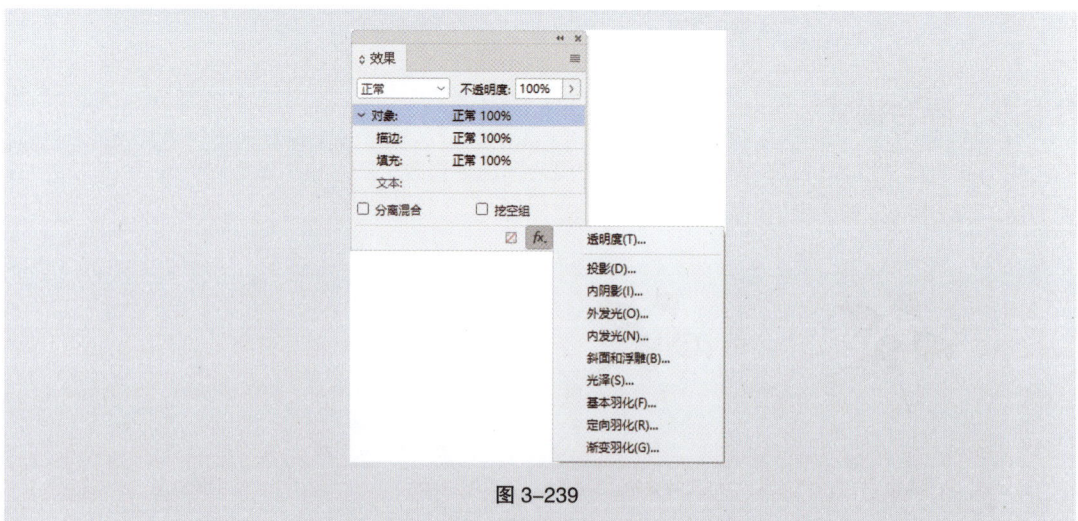

图 3-239

透明度　　　　　　　　　　投影

内阴影　　　　外发光　　　　内发光　　　　斜面和浮雕

光泽　　　　基本羽化　　　　定向羽化　　　　渐变羽化

图 3-240

### 3.5.5　清除效果

选取应用了效果的图形，在"效果"面板中单击"清除所有效果并使对象变为不透明"按钮 ⬚，清除对象应用的效果。

选择"对象 > 效果 > 清除效果"命令或单击"效果"面板右上方的 ≡ 图标，在弹出的菜单中选择"清除效果"命令，可以清除图形对象的特殊效果；选择"清除全部透明度"命令，可以清除图形对象应用的所有效果。

## 3.6　课堂练习——绘制音乐图标

【练习知识要点】使用"矩形工具"、"角选项"命令绘制圆角遮罩，使用"椭圆工具"、"缩放"命令、"路径查找器"面板、"投影"命令、"斜面和浮雕"命令绘制圆环，使用"矩形工具"、"椭圆工具"、"直接选择工具"、"添加锚点工具"、"角选项"命令、"内阴影"命令、"斜面和浮雕"命令、"贴入内部"命令绘制话筒，使用"钢笔工具"、"内阴影"命令绘制音符，使用"矩形工具"、"旋转角度"选项、"渐变羽化"命令绘制投影，效果如图3-241所示。

【效果所在位置】云盘 > Ch03 > 效果 > 绘制音乐图标.indd。

图 3-241

# 3.7　课后习题——绘制长颈鹿插画

【**习题知识要点**】使用"钢笔工具"、"椭圆工具"、"矩形工具"、"直接选择工具"、"角选项"命令、"多边形工具"、"减去"按钮和"贴入内部"命令绘制长颈鹿，效果如图3-242所示。

【**效果所在位置**】云盘 > Ch03 > 效果 > 绘制长颈鹿插画.indd。

图 3-242

# 第 4 章

# 基础绘图

04

▶ **本章简介**

　　本章介绍InDesign 2020中基本图形工具的使用方法，并详细讲解使用"路径查找器"面板编辑对象的方法。通过本章的学习，学生可以掌握绘制基本图形和使用复合形状编辑图形对象的方法，为绘制复杂图形打好基础。

## 学习目标

- 掌握基本图形的绘制方法。
- 掌握使用复合形状编辑对象的技巧。

微课

第 4 章简介

## 技能目标

- 掌握向日葵插画的绘制方法。
- 掌握鱼餐厅标志的绘制方法。

## 素养目标

- 培养基础的绘图能力。

# 4.1 绘制基本图形

使用InDesign 2020的基本绘图工具可以绘制简单的图形。本节主要介绍基本绘图工具的特性，以及如何绘制简单的图形。

## 4.1.1 课堂案例——绘制向日葵插画

【案例学习目标】学习使用基本绘图工具绘制向日葵插画。向日葵插画的效果如图4-1所示。

【案例知识要点】使用"矩形工具"、"角选项"命令、"椭圆工具"绘制土壤，使用"矩形工具"、"角选项"命令、"直线工具"、"旋转角度"选项、"水平翻转"按钮绘制向日葵枝叶，使用"多边形工具"、"角选项"命令、"椭圆工具"、"再次变换"命令绘制葵花和籽。

【效果所在位置】云盘 > Ch04 > 效果 > 绘制向日葵插画.indd。

图 4-1

（1）选择"文件 > 新建 > 文档"命令，弹出"新建文档"对话框，设置如图4-2所示。单击"边距和分栏"按钮，弹出"新建边距和分栏"对话框，设置如图4-3所示。单击"确定"按钮，新建一个文档。选择"视图 > 其他 > 隐藏框架边缘"命令，将所绘制图形的框架边缘隐藏。

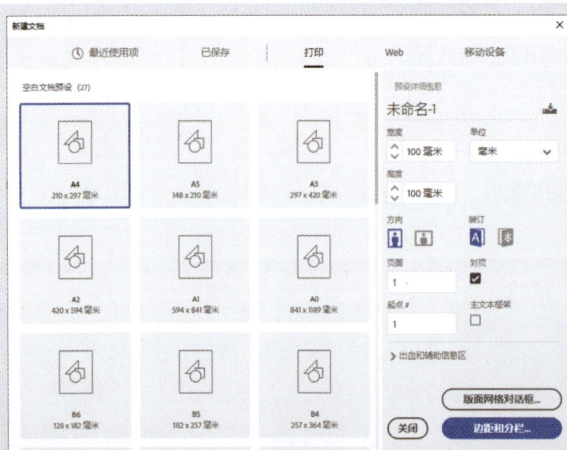

图 4-2

图 4-3

（2）选择"矩形工具" □，绘制一个与页面大小相等的矩形，设置填充色的C、M、Y、K值为3%、0%、9%、0%，填充图形，并设置描边色为无，效果如图4-4所示。

（3）使用"矩形工具" □，在适当的位置拖曳再绘制一个矩形，设置填充色的C、M、Y、K值为49%、76%、80%、12%，填充图形，并设置描边色为无，效果如图4-5所示。

图 4-4

图 4-5

（4）保持矩形的选取状态。选择"对象 > 角选项"命令，在弹出的对话框中进行设置，如图4-6所示。单击"确定"按钮，效果如图4-7所示。

图 4-6

图 4-7

（5）选择"椭圆工具" ○，在按住Shift键的同时在适当的位置拖曳，分别绘制3个圆形，如图4-8所示。选择"选择工具" ▶，将所绘制的圆形同时选取，选择"吸管工具" ✐，将鼠标指针放置在下方圆角矩形上，鼠标指针形状变为✐，如图4-9所示。在圆角矩形上单击吸取颜色，效果如图4-10所示。

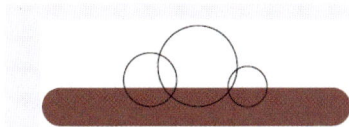
图 4-8

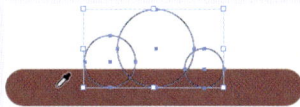
图 4-9

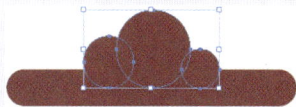
图 4-10

（6）选择"直线工具" ∕，在按住Shift键的同时在适当的位置拖曳，绘制一条竖线，在控制面板中将"描边粗细"选项 ○ 0.283 点 ∨ 设为"4.5点"，按Enter键，效果如图4-11所示。设置描边色的C、M、Y、K值为67%、28%、100%、0%，填充描边，效果如图4-12所示。连续按Ctrl+[ 组合键，将竖线后移至适当的位置，效果如图4-13所示。

（7）选择"矩形工具" □，在适当的位置拖曳绘制一个矩形，设置填充色的C、M、Y、K值为67%、28%、100%、0%，填充图形，并设置描边色为无，效果如图4-14所示。在控制面板中将"旋转角度"选项 △ ○ 0° ∨ 设为45°，按Enter键，效果如图4-15所示。

图 4-11

图 4-12

图 4-13

图 4-14

图 4-15

（8）保持矩形的选取状态。选择"对象 > 角选项"命令，在弹出的对话框中进行设置，如图4-16所示。单击"确定"按钮，效果如图4-17所示。

（9）选择"选择工具" ▶ ，在按住Alt+Shift组合键的同时，垂直向下拖曳图形到适当的位置，复制图形，效果如图4-18所示。在按住Shift键的同时单击原图形将其一同选取，如图4-19所示。

（10）按Ctrl+C组合键复制选中的图形，选择"编辑 > 原位粘贴"命令，原位粘贴图形。单击控制面板中的"水平翻转"按钮 ▶|，水平翻转图形，效果如图4-20所示。在按住Shift键的同时，水平向右拖曳翻转的图形到适当的位置，效果如图4-21所示。

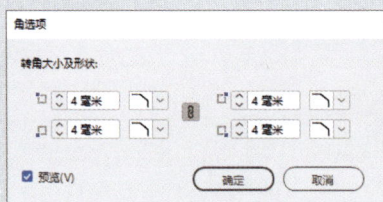

图4-16　　　　　　　　　　　　　　图4-17

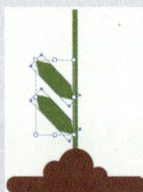

图4-18　　　　　图4-19　　　　　图4-20　　　　　图4-21

（11）选择"多边形工具" ◉ ，在页面中单击，弹出"多边形"对话框，设置如图4-22所示。单击"确定"按钮，得到一个多角星形。选择"选择工具" ▶ ，拖曳多角星形到适当的位置，效果如图4-23所示。设置填充色的C、M、Y、K值为0%、54%、91%、0%，填充图形，并设置描边色为无，效果如图4-24所示。

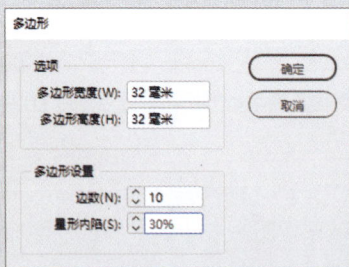

图4-22　　　　　　　　　　　图4-23　　　　　　　　　图4-24

（12）选择"多边形工具" ⬡ ，在页面中单击，弹出"多边形"对话框，设置如图4-25所示。单击"确定"按钮，得到一个多角星形。选择"选择工具" ▶ ，拖曳多角星形到适当的位置，设置填充色的C、M、Y、K值为5%、27%、82%、0%，填充图形，并设置描边色为无，效果如图4-26所示。

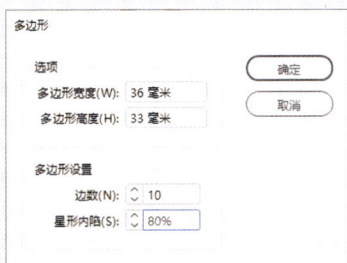

图 4-25

图 4-26

（13）保持图形的选取状态。选择"对象 > 角选项"命令，在弹出的对话框中进行设置，如图4-27所示。单击"确定"按钮，效果如图4-28所示。

图 4-27

图 4-28

（14）选择"多边形工具" ⬡，在页面中单击，弹出"多边形"对话框，设置如图4-29所示。单击"确定"按钮，得到一个多角星形。选择"选择工具" ▶，拖曳多角星形到适当的位置，设置填充色的C、M、Y、K值为2%、0%、20%、0%，填充图形，并设置描边色为无，效果如图4-30所示。

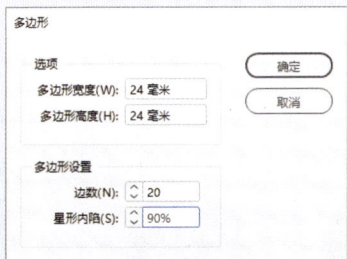

图 4-29

图 4-30

（15）保持图形的选取状态。选择"对象 > 角选项"命令，在弹出的对话框中进行设置，如图4-31所示。单击"确定"按钮，效果如图4-32所示。

图 4-31

图 4-32

（16）选择"椭圆工具" ，在按住Shift键的同时，在适当的位置拖曳，绘制一个圆形，在控制面板中将"描边粗细"选项  设为"1.5点"，按Enter键，效果如图4-33所示。设置描边色的C、M、Y、K值为49%、76%、80%、12%，填充描边，效果如图4-34所示。设置填充色的C、M、Y、K值为61%、79%、100%、47%，填充图形，效果如图4-35所示。

图 4-33          图 4-34          图 4-35

（17）使用"椭圆工具" ，按住Shift键的同时，在适当的位置拖曳绘制一个圆形，设置填充色的C、M、Y、K值为5%、27%、82%、0%，填充图形，并设置描边色为无，效果如图4-36所示。

（18）选择"选择工具" ，在按住Alt+Shift组合键的同时，水平向右拖曳圆形到适当的位置，复制圆形，效果如图4-37所示。连续按Ctrl+Alt+4组合键，按需要复制多个圆形，效果如图4-38所示。

图 4-36          图 4-37          图 4-38

（19）在按住Shift键的同时，依次单击将所绘制的圆形同时选取，如图4-39所示。在按住Alt+Shift组合键的同时，垂直向下拖曳选中的圆形到适当的位置，复制圆形，效果如图4-40所示。连续按Ctrl+Alt+4组合键，按需要复制多个圆形，效果如图4-41所示。

图 4-39          图 4-40          图 4-41

（20）在按住Shift键的同时，依次单击不需要的圆形，如图4-42所示。按Delete键，删除选中的圆形，效果如图4-43所示。向日葵插画绘制完成，效果如图4-44所示。

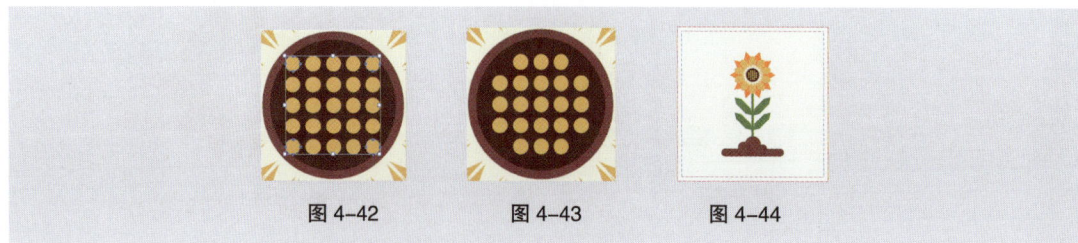

图 4-42          图 4-43          图 4-44

## 4.1.2　矩形工具

### 1. 使用鼠标直接拖曳绘制矩形

选择"矩形工具"，鼠标指针形状会变成-¦-，按住鼠标左键拖曳到合适的位置，如图4-45所示，松开鼠标左键，绘制出一个矩形，如图4-46所示。绘制的起点与终点决定了矩形的大小。在按住Shift键的同时进行绘制，可以绘制出一个正方形，如图4-47所示。

  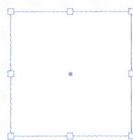

图 4-45　　　　　　　图 4-46　　　　　　　图 4-47

在按住Shift+Alt组合键的同时，在页面中拖曳，会以当前点为中心绘制正方形。

### 2. 使用对话框精确绘制矩形

选择"矩形工具"，在页面中单击，弹出"矩形"对话框，在该对话框中可以设定所要绘制矩形的宽度和高度。

设置如图4-48所示，单击"确定"按钮，在页面单击处将出现需要的矩形，如图4-49所示。

图 4-48　　　　　　　　　　图 4-49

### 3. 使用角选项制作矩形角的变形

选择"选择工具"，选取绘制好的矩形，选择"对象 > 角选项"命令，弹出"角选项"对话框。在"转角大小"文本框中输入值以指定角效果到每个角点的扩展半径，在"形状"下拉列表中分别选取需要的角形状，单击"确定"按钮，效果如图4-50所示。

花式　　　　　　　　　　斜角

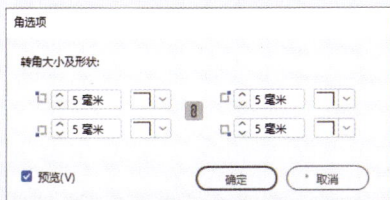

"角选项"对话框

内陷　　　　　　　反向圆角　　　　　　圆角

图 4-50

#### 4. 使用鼠标直接拖曳制作矩形角的变形

选择"选择工具" ▶，选取绘制好的矩形，如图4-51所示。在矩形的黄色点上单击，如图4-52所示，上、下、左、右4个点处于可编辑状态，如图4-53所示。按住鼠标左键向内拖曳其中的任意一个点，如图4-54所示，可对矩形角进行变形，松开鼠标左键，效果如图4-55所示。在按住Alt键的同时单击任意一个黄色点，可在5种角形状中交替变换，如图4-56所示。在按住Alt+Shift组合键的同时单击其中的一个黄色点，可使选取的点在5种角形状中交替变换，如图4-57所示。

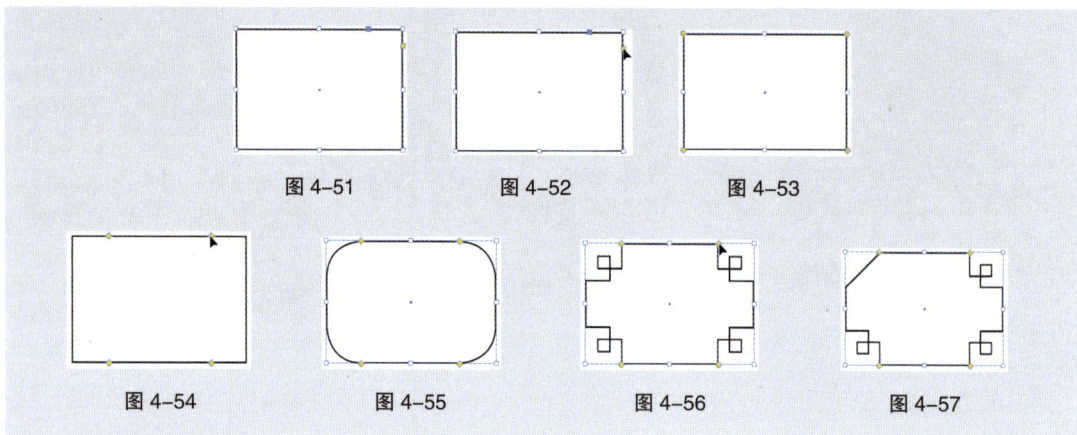

图 4-51　　　　　　图 4-52　　　　　　图 4-53

图 4-54　　　　　　图 4-55　　　　　　图 4-56　　　　　　图 4-57

## 4.1.3　椭圆工具

#### 1. 使用鼠标直接拖曳绘制椭圆形

选择"椭圆工具" ◎，鼠标指针形状会变成-¦-，按住鼠标左键拖曳到合适的位置，如图4-58所示，松开鼠标左键，绘制出一个椭圆形，如图4-59所示。绘制的起点与终点决定了椭圆形的大小和形状。在按住Shift键的同时进行绘制，可以绘制出一个圆形，如图4-60所示。

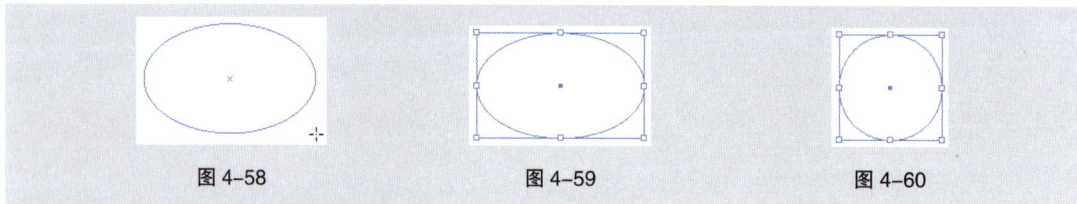

图 4-58　　　　　　图 4-59　　　　　　图 4-60

在按住Alt+Shift组合键的同时拖曳，将在页面中以当前点为中心绘制圆形。

#### 2. 使用对话框精确绘制椭圆形

选择"椭圆工具" ◎，在页面中单击，弹出"椭圆"对话框，在该对话框中可以设定所要绘制椭圆的宽度和高度。

设置如图4-61所示，单击"确定"按钮，在页面单击处将出现需要的椭圆形，如图4-62所示。

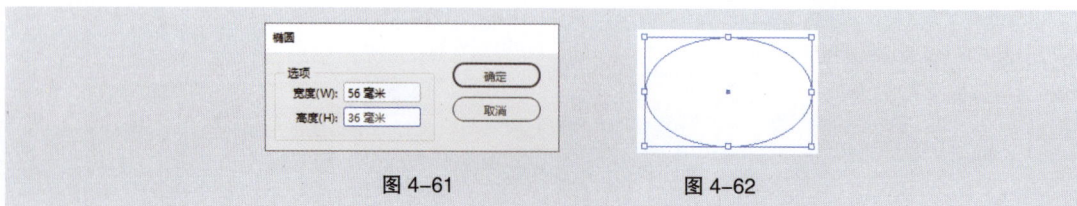

图 4-61　　　　　　图 4-62

椭圆形和圆形可以应用角效果，但是不会有任何变化，因其没有拐点。

## 4.1.4　多边形工具

### 1. 使用鼠标直接拖曳绘制多边形或星形

（1）选择"多边形工具" ⬡ ，鼠标指针形状会变成-¦-。按住鼠标左键拖曳到适当的位置，如图4-63所示，松开鼠标左键，绘制出一个多边形，如图4-64所示。绘制的起点与终点决定了多边形的大小和形状。软件默认的边数为6。在按住Shift键的同时进行绘制，可以绘制出一个正多边形，如图4-65所示。

在按住Alt+Shift组合键的同时拖曳，将在页面中以当前点为中心绘制正多边形。

（2）双击"多边形工具" ⬡ ，弹出"多边形设置"对话框，在"边数"选项中，可以通过改变数值框中的数值或单击微调按钮来设置多边形的边数；在"星形内陷"选项中，可以通过改变数值框中的数值或单击微调按钮来设置多边形尖角的锐化程度。

图4-63

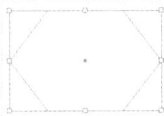
图4-64

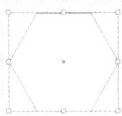
图4-65

设置如图4-66所示，单击"确定"按钮，在页面中拖曳，绘制出需要的五角形，如图4-67所示。

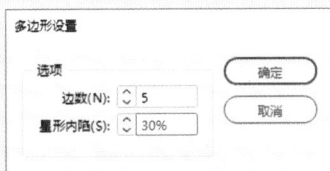
图4-66

图4-67

### 2. 使用对话框精确绘制多边形或星形

（1）选择"多边形工具" ⬡ ，在页面中单击，弹出"多边形"对话框，在该对话框中可以设置所要绘制的多边形的宽度、高度和边数。

设置如图4-68所示，单击"确定"按钮，在页面单击处将出现需要的多边形，如图4-69所示。

（2）选择"多边形工具" ⬡ ，在页面中单击，弹出"多边形"对话框，在该对话框中可以设置所要绘制星形的宽度、高度、边数和星形内陷。

设置如图4-70所示，单击"确定"按钮，在页面单击处将出现需要的八角形，如图4-71所示。

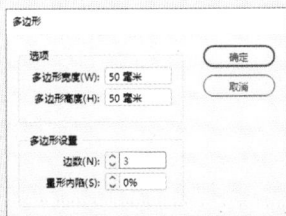
图4-68

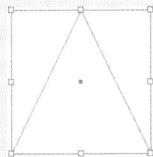
图4-69

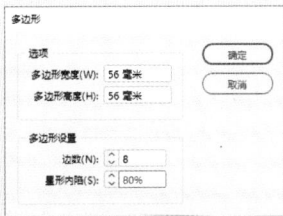
图4-70

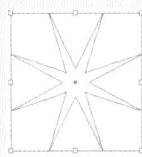
图4-71

### 3．使用角选项制作多边形或星形角的变形

（1）选择"选择工具"▶，选取绘制好的多边形。选择"对象 > 角选项"命令，弹出"角选项"对话框，在"形状"下拉列表中分别选取需要的角效果，单击"确定"按钮，效果如图4-72所示。

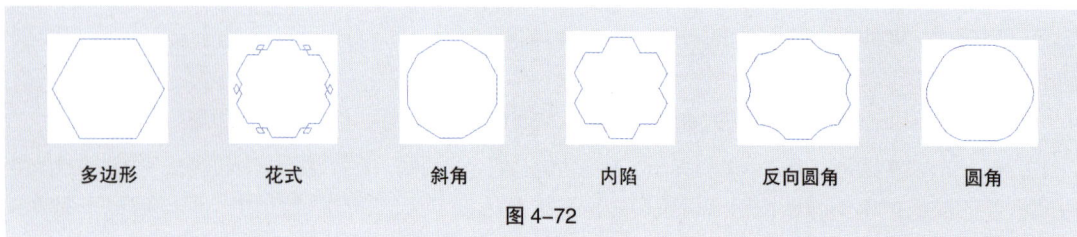

| 多边形 | 花式 | 斜角 | 内陷 | 反向圆角 | 圆角 |

图 4-72

（2）选择"选择工具"▶，选取绘制好的星形。选择"对象 > 角选项"命令，弹出"角选项"对话框，在"形状"下拉列表中分别选取需要的角效果，单击"确定"按钮，效果如图4-73所示。

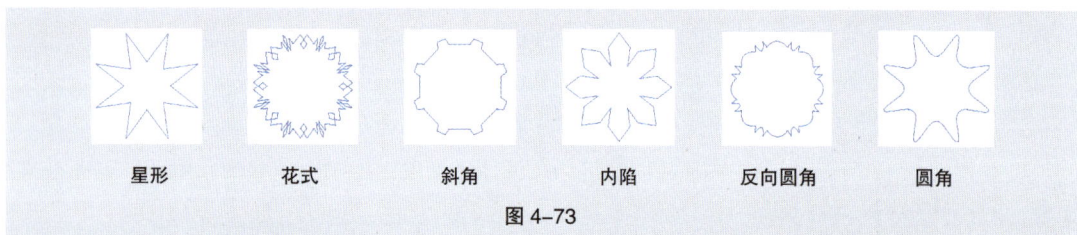

| 星形 | 花式 | 斜角 | 内陷 | 反向圆角 | 圆角 |

图 4-73

## 4.1.5　形状之间的转换

### 1．使用菜单栏进行形状之间的转换

选择"选择工具"▶，选取需要转换的图形。选择"对象 > 转换形状"命令，弹出的子菜单中包括矩形、圆角矩形、斜角矩形、反向圆角矩形、椭圆、三角形、多边形、线条和正交直线等命令，如图4-74所示。

选择"选择工具"▶，选取需要转换的图形。选择"对象 > 转换形状"命令，分别选择其子菜单中的命令，效果如图4-75所示。

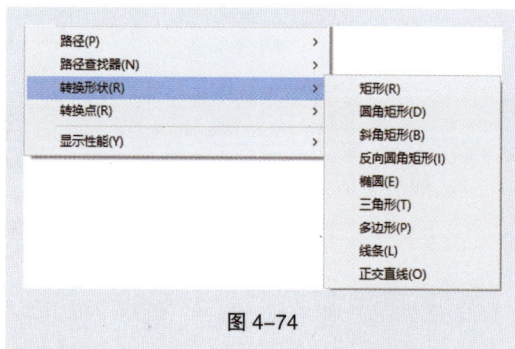

| 路径(P) | > |
| 路径查找器(N) | > |
| 转换形状(R) | > |
| 转换点(R) | > |
| 显示性能(Y) | > |

| 矩形(R) |
| 圆角矩形(D) |
| 斜角矩形(B) |
| 反向圆角矩形(I) |
| 椭圆(E) |
| 三角形(T) |
| 多边形(P) |
| 线条(L) |
| 正交直线(O) |

图 4-74

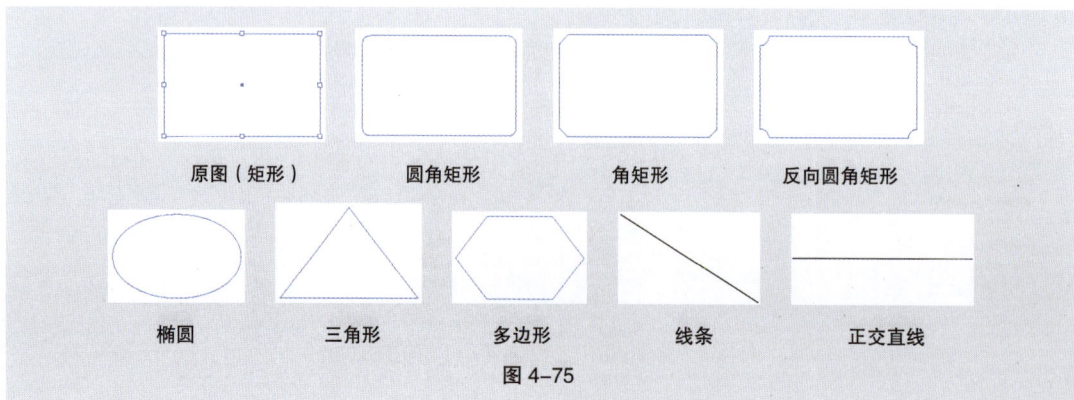

| 原图（矩形） | 圆角矩形 | 角矩形 | 反向圆角矩形 |
| 椭圆 | 三角形 | 多边形 | 线条 | 正交直线 |

图 4-75

InDesign 核心应用案例教程（全彩慕课版）（InDesign 2020）

**提示：** 若原图为线条，是不能和其他形状转换的。

#### 2. 使用面板在形状之间转换

选择"选择工具" ▶ ，选取需要转换的图形。选择"窗口 > 对象和版面 > 路径查找器"命令，弹出"路径查找器"面板，如图4-76所示。单击"转换形状"选项组中的按钮，可在形状之间互相转换。

图 4-76

# 4.2 复合形状

在InDesign 2020中，使用复合形状来编辑图形对象是非常重要的手段。复合形状是由简单路径、文本框、文本外框或其他形状通过添加、减去、交叉、排除重叠或减去后方对象制作而成的。

## 4.2.1 课堂案例——绘制鱼餐厅标志

【案例学习目标】学习使用"钢笔工具"、"路径查找器"命令、"渐变色板工具"绘制鱼餐厅标志，效果如图4-77所示。

【案例知识要点】使用"钢笔工具"、"路径查找器"面板、"渐变"面板、"椭圆工具"绘制鱼餐厅标志。

【效果所在位置】云盘 > Ch04 > 效果 > 绘制鱼餐厅标志.indd。

图 4-77

（1）按Ctrl+O组合键，弹出"打开文件"对话框，选择云盘中的"Ch04 > 素材 > 绘制鱼餐厅标志 > 01"文件，单击"打开"按钮，打开文件，效果如图4-78所示。选择"钢笔工具" <img_1>，在页面外拖曳绘制一条闭合路径，如图4-79所示。

（2）使用"钢笔工具" <img_1>，在适当的位置拖曳分别绘制4条闭合路径，如图4-80所示。选择"选择工具" <img_1>，用框选的方法将所绘制的闭合路径同时选取，如图4-81所示。

图 4-78

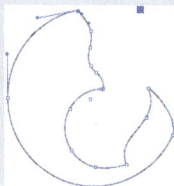
图 4-79

图 4-80

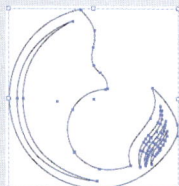
图 4-81

（3）选择"窗口 > 对象和版面 > 路径查找器"命令，弹出"路径查找器"面板，单击"减去"按钮<img_1>，如图4-82所示，生成新对象，效果如图4-83所示。

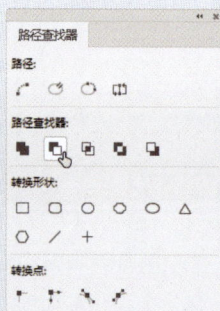
图 4-82

图 4-83

（4）双击"渐变色板工具" <img_1>，弹出"渐变"面板。在"类型"下拉列表中选择"线性"，在色带上选中左侧的渐变色标，设置C、M、Y、K值为10%、8%、67%、0%，选中右侧的渐变色标，设置C、M、Y、K值为4%、45%、90%、0%，如图4-84所示。为图形填充渐变色，并设置描边色为无，效果如图4-85所示。

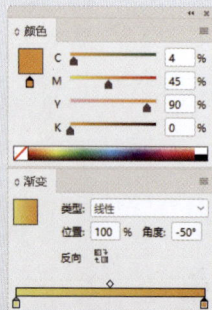
图 4-84

图 4-85

（5）选择"钢笔工具" <img_1>，在适当的位置拖曳分别绘制两条闭合路径，如图4-86所示。选择

"椭圆工具" ，在按住Shift键的同时，在适当的位置绘制一个圆形，如图4-87所示。选择"选择工具" ▶，用框选的方法将所绘制的图形同时选取，如图4-88所示。

图 4-86          图 4-87          图 4-88

（6）在"路径查找器"面板中，单击"减去"按钮 ◻，如图4-89所示，生成新对象，效果如图4-90所示。

图 4-89          图 4-90

（7）选择"渐变"面板，在"类型"下拉列表中选择"线性"，在色带上选中左侧的渐变色标，设置C、M、Y、K值为0%、57%、93%、0%，选中右侧的渐变色标，设置C、M、Y、K值为2%、27%、54%、0%，如图4-91所示。为图形填充渐变色，并设置描边色为无，效果如图4-92所示。用相同的方法绘制鱼尾，填充相应的渐变色，效果如图4-93所示。

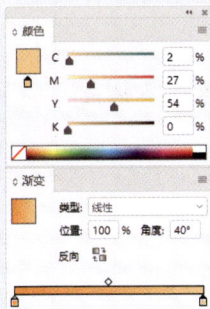

图 4-91          图 4-92          图 4-93

（8）选择"钢笔工具" ✐，在适当的位置拖曳分别绘制两条闭合路径，如图4-94所示。选择"选择工具" ▶，在按住Shift键的同时，依次单击需要的闭合路径。

（9）选择"渐变"面板，在"类型"下拉列表中选择"线性"，在色带上选中左侧的渐变色标，设置C、M、Y、K值为2%、53%、26%、0%，选中右侧的渐变色标，设置C、M、Y、K值为1%、9%、10%、0%，如图4-95所示。为图形填充渐变色，并设置描边色为无，效果如图4-96

所示。

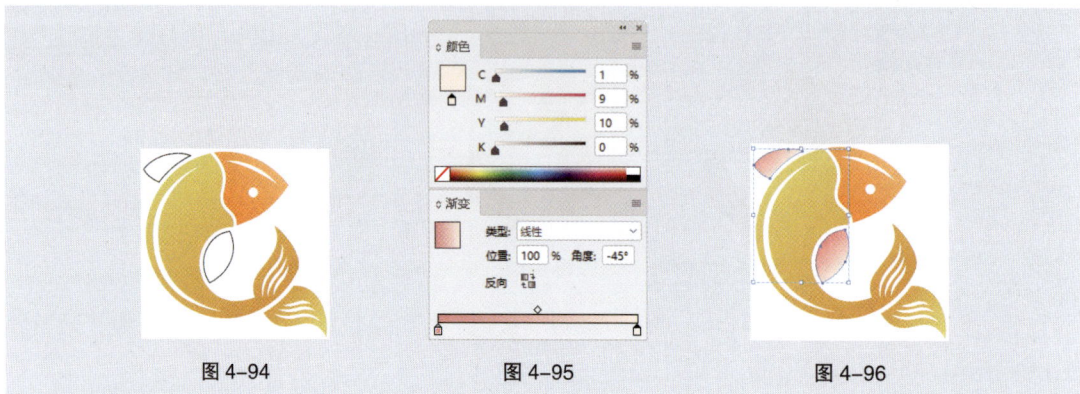

图 4-94        图 4-95        图 4-96

（10）选择"选择工具" ，选取左上角的渐变图形。在"渐变"面板中，单击"反向渐变"按钮 ，如图4-97所示，反向填充渐变，效果如图4-98所示。

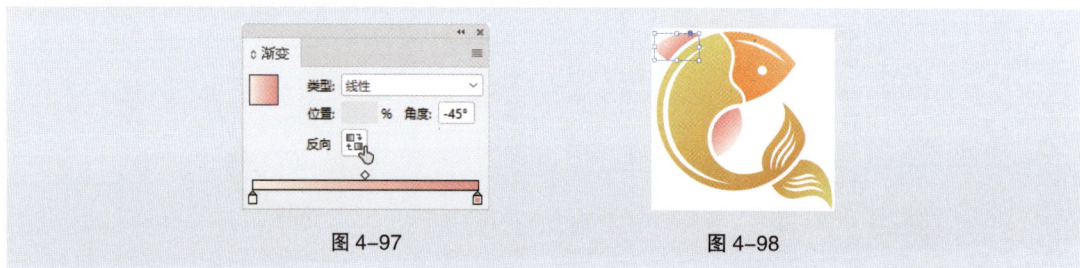

图 4-97        图 4-98

**64**

（11）选择"选择工具" ，用框选的方法将所绘制的图形全部选取，按Ctrl+G组合键，编组图形，并将其拖曳到页面中的适当位置，如图4-99所示。在页面空白处单击，取消图形的选取状态，鱼餐厅标志绘制完成，效果如图4-100所示。

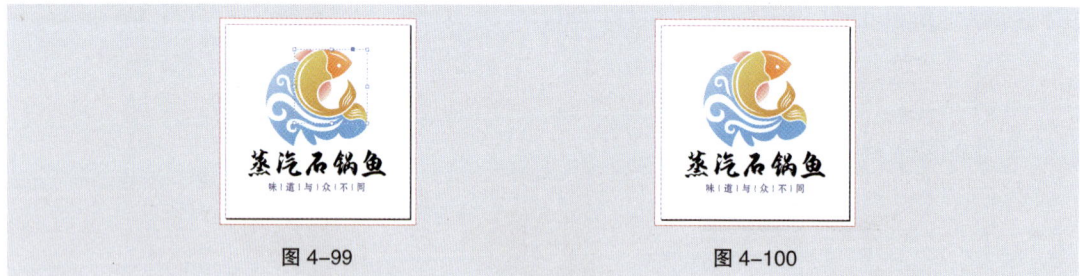

图 4-99        图 4-100

## 4.2.2 "路径查找器"面板

### 1. 添加

添加是将多个图形结合成一个图形，新的图形轮廓由被添加图形的边界组成，被添加图形的交叉线都将消失。

选择"选择工具" ，选取需要的图形对象，如图4-101所示。选择"窗口 > 对象和版面 > 路径查找器"命令，弹出"路径查找器"面板，单击"相加"按钮 ，如图4-102所示，将两个图形相加。相加后图形对象的边框和颜色与所选最前方的图形对象相同，效果如图4-103所示。

图 4-101　　　　　　　　　　　　图 4-102　　　　　　　　　　　　图 4-103

选取需要的图形对象，选择"对象 > 路径查找器 > 添加"命令，也可以将所选图形相加。

**2. 减去**

减去是从所选的最底层的对象中减去最顶层的对象，被减后的对象保留其填充和描边属性。

选择"选择工具" ▶ ，选取需要的图形对象，如图4-104所示。选择"窗口 > 对象和版面 > 路径查找器"命令，弹出"路径查找器"面板，单击"减去"按钮 ▣ ，如图4-105所示，将两个图形相减。相减后的对象保持底层对象的属性，效果如图4-106所示。

图 4-104　　　　　　　　　　　　图 4-105　　　　　　　　　　　　图 4-106

选取需要的图形对象，选择"对象 > 路径查找器 > 减去"命令，也可以将所选图形相减。

**3. 交叉**

交叉是将两个或两个以上对象的相交部分保留，使相交的部分成为一个新的图形对象。

选择"选择工具" ▶ ，选取需要的图形对象，如图4-107所示。选择"窗口 > 对象和版面 > 路径查找器"命令，弹出"路径查找器"面板，单击"交叉"按钮 ▣ ，如图4-108所示，将两个图形相交。相交后的对象保持所选顶层对象的属性，效果如图4-109所示。

图 4-107　　　　　　　　　　　　图 4-108　　　　　　　　　　　　图 4-109

选取需要的图形对象，选择"对象 > 路径查找器 > 交叉"命令，也可以将所选图形相交。

**4．排除重叠**

排除重叠是减去所选图形的重叠部分，将不重叠的部分创建为图形。

选择"选择工具" ▶ ，选取需要的图形对象，如图4-110所示。选择"窗口 > 对象和版面 > 路径查找器"命令，弹出"路径查找器"面板，单击"排除重叠"按钮 ▣ ，如图4-111所示，将两个图形重叠的部分减去。生成的新对象保持所选最前方图形对象的属性，效果如图4-112所示。

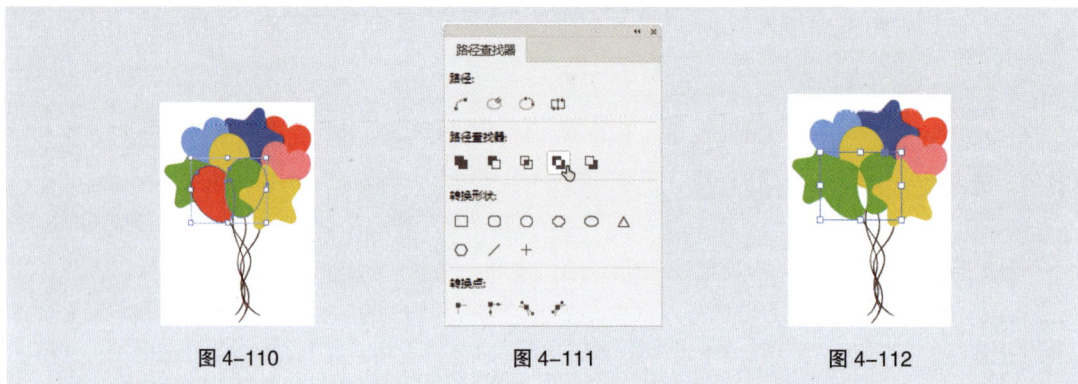

图 4-110　　　　　　　　　图 4-111　　　　　　　　　图 4-112

选取需要的图形对象，选择"对象 > 路径查找器 > 排除重叠"命令，也可将所选图形重叠的部分减去。

**5．减去后方对象**

减去后方对象是减去后面图形，并减去前后图形的重叠部分，保留前面图形的剩余部分。

选择"选择工具" ▶ ，选取需要的图形对象，如图4-113所示。选择"窗口 > 对象和版面 > 路径查找器"命令，弹出"路径查找器"面板，单击"减去后方对象"按钮 ▣ ，如图4-114所示，将后方的图形及前后图形重叠的部分减去。生成的新对象保持所选最前方图形对象的属性，效果如图4-115所示。

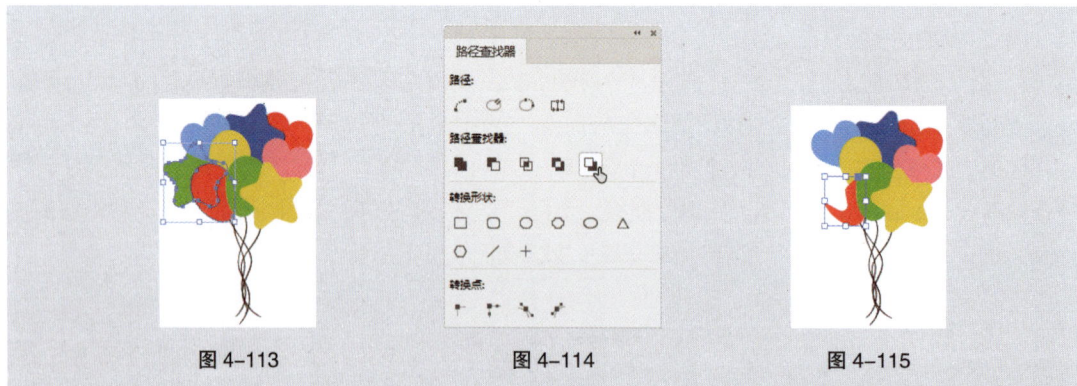

图 4-113　　　　　　　　　图 4-114　　　　　　　　　图 4-115

选取需要的图形对象，选择"对象 > 路径查找器 > 减去后方对象"命令，将后方的图形对象减去。

## 4.3 课堂练习——绘制卡通船

【练习知识要点】使用"矩形工具"、"直接选择工具"和"删除锚点工具"制作卡通船主体，使用"多边形工具"和"矩形工具"绘制烟囱，使用"椭圆工具"、"复制"命令和"原位粘贴"命令复制粘贴图形，效果如图4-116所示。

【效果所在位置】云盘 > Ch04 > 效果 > 绘制卡通船.indd。

图 4-116

## 4.4 课后习题——绘制宫灯插画

【习题知识要点】使用"椭圆工具"、"矩形工具"、"描边"面板、"路径查找器"面板、"角选项"命令、"直线工具"和"多边形工具"绘制宫灯插画，效果如图4-117所示。

【效果所在位置】云盘 > Ch04 > 效果 > 绘制宫灯插画.indd。

图 4-117

# 05

# 第 5 章
# 高级绘图

▶ **本章简介**

　　本章介绍InDesign 2020中手绘图形和路径绘图的相关知识，以及多种组织图形对象的方法。通过本章的学习，学生可以绘制出自由曲线和创意图形，还可以掌握对齐、分布及组合图形对象的方法，绘制出精美的图形。

## 学习目标

- 掌握手绘图形的方法。
- 掌握利用路径工具绘制和编辑图形的技巧。
- 掌握组织图形对象的方法。

## 技能目标

- 掌握音乐插画的绘制方法。
- 掌握丹顶鹤插画的绘制方法。
- 掌握注册界面的制作方法。

## 素养目标

- 培养不断实践和探索的学习精神。
- 培养不畏困难、精益求精的工作作风。

# 5.1 手绘图形

在InDesign 2020中，可以使用手绘工具绘制直线段和曲线路径，也可以将矩形、多边形、椭圆形和文本对象转换成路径。下面介绍绘图和编辑路径的方法与技巧。

## 5.1.1 课堂案例——绘制音乐插画

【**案例学习目标**】学习使用手绘工具和填充工具绘制音乐插画，效果如图5-1所示。

【**案例知识要点**】使用"椭圆工具"、"多边形工具"、"渐变"面板、"直线工具"和"描边"面板绘制音乐插画。

【**效果所在位置**】云盘 > Ch05 > 效果 > 绘制音乐插画.indd。

图 5-1

（1）选择"文件 > 新建 > 文档"命令，弹出"新建文档"对话框，设置如图5-2所示。单击"边距和分栏"按钮，弹出"新建边距和分栏"对话框，设置如图5-3所示。单击"确定"按钮，新建一个页面。选择"视图 > 其他 > 隐藏框架边缘"命令，将所绘制图形的框架边缘隐藏。

图 5-2

图 5-3

（2）选择"椭圆工具" ，在按住Shift键的同时，在适当的位置拖曳鼠标绘制一个圆形，如图5-4所示。设置填充色的C、M、Y、K值为0%、56%、30%、0%，填充图形，并设置描边色为无，效果如图5-5所示。

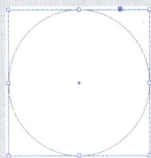

图 5-4 图 5-5

（3）选择"窗口 > 效果"命令，弹出"效果"面板，将"不透明度"设为50%，其他设置如图5-6所示。按Enter键，效果如图5-7所示。

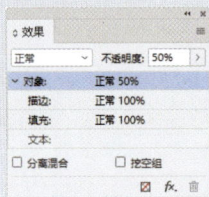

图 5-6 图 5-7

（4）选择"多边形工具" ，在页面中单击，弹出"多边形"对话框，设置如图5-8所示。单击"确定"按钮，得到一个多边形。选择"选择工具" ，拖曳多边形到适当的位置，效果如图5-9所示。

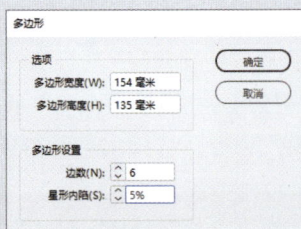

图 5-8 图 5-9

（5）保持图形的选取状态。选择"对象 > 角选项"命令，在弹出的对话框中进行设置，如图5-10所示。单击"确定"按钮，效果如图5-11所示。

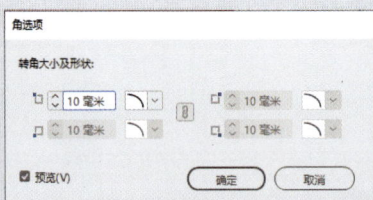

图 5-10 图 5-11

（6）双击"渐变色板工具" ，弹出"渐变"面板，在"类型"下拉列表中选择"线性"，在色带上先选中左侧的渐变色标，设置"颜色"面板中的C、M、Y、K值为0%、56%、30%、0%；再选中右侧的渐变色标，设置"颜色"面板中的C、M、Y、K值为0%、100%、100%、0%，如图5-12所示。填充渐变色，并设置描边色为无，效果如图5-13所示。

InDesign 核心应用案例教程（全彩慕课版）（InDesign 2020）

（7）按Ctrl+C组合键，复制图形，选择"编辑 > 原位粘贴"命令，原位粘贴图形。双击"渐变色板工具" 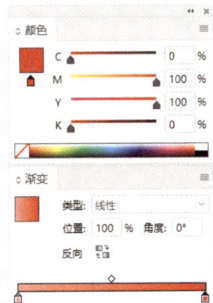，弹出"渐变"面板，将"角度"设为61°，如图5-14所示。按Enter键，效果如图5-15所示。

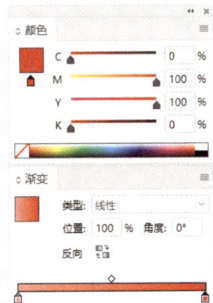

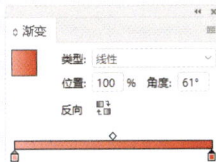
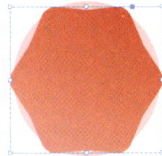

| 图 5-12 | 图 5-13 | 图 5-14 | 图 5-15 |
|---|---|---|---|

（8）选择"选择工具" 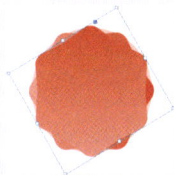，在"控制"面板中将"旋转角度"选项 △ ⌃ 0° ∨ 设为30°，按Enter键，效果如图5-16所示。在"效果"面板中，将"不透明度"设为65%，其他选项的设置如图5-17所示。按Enter键，效果如图5-18所示。

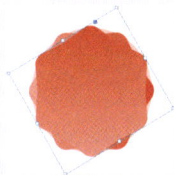
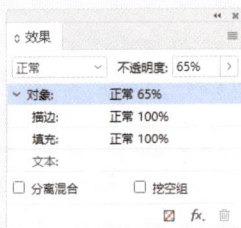
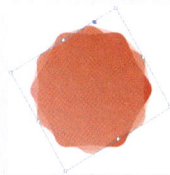

| 图 5-16 | 图 5-17 | 图 5-18 |
|---|---|---|

（9）选择"直线工具" ，在按住Shift键的同时，在适当的位置拖曳绘制一条竖线，如图5-19所示。选择"窗口 > 描边"命令，弹出"描边"面板，单击"圆头端点"按钮 ，其他选项的设置如图5-20所示。按Enter键，效果如图5-21所示。

| 图 5-19 | 图 5-20 | 图 5-21 |
|---|---|---|

（10）保持竖线的选取状态。设置竖线描边色的C、M、Y、K值为22%、90%、80%、0%，填充描边，效果如图5-22所示。选择"选择工具" 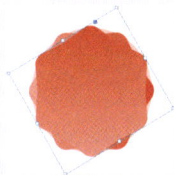，在按住Alt+Shift组合键的同时，水平向左拖曳竖线到适当的位置，复制竖线，效果如图5-23所示。按Ctrl+Alt+4组合键，再复制一条竖线，效果如图5-24所示。

图 5-22　　　　　　　图 5-23　　　　　　　图 5-24

（11）选择"选择工具" ▶ ，在按住Alt键的同时，向下拖曳竖线上方的控制手柄到适当的位置，调整竖线的长度，效果如图5-25所示。用相同的方法调整中间竖线的长度，效果如图5-26所示。

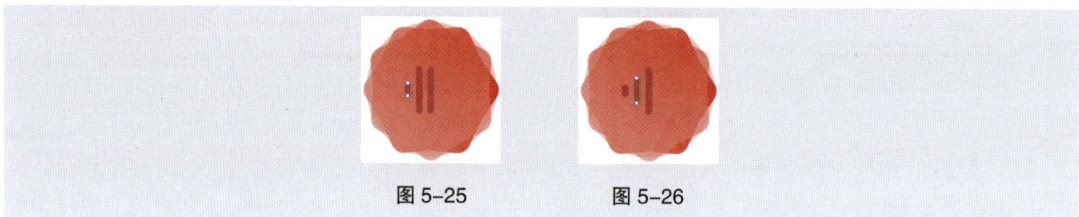

图 5-25　　　　　　　图 5-26

（12）选择"选择工具" ▶ ，在按住Shift键的同时，依次单击将两条竖线同时选取，按住Alt+Shift组合键，水平向右拖曳竖线到适当的位置，复制竖线，效果如图5-27所示。单击"控制"面板中的"水平翻转"按钮 ▷◁ ，水平翻转图形，效果如图5-28所示。用相同的方法制作其他线条，效果如图5-29所示。音乐插画绘制完成。

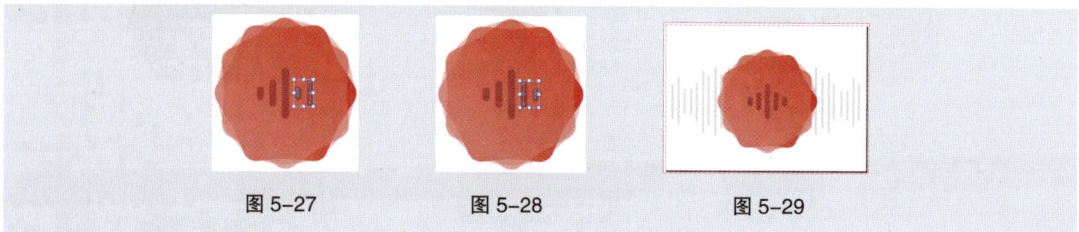

图 5-27　　　　　　　图 5-28　　　　　　　图 5-29

## 5.1.2　了解路径

### 1. 路径的基本概念

路径分为开放路径、闭合路径和复合路径3种类型。开放路径的两个端点没有连接在一起，如图5-30所示。闭合路径没有起点和终点，是一条连续的路径，如图5-31所示，可对其进行内部填充或描边填充。复合路径是将几条开放或闭合路径进行组合而形成的路径，如图5-32所示。

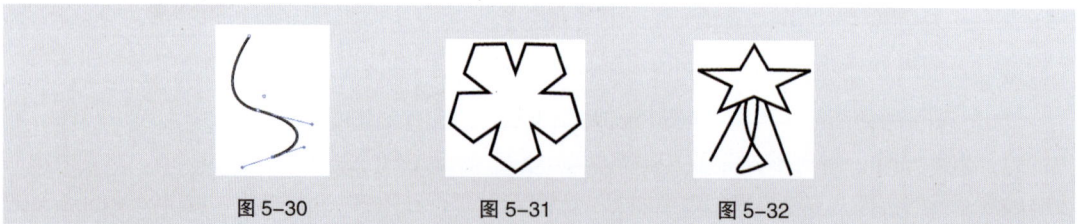

图 5-30　　　　　　　图 5-31　　　　　　　图 5-32

### 2. 路径的组成

路径由锚点和线段组成，可以通过调整路径上的锚点或线段来改变路径的形状。在曲线路径上，每一个锚点有一条或两条控制线，在曲线中间的锚点有两条控制线，在曲线两端的锚点有一条控制线，如图5-33所示。控制线总是与曲线上锚点所在的圆相切，控制线的端点称为控制点，可以通过调整控制点来对整条曲线进行调整。

锚点：由"钢笔工具"创建，是一条路径中两条线段的交点。路径是由锚点组成的。

直线锚点：直线锚点是一条直线段与一条曲线段的连接点。单击刚建立的锚点，可以将锚点转换为带有一个独立调节手柄的直线锚点。

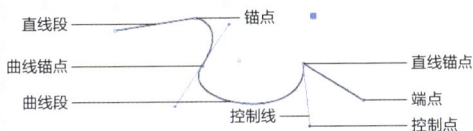

图5-33

曲线锚点：曲线锚点是两条曲线段之间的连接点，带有两个独立调节手柄。

直线段：用"钢笔工具"在图像中两个不同的位置单击，将在两点之间创建一条直线段。

曲线段：拖动曲线锚点可以创建一条曲线段。

端点：路径的结束点就是路径的端点。

### 5.1.3　直线工具

选择"直线工具" ，鼠标指针形状会变成 ，按住鼠标左键并拖曳到适当的位置可以绘制出一条任意角度的直线段，如图5-34所示。松开鼠标左键，绘制出处于选取状态的直线段，效果如图5-35所示。选择"选择工具" ，在选中的直线段外单击，取消选取状态，直线段的效果如图5-36所示。

按住Shift键进行绘制，可以绘制水平、垂直或45°及45°倍数的直线段，如图5-37所示。

图 5-34

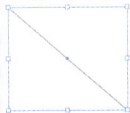
图 5-35

图 5-36

图 5-37

# 5.2　路径绘图

本节主要讲解如何运用各种命令和工具绘制和编辑路径，包括"钢笔工具"的使用，以及锚点的选取、移动、增加、删除、转换，路径的断开和连接等操作。

### 5.2.1　课堂案例——绘制丹顶鹤插画

【案例学习目标】学习使用"钢笔工具""渐变色板工具"绘制丹顶鹤插画。丹顶鹤插画的效果如图5-38所示。

【**案例知识要点**】使用"钢笔工具"、"渐变"面板、"吸管工具"、"椭圆工具"和"缩放"命令绘制丹顶鹤插画，使用"矩形工具"、"置为底层"命令绘制背景。

【**效果所在位置**】云盘 > Ch05 > 效果 > 绘制丹顶鹤插画.indd。

微课

绘制丹顶鹤
插画

图 5-38

（1）选择"文件 > 新建 > 文档"命令，弹出"新建文档"对话框，设置如图5-39所示。单击"边距和分栏"按钮，弹出"新建边距和分栏"对话框，设置如图5-40所示。单击"确定"按钮，新建一个文档。选择"视图 > 其他 > 隐藏框架边缘"命令，将所绘制图形的框架边缘隐藏。

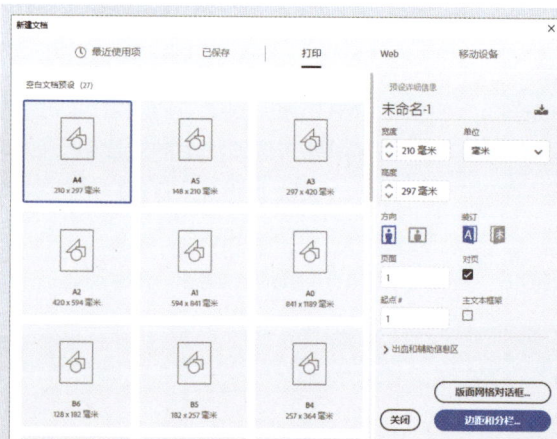

图 5-39

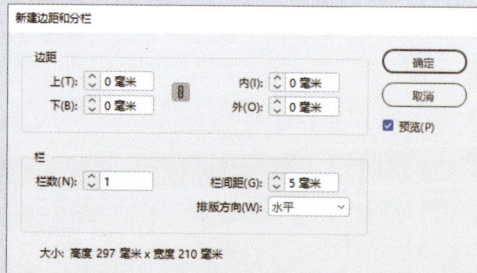

图 5-40

（2）选择"钢笔工具"，在页面中绘制一条闭合路径，如图5-41所示。双击"渐变色板工具"，弹出"渐变"面板，在"类型"下拉列表中选择"线性"，在色带上选中左侧的渐变色标，设置C、M、Y、K值为0%、0%、0%、0%，选中右侧的渐变色标，设置C、M、Y、K值为51%、29%、5%、0%，如图5-42所示。为图形填充渐变色，并设置描边色为无，效果如图5-43所示。

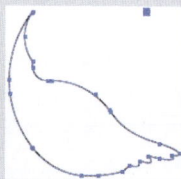

图 5-41

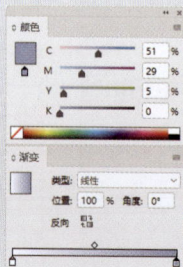

图 5-42

图 5-43

（3）选择"渐变色板工具" ，在图形中按住鼠标左键向右上侧拖曳，如图5-44所示。松开鼠标左键后，效果如图5-45所示。（这里可以多拖曳几次，使效果达到最佳。）

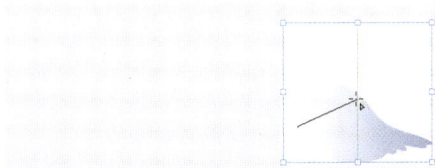

图 5-44                 图 5-45

（4）选择"钢笔工具" ✏️，在适当的位置绘制一条闭合路径，如图5-46所示。选择"选择工具" ▶，选择"渐变"面板，在"类型"下拉列表中选择"线性"，在色带上选中左侧的渐变色标，设置C、M、Y、K值为98%、87%、72%、61%，选中右侧的渐变色标，设置C、M、Y、K值为100%、84%、56%、29%，如图5-47所示。为图形填充渐变色，并设置描边色为无，效果如图5-48所示。

 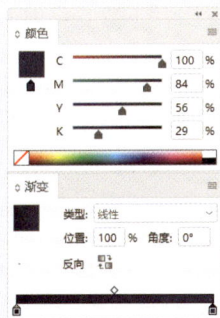 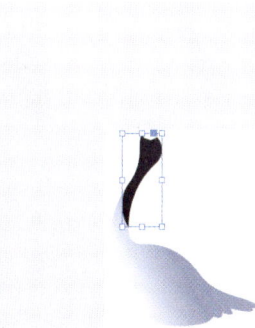

图 5-46            图 5-47            图 5-48

（5）选择"钢笔工具" ✏️，在适当的位置绘制一条闭合路径，如图5-49所示。选择"吸管工具" ✏️，将鼠标指针放置在需要的位置，鼠标指针形状变为 ✏️，如图5-50所示。单击吸取渐变色，效果如图5-51所示。

图 5-49            图 5-50            图 5-51

（6）选择"选择工具" ▶，选取渐变图形。在"渐变"面板中，单击"反向渐变"按钮 🔁，如图5-52所示，反向填充渐变，效果如图5-53所示。

（7）用相同的方法绘制丹顶鹤的喙，并填充相应的颜色，效果如图5-54所示。选择"椭圆工具" ⬭，在适当的位置拖曳绘制一个椭圆形，如图5-55所示。

（8）选择"渐变"面板，在"类型"下拉列表中选择"线性"，在色带上选中左侧的渐变色标，设置C、M、Y、K值为50%、100%、100%、32%，选中右侧的渐变色标，设置C、M、Y、K值为

11%、97%、100%、0%，如图5-56所示。为图形填充渐变色，并设置描边色为无，效果如图5-57所示。（为方便读者观看，这里以红色显示。）

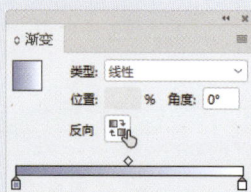

图 5-52　　　　　　　图 5-53

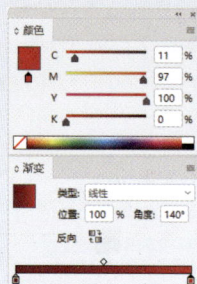

图 5-54　　　图 5-55　　　　　　图 5-56　　　　　　图 5-57

（9）在"控制"面板中将"旋转角度"选项 ⌀ 0° 设为-20°，按Enter键，效果如图5-58所示。选择"椭圆工具" ⬭，在按住Shift键的同时，在适当的位置拖曳绘制一个圆形，并填充为黑色，设置描边色为无，效果如图5-59所示。

图 5-58　　　　　　　图 5-59

（10）选择"对象 > 变换 > 缩放"命令，弹出"缩放"对话框，设置如图5-60所示。单击"复制"按钮，复制并缩小图形，填充图形为白色，效果如图5-61所示。选择"选择工具" ▶，拖曳复制的圆形到适当的位置，效果如图5-62所示。

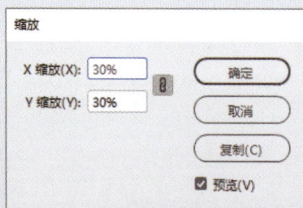

图 5-60　　　　　　图 5-61　　　　　　图 5-62

（11）用相同的方法绘制丹顶鹤的翅膀和脚，并填充相应的颜色，效果如图5-63所示。选择

"矩形工具"□，绘制一个与页面大小相等的矩形，如图5-64所示。设置填充色的C、M、Y、K值为38%、1%、0%、0%，填充图形，并设置描边色为无，效果如图5-65所示。按Ctrl+Shift+[ 组合键，将矩形置于最底层，效果如图5-66所示。丹顶鹤插画绘制完成。

图 5-63

图 5-64

图 5-65

图 5-66

## 5.2.2 钢笔工具

### 1. 使用"钢笔工具"绘制直线段和折线

选择"钢笔工具" ，在页面中的任意位置单击，将创建出1个锚点，将鼠标指针移动到需要的位置再单击，可以创建第2个锚点，两个锚点之间自动以直线段进行连接，效果如图5-67所示。

再将鼠标指针移动到其他位置后单击，就出现了第3个锚点，在第2个和第3个锚点之间生成一条新的直线段，折线效果如图5-68所示。

使用相同的方法继续绘制路径，效果如图5-69所示。当要闭合路径时，将鼠标指针定位于创建的第1个锚点上，当鼠标指针变为 形状，如图5-70所示，单击就可以闭合路径，效果如图5-71所示。

图 5-67

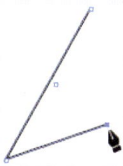
图 5-68

图 5-69

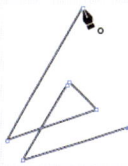
图 5-70

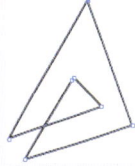
图 5-71

绘制一条路径并保持路径开放，如图5-72所示，在按住Ctrl键的同时，在对象外的任意位置单击，可以结束路径的绘制，开放路径效果如图5-73所示。

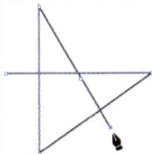
图 5-72

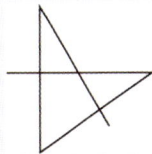
图 5-73

**技巧：**按住Shift键创建锚点，将强制系统以45°或45°的倍数绘制路径。按住Alt键，"钢笔工具"图标 将暂时转换成"转换方向点工具"图标 。按住Ctrl键，"钢笔工具"图标 将暂时转换成"直接选择工具"图标 。

### 2. 使用"钢笔工具"绘制路径

选择"钢笔工具" ✐，在页面中单击并按住鼠标左键拖曳来确定路径的起点。起点的两端分别出现了一条控制线，松开鼠标左键，其效果如图5-74所示。

移动鼠标指针到需要的位置，再次单击并按住鼠标左键拖曳，出现了一条路径段。拖曳的同时，第2个锚点两端也出现了控制线。按住鼠标左键不放，随着拖曳，路径段的形状也随之发生变化，如图5-75所示。松开鼠标左键，移动鼠标指针继续绘制。

如果连续单击并拖曳，就会绘制出连续、平滑的路径，如图5-76所示。

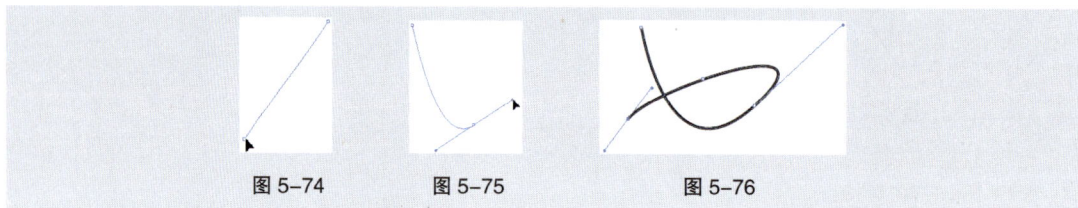

图 5-74　　　　图 5-75　　　　图 5-76

### 3. 使用"钢笔工具"绘制混合路径

选择"钢笔工具" ✐，在页面中需要的位置单击绘制出直线段，如图5-77所示。

移动鼠标指针到需要的位置，再次单击并按住鼠标左键拖曳，绘制出一条路径段，如图5-78所示。松开鼠标左键，移动鼠标指针到需要的位置，再次单击并按住鼠标左键拖曳，又绘制出一条路径段，松开鼠标左键，如图5-79所示。

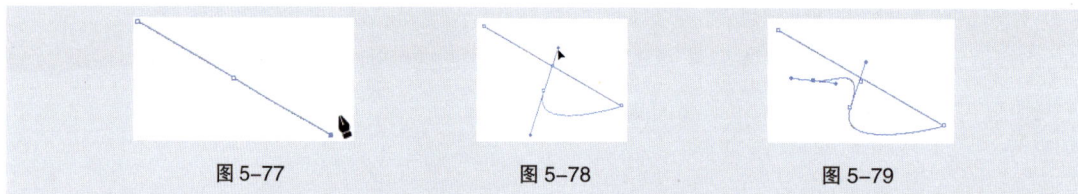

图 5-77　　　　图 5-78　　　　图 5-79

选择"钢笔工具" ✐，将鼠标指针定位于刚建立的路径锚点上，鼠标指针的形状会变为 ✐▸，在路径锚点上单击，可将路径锚点转换为直线锚点，如图5-80所示。移动鼠标指针到需要的位置再次单击，在路径段后绘制出直线段，如图5-81所示。

将鼠标指针定位于创建的第1个锚点上，鼠标指针形状变为 ✐。，单击并按住鼠标左键拖曳，如图5-82所示。松开鼠标左键，绘制出路径并闭合路径，如图5-83所示。

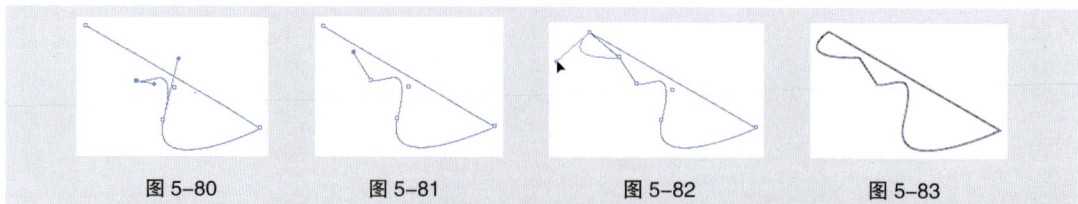

图 5-80　　　　图 5-81　　　　图 5-82　　　　图 5-83

### 4. 调整路径

选择"直接选择工具" ▷，选取需要调整的路径，如图5-84所示。使用"直接选择工具" ▷，在要调整的锚点上单击并拖曳，可以移动锚点到需要的位置，如图5-85所示。拖曳锚点两端控制线上的调节手柄，可以调整路径的形状，如图5-86所示。

图 5-84

图 5-85

图 5-86

## 5.2.3 选取、移动锚点

### 1. 选中路径上的锚点

对路径或图形上的锚点进行编辑时，必须先选中要编辑的锚点。绘制一条路径，选择"直接选择工具" ▷，路径上的锚点和线段将显示出来，如图5-87所示。

路径中的方形就是路径的锚点，在需要选取的锚点上单击，锚点上会显示控制线和控制线两端的控制点，同时会显示前后锚点的控制线和控制点，如图5-88所示。

图 5-87

图 5-88

### 2. 选中路径上的多个或全部锚点

选择"直接选择工具" ▷，按住Shift键单击需要的锚点，可选取多个锚点，如图5-89所示。

选择"直接选择工具" ▷，在页面中路径图形的外围按住鼠标左键，拖曳圈住多个或全部锚点，如图5-90和图5-91所示，松开鼠标左键，被圈住的锚点将被选取，如图5-92和图5-93所示。单击路径外的任意位置，锚点的选取状态将被取消。

选择"直接选择工具" ▷，单击路径的中心点，可选取路径上的所有锚点，如图5-94所示。

图 5-89

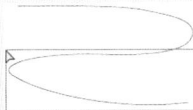
图 5-90

图 5-91

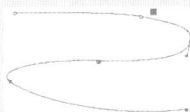
图 5-92

图 5-93

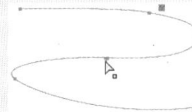
图 5-94

### 3. 移动路径上的单个锚点

绘制一个图形，如图5-95所示。选择"直接选择工具" ▷，单击要移动的锚点并按住鼠标左键拖曳，如图5-96所示。松开鼠标左键，图形调整的效果如图5-97所示。

选择"直接选择工具" ▷，选取并拖曳锚点的控制手柄，如图5-98所示，图形调整的效果如图5-99所示。

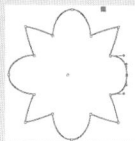

图 5-95　　　　　　　图 5-96　　　　　　　图 5-97

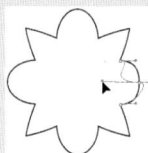

图 5-98　　　　　　　图 5-99

**4．移动路径上的多个锚点**

选择"直接选择工具" ，圈选图形上的部分锚点，如图5-100所示。按住鼠标左键，将其拖曳到适当的位置，松开鼠标左键，移动后的锚点如图5-101所示。

图 5-100　　　　　　　图 5-101

选择"直接选择工具" ，锚点的选取状态如图5-102所示，拖曳任意一个被选取的锚点，其他被选取的锚点也会随着移动，如图5-103所示。松开鼠标左键，图形调整的效果如图5-104所示。

图 5-102　　　　　　　图 5-103　　　　　　　图 5-104

## 5.2.4　增加、删除、转换锚点

选择"直接选择工具" ，选取要增加锚点的路径，如图5-105所示。选择"钢笔工具" 或"添加锚点工具" ，将鼠标指针定位到要增加锚点的位置，如图5-106所示，单击增加一个锚点，如图5-107所示。

图 5-105　　　　　　　图 5-106　　　　　　　图 5-107

选择"直接选择工具" ▷ ，选取需要删除锚点的路径，如图5-108所示。选择"钢笔工具" ✐
或"删除锚点工具" ✐ ，将鼠标指针定位到要删除锚点的位置，如图5-109所示，单击删除这个锚
点，效果如图5-110所示。

图 5-108　　　　　　　　　图 5-109　　　　　　　　　图 5-110

**技巧：** 如果需要在路径和图形中删除多个锚点，可以先按住Shift键，再选择要删除的多个锚
点，选择好后按Delete键就可以了。也可以使用圈选的方法选择需要删除的多个锚点，选择
好后按Delete键。

选择"直接选择工具" ▷ 选取路径，如图5-111所示。选择"转换方向点工具" ⌐，将鼠标指
针定位到要转换的锚点上，如图5-112所示。拖曳可转换锚点，编辑路径的形状，效果如图5-113
所示。

 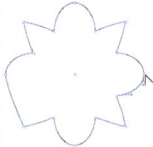 

图 5-111　　　　　　　　　图 5-112　　　　　　　　　图 5-113

## 5.2.5　连接、断开路径

### 1. 使用"钢笔工具"连接路径

选择"钢笔工具" ✐ ，将鼠标指针置于一条开放路径的端点上，当鼠标指针形状变为 ✎ 时单击
端点，如图5-114所示。在需要扩展的新位置单击，绘制出的连接路径如图5-115所示。

图 5-114　　　　　　　　　图 5-115

选择"钢笔工具" ✐ ，将鼠标指针置于一条路径的端点上，当鼠标指针形状变为 ✎ 时单击
端点，如图5-116所示。再将鼠标指针置于另一条路径的端点上，当鼠标指针形状变为 ✎ 时，如
图5-117所示，单击端点将两条路径连接，效果如图5-118所示。

图 5-116　　　　　　　　　图 5-117　　　　　　　　　图 5-118

### 2. 使用面板连接路径

选择一条开放路径，如图5-119所示。选择"窗口 > 对象和版面 > 路径查找器"命令，弹出"路径查找器"面板，单击"封闭路径"按钮 ，如图5-120所示。路径将闭合，效果如图5-121所示。

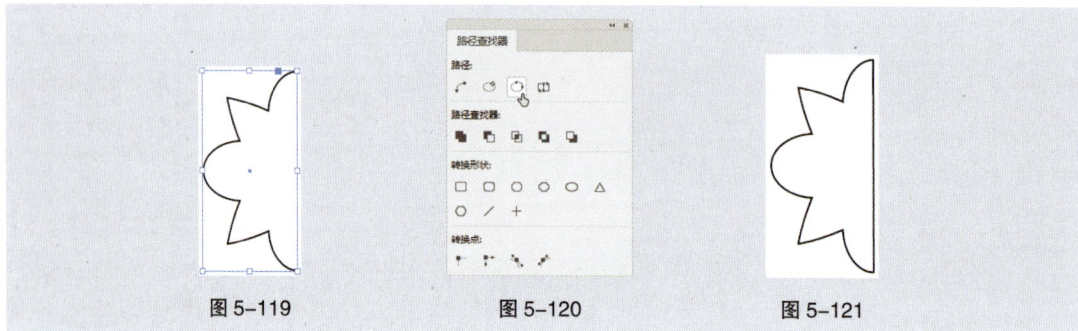

图 5-119          图 5-120          图 5-121

### 3. 使用菜单命令连接路径

选择一条开放路径，选择"对象 > 路径 > 封闭路径"命令，也可将路径封闭。

### 4. 使用"剪刀工具"断开路径

选择"直接选择工具" ，选取要断开路径的锚点，如图5-122所示。选择"剪刀工具" ，在锚点处单击，可将路径剪开，如图5-123所示。选择"直接选择工具" ，单击并拖曳断开处的锚点，效果如图5-124所示。

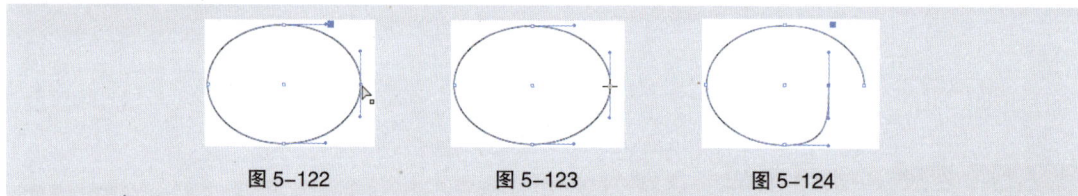

图 5-122          图 5-123          图 5-124

选择"选择工具" ，选取要断开的路径，如图5-125所示。选择"剪刀工具" ，在要断开的路径处单击，可将路径剪开，单击处将生成呈选中状态的锚点，如图5-126所示。选择"直接选择工具" ，单击并拖曳断开处的锚点，效果如图5-127所示。

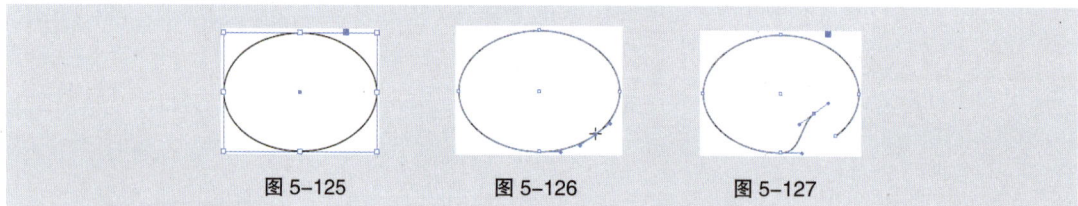

图 5-125          图 5-126          图 5-127

### 5. 使用面板断开路径

选择"选择工具" ，选取需要断开的路径，如图5-128所示。选择"窗口 > 对象和版面 > 路径查找器"命令，弹出"路径查找器"面板，单击"开放路径"按钮 ，如图5-129所示。封闭的路径被断开，如图5-130所示，呈选中状态的锚点是断开处的锚点。选择"直接选择工具" ，选取并拖曳该锚点，效果如图5-131所示。

图 5-128

图 5-129

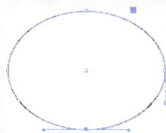
图 5-130

图 5-131

**6. 使用菜单命令断开路径**

选择一条封闭路径，选择"对象 > 路径 > 开放路径"命令可将路径断开，呈现选中状态的锚点为路径的断开点。

# 5.3 组织图形对象

在InDesign 2020中，有很多组织图形对象的方法，其中包括调整对象的前后顺序，对齐与分布对象，编组、锁定对象等。

## 5.3.1 课堂案例——制作注册界面

【**案例学习目标**】学习使用"对齐"面板、"编组"命令制作注册界面，效果如图5-132所示。

【**案例知识要点**】使用"打开"命令、"对齐"面板制作注册界面。

【**效果所在位置**】云盘 > Ch05 > 效果 > 制作注册界面.indd。

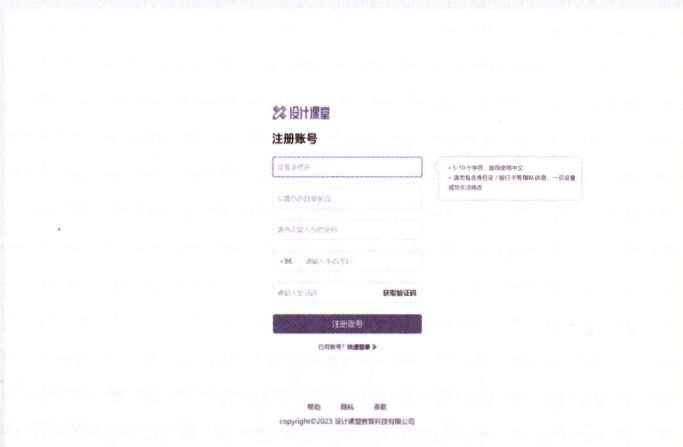

图 5-132

（1）按Ctrl+O组合键，弹出"打开文件"对话框，选择云盘中的"Ch05 > 素材 > 制作注册界面 > 01"文件，单击"打开"按钮，打开文件，效果如图5-133所示。

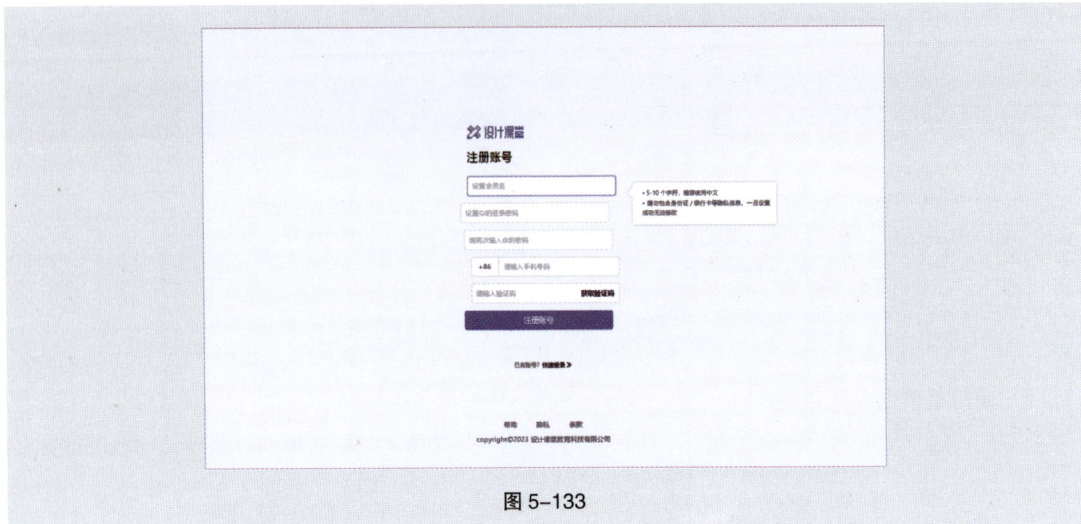

图 5-133

（2）选择"选择工具" ▶，在按住Shift键的同时，依次单击"设置会员名""设置你的登录密码""请再次输入你的密码""请输入手机号码""请输入验证码""注册账号"图形将其同时选取，如图5-134所示。

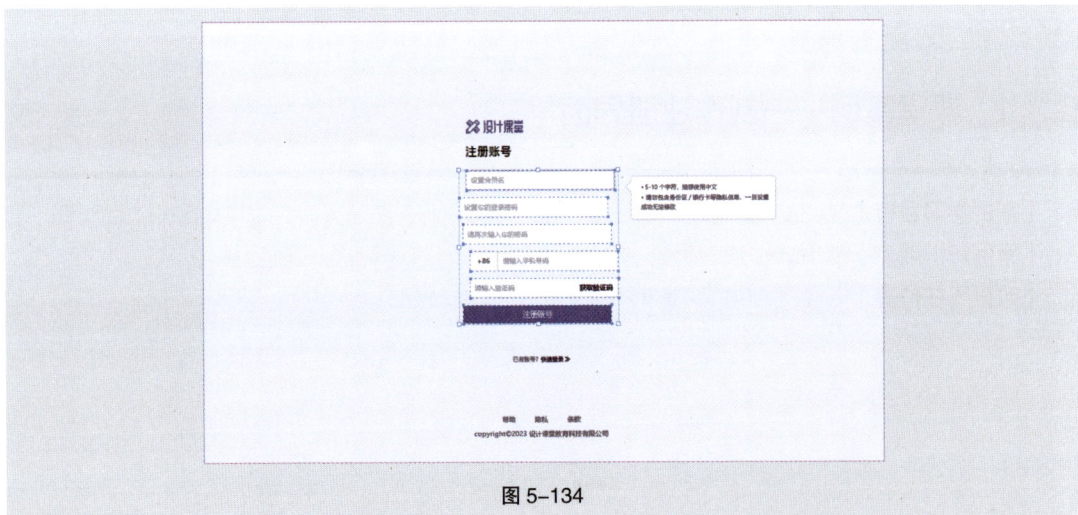

图 5-134

（3）按Shift＋F7组合键，弹出"对齐"面板，在"分布间距"选项组中勾选"使用间距"复选框，将该选项的数值设为24 px，再单击"垂直分布间距"按钮 ，如图5-135所示。所选图形按设置的数值等距离分布，效果如图5-136所示。

（4）选择"选择工具" ▶，再次单击"设置会员名"图形，将其作为对齐的关键对象，如图5-137所示。在"对齐"面板中，单击"水平居中对齐"按钮 ，如图5-138所示，对齐效果如图5-139所示。

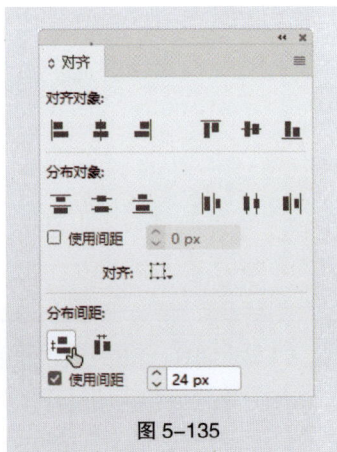

图 5-135

图 5-136

图 5-137

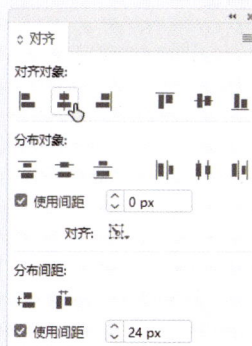

图 5-138

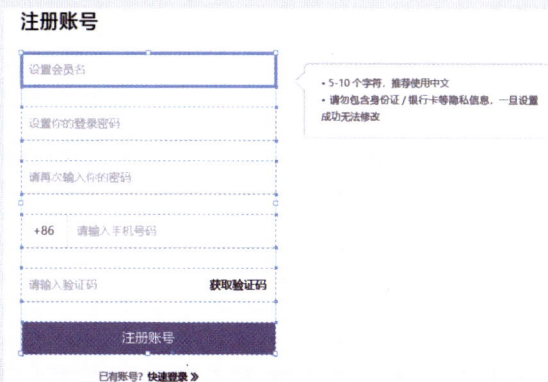

图 5-139

（5）按Ctrl+G组合键，将选中的图形编组，如图5-140所示。在按住Shift键的同时，单击右侧会话框图形将其同时选取，如图5-141所示。

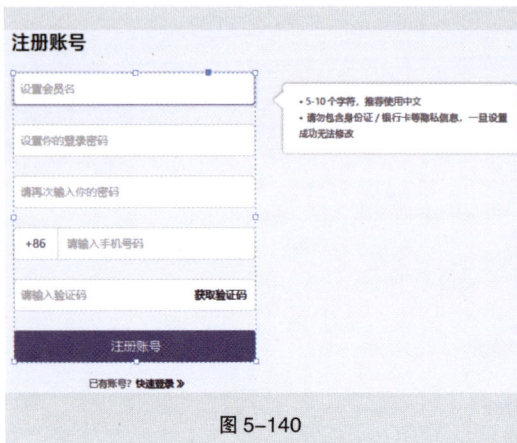

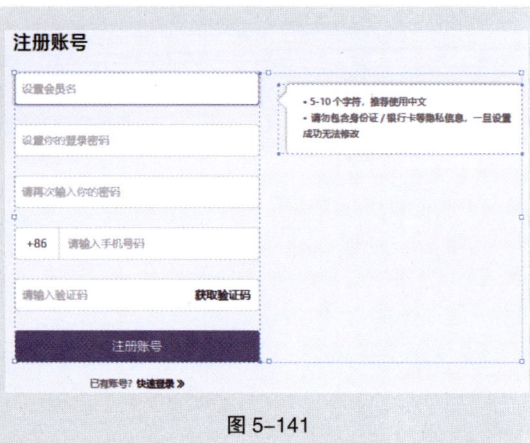

图 5-140                                         图 5-141

（6）在"对齐"面板中，单击"顶对齐"按钮 ，如图5-142所示，对齐效果如图5-143所示。在页面空白处单击，取消图形的选取状态，注册界面制作完成，效果如图5-144所示。

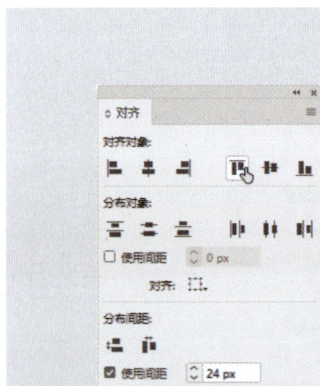

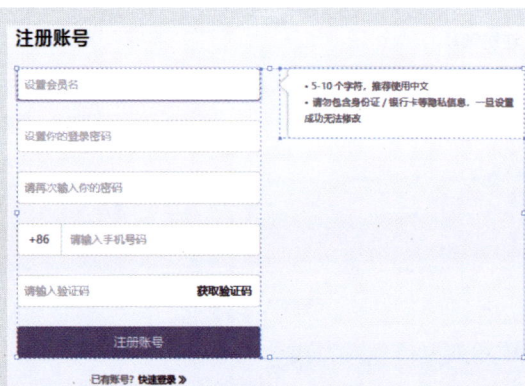

图 5-142                                         图 5-143

图 5-144

## 5.3.2 对齐对象

"对齐"面板的"对齐对象"选项组中包括6个对齐按钮："左对齐"按钮 、"水平居中对齐"按钮 、"右对齐"按钮 、"顶对齐"按钮 、"垂直居中对齐"按钮 和"底对齐"按钮 。

选取要对齐的对象，如图5-145所示。选择"窗口 > 对象和版面 > 对齐"命令，或按Shift+F7组合键，弹出"对齐"面板，如图5-146所示。单击需要的对齐按钮，对齐效果如图5-147所示。

图 5-145

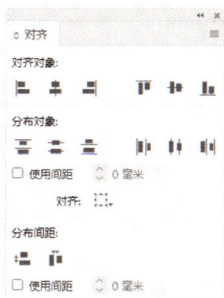

图 5-146

| 左对齐 | 水平居中对齐 | 右对齐 | 顶对齐 | 垂直居中对齐 | 底对齐 |

图 5-147

## 5.3.3 分布对象

"对齐"面板的"分布对象"选项组中包括6个分布按钮："按顶分布"按钮、"垂直居中分布"按钮、"按底分布"按钮、"按左分布"按钮、"水平居中分布"按钮和"按右分布"按钮。"分布间距"选项组中包括2个分布间距按钮："垂直分布间距"按钮和"水平分布间距"按钮。单击需要的分布按钮，分布效果如图5-148所示。

原图　　　　　　按顶分布　　　　　　垂直居中分布

按底分布　　　　　　按左分布　　　　　　水平居中分布

按右分布　　　　　　垂直分布间距　　　　　　水平分布间距

图 5-148

勾选"使用间距"复选框，在数值框中设置距离值，所有被选取的对象将以所选分布方式按设置的数值等距离分布。

## 5.3.4  对齐基准

"对齐"面板的"对齐"下拉列表中包括5个对齐命令：对齐选区、对齐关键对象、对齐边距、对齐页面和对齐跨页。选择需要的对齐基准，以"按顶分布"为例，对齐效果如图5-149所示。

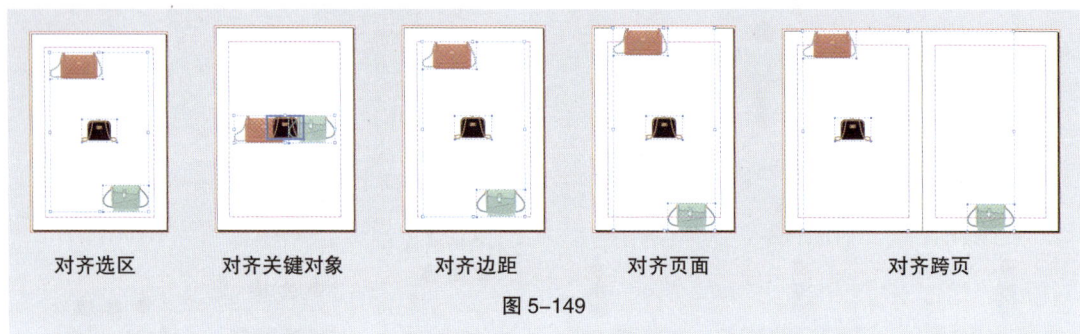

| 对齐选区 | 对齐关键对象 | 对齐边距 | 对齐页面 | 对齐跨页 |

图 5-149

## 5.3.5  对象的堆叠

图形对象之间存在着堆叠的关系，后绘制的图像一般显示在先绘制的图像之上。在实际操作中，可以根据需要改变图像之间的堆叠顺序。

选取要移动的图像，选择"对象 > 排列"命令，其子菜单包括4个命令："置于顶层"命令、"前移一层"命令、"后移一层"命令和"置为底层"命令。使用这些命令可以改变图形对象的堆叠顺序，效果如图5-150所示。

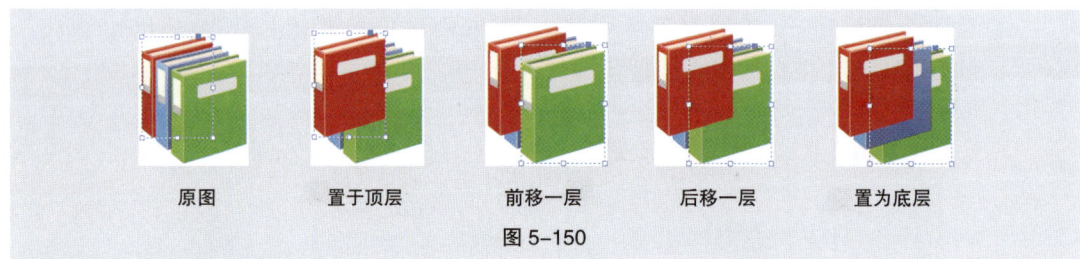

| 原图 | 置于顶层 | 前移一层 | 后移一层 | 置为底层 |

图 5-150

## 5.3.6  编组对象

### 1. 创建编组

选取要编组的对象，如图5-151所示。选择"对象 > 编组"命令，或按Ctrl+G组合键，将选取的对象编组，如图5-152所示。编组后，选择其中的任何一个图像，其他的图像也会被同时选取。

图 5-151

图 5-152

将多个对象组合后，其外观并没有变化，当对任何一个对象进行编辑时，其他对象也随之产生相应的变化。

"编组"命令还可以将几个不同的组合进行进一步的组合，或在组合与对象之间进行进一步的组合。在几个组之间进行组合时，原来的组合并没有消失，它与新得到的组合是嵌套关系。

**提示：** 组合不同图层上的对象，组合后所有的对象将自动移动到最上边对象的图层中，并形成组合。

### 2. 取消编组

选取要取消编组的对象，如图5-153所示。选择"对象 > 取消编组"命令，或按Ctrl+Shift+G组合键，取消对象的编组。取消编组后的图像，可通过单击选取任意一个图形对象，如图5-154所示。

执行一次"取消编组"命令只能取消一层组合。例如，两个组合使用"编组"命令得到一个新的组合，应用"取消编组"命令取消这个新组合后，得到两个原始的组合。

图 5-153

图 5-154

## 5.3.7 锁定对象位置

使用"锁定"命令可以锁定文档中的对象以防止其移动。只要对象是锁定的，它便不能移动，但仍然可以被选取，以及更改属性（如颜色、描边等）。当文档被保存、关闭或重新打开，锁定的对象会保持锁定状态。

选取要锁定的图形，如图5-155所示。选择"对象 > 锁定"命令，或按Ctrl+L组合键，将图形的位置锁定。锁定后，当移动图形时，未被锁定的图形移动，被锁定的图形保持不动，效果如图5-156所示。

图 5-155

图 5-156

选择"对象 > 解锁跨页上的所有内容"命令，或按Ctrl+Alt+L组合键，被锁定的对象就会被取消锁定。

## 5.4 　课堂练习——绘制端午节插画

【练习知识要点】使用"打开"命令打开素材文件，使用"钢笔工具"、"渐变色板工具"、"描边"面板和"颜色"面板绘制小船和粽子，效果如图5-157所示。

【效果所在位置】云盘 > Ch05 > 效果 > 绘制端午节插画.indd。

微课

绘制端午节
插画

图 5-157

## 5.5 　课后习题——绘制海滨插画

【习题知识要点】使用"椭圆工具"、"矩形工具"、"减去"按钮和"贴入内部"命令制作海水和天空，使用"椭圆工具"、"矩形工具"和"减去"按钮制作云图形，使用"矩形工具"、"删除锚点工具"和"直接选择工具"制作帆船，效果如图5-158所示。

【效果所在位置】云盘 > Ch05 > 效果 > 绘制海滨插画.indd。

微课

绘制海滨插画

图 5-158

# 06

# 第 6 章
# 版式编排

▶ **本章简介**

在InDesign 2020中，可以便捷地进行字符格式和段落样式的设置，以及表格的插入和图像的置入。通过本章的学习，学生能掌握字符与段落格式的设置技巧，为今后熟练地进行版式编排打下坚实的基础。

## 学习目标

- 掌握文本和文本框的编辑技巧。
- 掌握字符与段落格式的设置方法。
- 掌握字符和段落样式的创建和编辑技巧。
- 掌握制表符的创建方法。
- 掌握表格的使用方法。
- 掌握置入图像的方法。

微课

第6章简介

## 技能目标

- 掌握刺绣卡片的制作方法。
- 掌握女装Banner的制作方法。
- 掌握传统文化台历的制作方法。
- 掌握汽车广告的制作方法。

## 素养目标

- 培养严谨的工作作风。
- 加深对中华优秀传统文化的热爱。

# 6.1 编辑文本

在InDesign 2020中，所有的文本都位于文本框内，通过编辑文本及文本框可以快捷地进行排版操作。下面介绍编辑文本及文本框的方法和技巧。

## 6.1.1 课堂案例——制作刺绣卡片

【**案例学习目标**】学习使用"文字工具"、"路径文字工具"、"文本绕排"面板制作刺绣卡片。刺绣卡片的效果如图6-1所示。

【**案例知识要点**】使用"置入"命令置入图片；使用"椭圆工具""路径文字工具"制作路径文字，使用"文本绕排"面板制作图文绕排效果。

【**效果所在位置**】云盘 > Ch06 > 效果 > 制作刺绣卡片.indd。

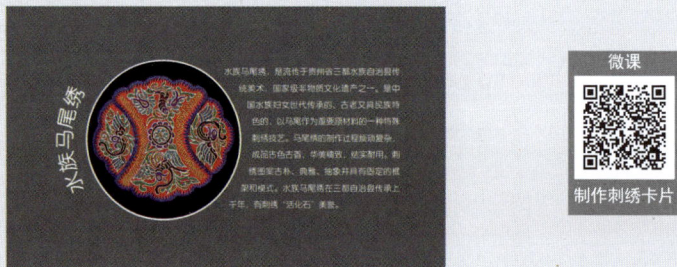

图 6-1

（1）选择"文件 > 新建 > 文档"命令，弹出"新建文档"对话框，设置如图6-2所示。单击"边距和分栏"按钮，弹出"新建边距和分栏"对话框，设置如图6-3所示。单击"确定"按钮，新建一个文档。选择"视图 > 其他 > 隐藏框架边缘"命令，将所绘制图形的框架边缘隐藏。

图 6-2

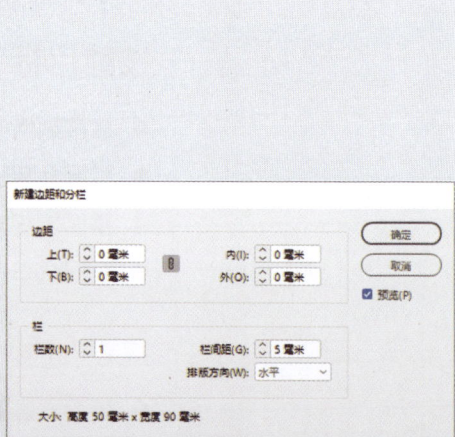

图 6-3

（2）选择"文件 > 置入"命令，弹出"置入"对话框，选择云盘中的"Ch06 > 素材 > 制作刺绣卡片 > 01"文件，单击"打开"按钮，在页面空白处单击置入图片。选择"自由变换工具" ，将图片拖曳到适当的位置，效果如图6-4所示。

（3）选择"椭圆工具" ，在按住Shift键的同时，在适当的位置拖曳绘制一个圆形，填充圆形为黑色，并设置描边色为白色，效果如图6-5所示。

图 6-4

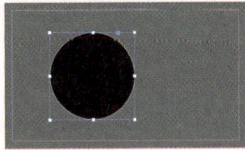
图 6-5

（4）选择"窗口 > 描边"命令，弹出"描边"面板，单击"描边居外"按钮 ，其他设置如图6-6所示。按Enter键，效果如图6-7所示。

图 6-6

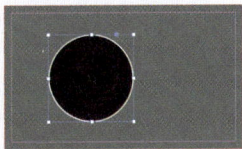
图 6-7

（5）取消图形的选取状态。选择"文件 > 置入"命令，弹出"置入"对话框，选择云盘中的"Ch06 > 素材 > 制作刺绣卡片 > 02"文件，单击"打开"按钮，在页面空白处单击置入图片。选择"自由变换工具" ，将图片拖曳到适当的位置并调整大小，效果如图6-8所示。选择"选择工具" ，选取下方圆形，如图6-9所示。

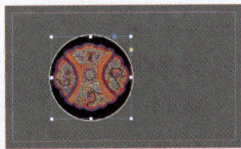
图 6-8

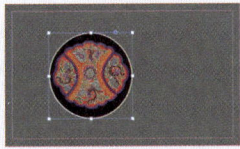
图 6-9

（6）选择"对象 > 变换 > 缩放"命令，弹出"缩放"对话框，设置如图6-10所示。单击"复制"按钮，复制并放大圆形，效果如图6-11所示。

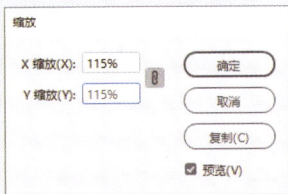
图 6-10

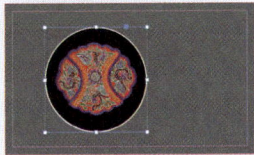
图 6-11

（7）按Ctrl+Shift+]组合键，将圆形置于最顶层，效果如图6-12所示，设置其填充色为无，效果如图6-13所示。

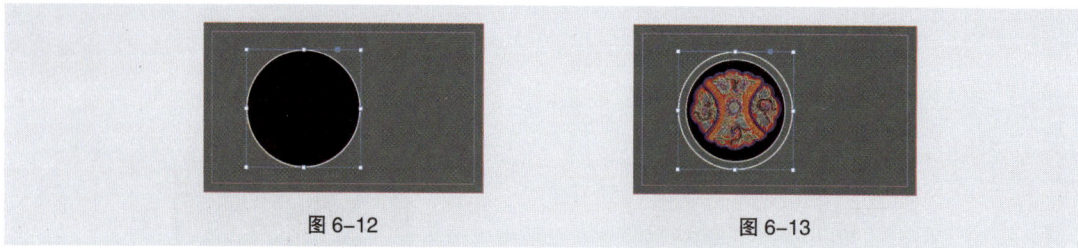

图 6-12

图 6-13

（8）选择"路径文字工具"，将鼠标指针移动到圆形路径边缘，当鼠标指针形状变为时，如图6-14所示，单击路径边缘插入插入点，输入需要的文字，如图6-15所示。将输入的文字选取，在控制面板中选择合适的字体并设置文字大小，填充文字为白色，效果如图6-16所示。选择"选择工具"，选取路径文字，设置描边色为无，效果如图6-17所示。

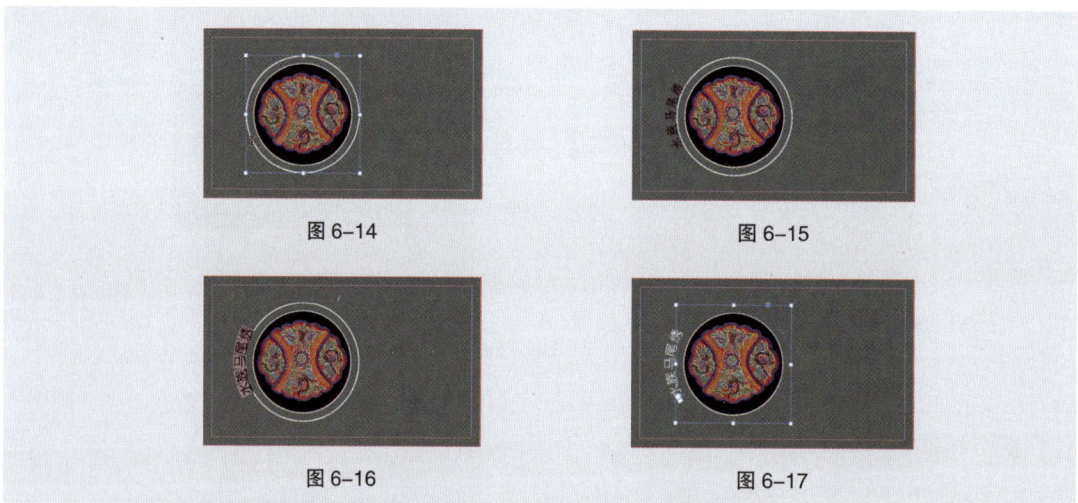

图 6-14

图 6-15

图 6-16

图 6-17

（9）选取并复制记事本文档中需要的文字，返回到InDesign页面中，选择"文字工具"，在适当的位置拖曳绘制一个文本框，将复制的文字粘贴到文本框中，选取文字，在控制面板中选择合适的字体并设置文字大小，效果如图6-18所示。在控制面板中将"行距"选项设为"10点"，按Enter键，填充文字为白色，取消文字的选取状态，效果如图6-19所示。

图 6-18

图 6-19

（10）选择"选择工具"，选取文字，选择"窗口 > 文本绕排"命令，弹出"文本绕排"面板，单击"沿对象形状绕排"按钮，其他设置如图6-20所示。按Enter键，绕排效果如图6-21所示。刺绣卡片制作完成，效果如图6-22所示。

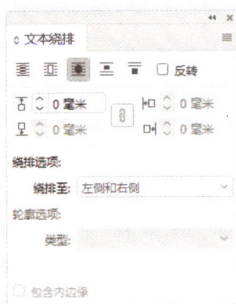

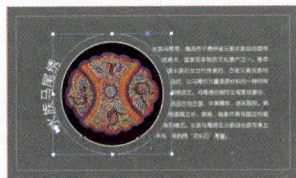

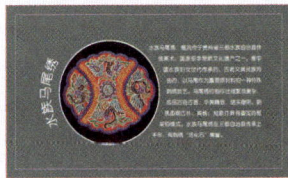

| 图 6-20 | 图 6-21 | 图 6-22 |
|---|---|---|

## 6.1.2　使框架适合文本

选择"选择工具" ▶，选取需要的文本框，如图6-23所示。选择"对象 > 适合 > 使框架适合内容"命令，可以使文本框适合文本，效果如图6-24所示。

如果文本框中有过剩文本，可以使用"使框架适合内容"命令自动扩展文本框的底部来适应文本内容。但若文本框是串接的一部分，便不能使用此命令扩展文本框。

| 图 6-23 | 图 6-24 |
|---|---|

## 6.1.3　串接文本框

文本框中的文字可以独立于其他文本框，也可以在相互连接的文本框中流动。相互连接的文本框可以在同一个页面或跨页，也可以在不同的页面。文本串接是指在文本框之间连接文本的过程。

选择"视图 > 其他 > 显示文本串接"命令，选择"选择工具" ▶，选取任意文本框，显示文本串接，如图6-25所示。

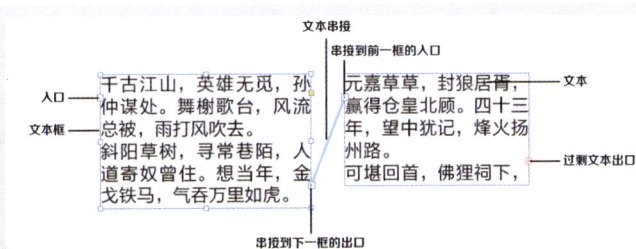

图 6-25

### 1. 创建串接文本框

● 在串接中增加新的文本框

选择"选择工具"，选取需要的文本框，如图6-26所示。单击它的出口调出载入文本图符，在文档中的适当位置按住鼠标左键拖曳出新的文本框，如图6-27所示。松开鼠标左键，创建串接文本框，过剩的文本自动流入新创建的文本框中，效果如图6-28所示。

图 6-26 　　　　　　　　　图 6-27 　　　　　　　　　图 6-28

● 将现有的文本框添加到串接中

选择"选择工具"，将鼠标指针置于要创建串接的文本框的出口，如图6-29所示。单击调出载入文本图符，将其置于要连接的文本框之上，载入文本图符变为串接图符，如图6-30所示。单击创建两个文本框间的串接，效果如图6-31所示。

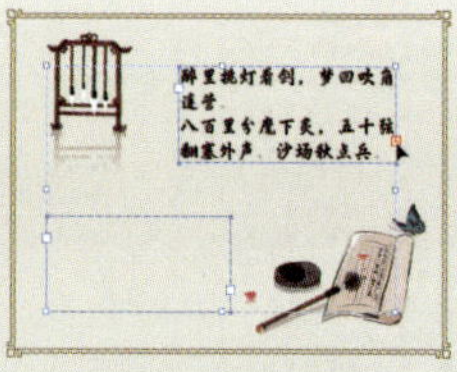

图 6-29 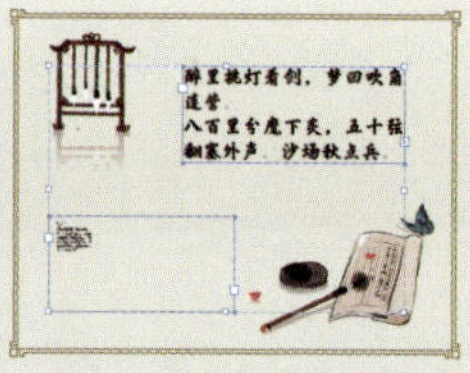　　　　　　　　　图 6-30 　　　　　　　　　图 6-31

### 2. 取消文本框串接

选择"选择工具"，单击一个与其他文本框串接的文本框的出口（或入口），如图6-32所示，出现载入文本图符后，将其置于文本框内，使其显示为解除串接图符，如图6-33所示。单击该文本框，取消文本框之间的串接，效果如图6-34所示。

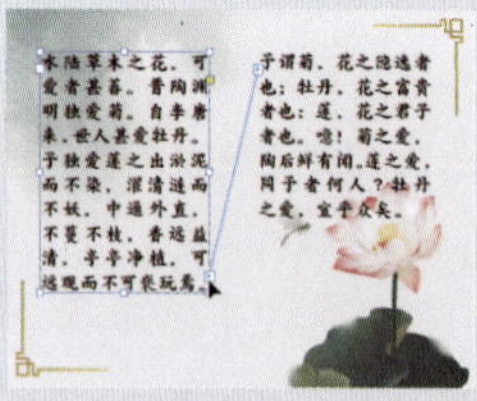

图 6-32 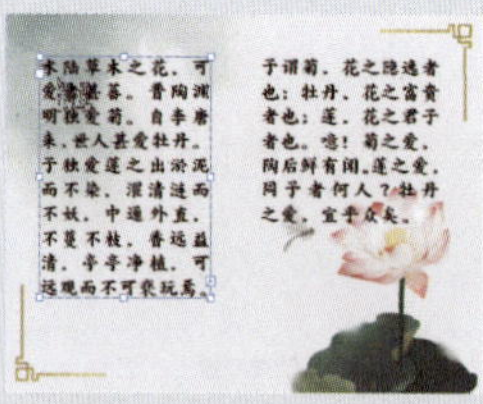　　　　　　　　　图 6-33 　　　　　　　　　图 6-34

选择"选择工具"，选取一个串接文本框，双击该文本框的出口，也可取消文本框之间的串接。

### 3. 手动或自动排文

在置入文本或单击文本框的入口或出口后，鼠标指针会变为载入文本图符，此时就可以在页面上排文了。当载入文本图符位于辅助线或网格的捕捉点时，黑色的图符变为白色图符。

- 手动排文

选择"选择工具" ▶ ，单击文本框的出口，鼠标指针会变为载入文本图符 ，拖曳到适当的位置，如图6-35所示。单击创建一个与栏宽等宽的文本框，文本自动排入文本框中，效果如图6-36所示。

图 6-35

图 6-36

- 半自动排文

选择"选择工具" ▶ ，单击文本框的出口，如图6-37所示，鼠标指针会变为载入文本图符 。按住Alt键，鼠标指针会变为半自动排文图符 ，将其拖曳到适当的位置，如图6-38所示。单击创建一个与栏宽等宽的文本框，文本排入文本框中，如图6-39所示。不松开Alt键，重复在适当的位置单击，可继续置入过剩的文本，效果如图6-40所示。松开Alt键后，鼠标指针会自动变为载入文本图符 。

图 6-37

图 6-38

图 6-39

图 6-40

- 自动排整篇文章

选择"选择工具" ▶ ，单击文本框的出口，鼠标指针会变为载入文本图符 。按住Shift键，鼠标指针会变为自动排文图符 ，拖曳到适当的位置，如图6-41所示。单击，系统自动创建与栏宽等宽的多个文本框，效果如图6-42所示。若文本超出文档页面，系统将自动新建文档页面，直到所有的文本都排入文档中。

图 6-41

图 6-42

### 6.1.4　设置文本框属性

选择"选择工具" ▶，选取一个文本框，如图6-43所示。选择"对象 > 文本框架选项"命令，弹出"文本框架选项"对话框，设置如图6-44所示。单击"确定"按钮，可以改变文本框属性，效果如图6-45所示。

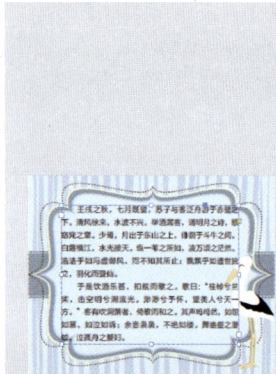

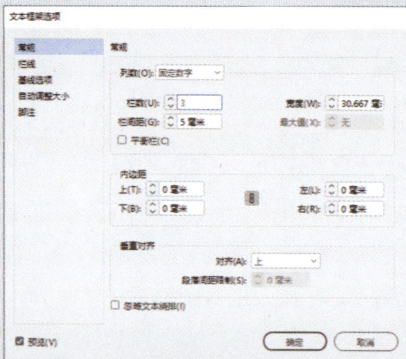

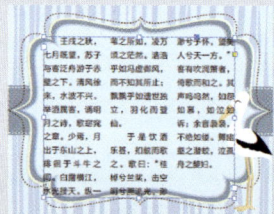

图 6-43　　　　　　　　　　　图 6-44　　　　　　　　　　　图 6-45

"列数"选项组：可以设置固定数字、宽度和弹性宽度，其中"栏数""栏间距""宽度""最大值"选项分别用于设置文本框的分栏数、栏间距、栏宽和宽度最大值。"平衡栏"复选框：勾选该复选框，可以使分栏后文本框中的文本保持平衡。

"内边距"选项组：设置文本框上、下、左、右边距的偏离值。

"垂直对齐"选项组："对齐"下拉列表用于设置文本框与文本的对齐方式，其下拉列表中包括上、居中、下和两端对齐等选项。

### 6.1.5　文本绕排

选择"选择工具" ▶，选取需要的图片，如图6-46所示。选择"窗口 > 文本绕排"命令，弹出"文本绕排"面板，如图6-47所示。单击需要的绕排效果按钮，制作出的文本绕排效果如图6-48所示。

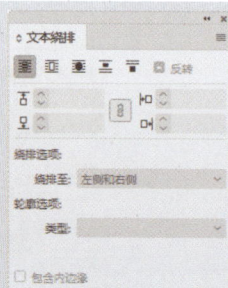

图 6-46　　　　　　　　　　　　　　　　　　图 6-47

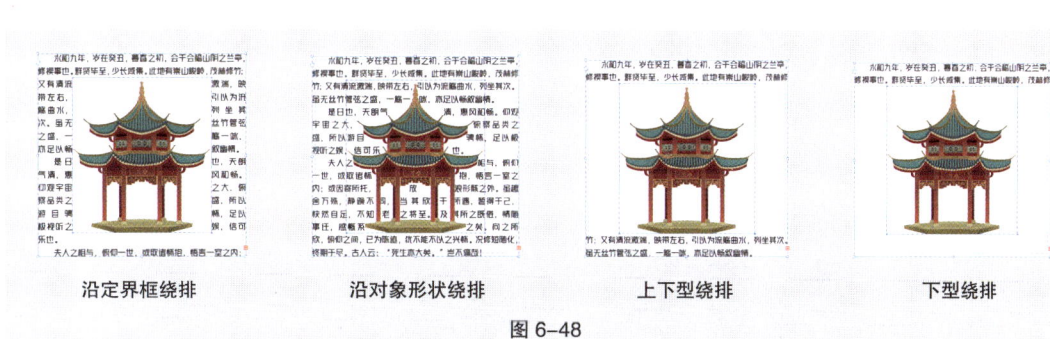

| 沿定界框绕排 | 沿对象形状绕排 | 上下型绕排 | 下型绕排 |

图 6-48

在绕排位移参数中输入正值，绕排将远离边缘；若输入负值，绕排边界将位于框架边缘内部。

**提示：** InDesign 2020提供了多种文本绕排的形式。应用好文本绕排可以使设计制作的报刊更加生动、美观。

## 6.1.6　插入字形

选择"文字工具" T，在文本框中单击插入插入点，如图6-49所示。选择"文字 > 字形"命令，弹出"字形"面板，在面板下方设置需要的字体和字体风格，选取需要的字符，如图6-50所示。双击字符图标在文本中插入字形，效果如图6-51所示。

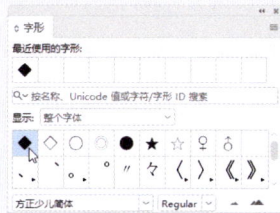

| 图 6-49 | 图 6-50 | 图 6-51 |

## 6.1.7　从文本创建轮廓

在InDesign 2020中，将文本转换为轮廓后，可以像其他图形对象一样进行编辑和操作。通过这种方式，可以创建多种特殊文字效果。

### 1.　将文本转为轮廓

选择"直接选择工具" ▷，选取需要的文本框，如图6-52所示。选择"文字 > 创建轮廓"命令，或按Ctrl+Shift+O组合键，文本会转为轮廓，效果如图6-53所示。

| 图 6-52 | 图 6-53 |

选择"文字工具" T ，选取需要的一个或多个字符，如图6-54所示。选择"文字 > 创建轮廓"命令，或按Ctrl+Shift+O组合键，字符会转为轮廓，选择"直接选择工具" ▷ ，选取转换后的文字，效果如图6-55所示。

图 6-54                      图 6-55

### 2. 创建文本外框

选择"直接选择工具" ▷ ，选取转换后的文字，如图6-56所示。拖曳需要的锚点到适当的位置，如图6-57所示，可创建不规则的文本外框。

图 6-56                      图 6-57

选择"选择工具" ▶ ，选取一张置入的图片，如图6-58所示，按Ctrl+X组合键，将其剪切。选择"选择工具" ▶ ，选取已转换为轮廓的文字，如图6-59所示。选择"编辑 > 贴入内部"命令，将图片贴入转换后的文字中，效果如图6-60所示。

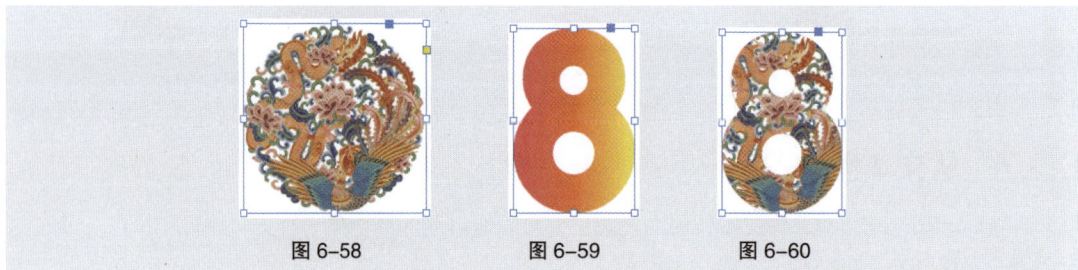

图 6-58              图 6-59              图 6-60

选择"选择工具" ▶ ，选取已转换为轮廓的文字，如图6-61所示。选择"文字工具" T ，将鼠标指针置于路径内部并单击，插入插入点，如图6-62所示，输入需要的文字，效果如图6-63所示。取消填充后的效果如图6-64所示。

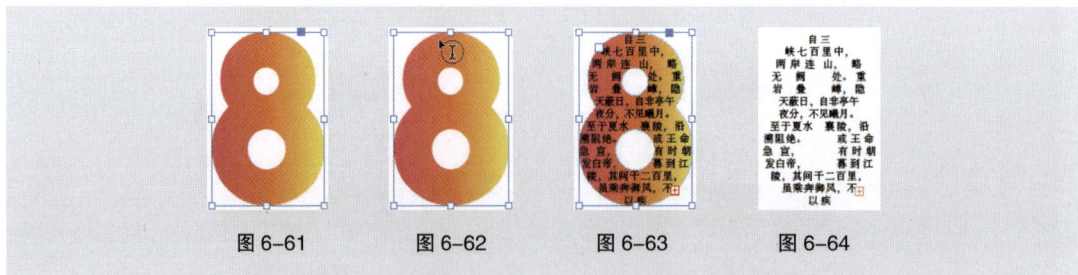

图 6-61          图 6-62          图 6-63          图 6-64

# 6.2 字符格式控制与段落格式控制

## 6.2.1 课堂案例——制作女装 Banner

【案例学习目标】学习使用"文字工具"和"字符"面板制作女装Banner。女装Banner的效果如图6-65所示。

【案例知识要点】使用"置入"命令置入素材图片；使用"文字工具"、"字符"面板、"X 切变角度"选项添加宣传文字，使用"椭圆工具"、"文字工具"、"直线工具"和"旋转角度"选项制作包邮标签。

【效果所在位置】云盘>Ch06>效果>制作女装Banner.indd。

图 6-65

（1）选择"文件 > 新建 > 文档"命令，弹出"新建文档"对话框，设置如图6-66所示。单击"边距和分栏"按钮，弹出"新建边距和分栏"对话框，设置如图6-67所示。单击"确定"按钮，新建一个文档。选择"视图 > 其他 > 隐藏框架边缘"命令，将所绘制图形的框架边缘隐藏。

图 6-66

图 6-67

（2）选择"文件 > 置入"命令，弹出"置入"对话框，选择云盘中的"Ch06 > 素材 > 制作女装Banner > 01、02"文件，单击"打开"按钮，在页面空白处分别单击置入图片。选择"自由变换工具" ⊡，分别将图片拖曳到适当的位置，效果如图6-68所示。按Ctrl+A组合键，全选图片，按Ctrl+L组合键，将其锁定。

（3）选择"文字工具" T ，在适当的位置分别拖曳绘制文本框，输入需要的文字并选取文字，在控制面板中分别选择合适的字体并设置文字大小，填充文字为白色，效果如图6-69所示。

图 6-68

图 6-69

（4）选择"文字工具" T ，选取文字"夏季风尚节"，按Ctrl+T组合键，弹出"字符"面板，将"字符间距"选项 VA ↕ 0 设为−75，如图6-70所示。按Enter键，效果如图6-71所示。

图 6-70

图 6-71

（5）选择"文字工具" T ，选取数字"8"，在"字符"面板中选择合适的字体并设置文字大小，如图6-72所示。按Enter键，效果如图6-73所示。

图 6-72

图 6-73

（6）选择"文字工具" T ，在数字"8"左侧单击插入插入点，如图6-74所示。在"字符"面板中，将"字偶间距"选项 VA ↕ (0) 设为−100，如图6-75所示。按Enter键，效果如图6-76所示。用相同的方法在数字"8"右侧插入插入点，设置字偶间距，效果如图6-77所示。

图 6-74

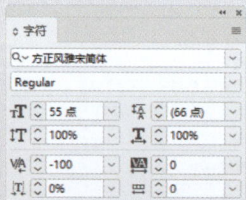

图 6-75

图 6-76

图 6-77

（7）选择"选择工具" ▶，在按住Shift键的同时，依次单击需要的文字将其同时选取，如图6-78所示。在控制面板中将"X 切变角度"选项 ⬦◇ 0° ⌄ 设为10°。按Enter键，效果如图6-79所示。

图 6-78

图 6-79

（8）选择"椭圆工具" ◯，在按住Shift键的同时，在适当的位置拖曳绘制一个圆形，填充圆形为白色，并设置描边色为无，效果如图6-80所示。选择"文字工具" T，在适当的位置分别拖曳绘制文本框，输入需要的文字并选取文字，在控制面板中分别选择合适的字体并设置文字大小，效果如图6-81所示。

（9）选择"选择工具" ▶，在按住Shift键的同时，选取文字，单击工具箱中的"格式针对文本"按钮 T，设置填充色的R、G、B值为20、52、147，填充文字，效果如图6-82所示。

图 6-80

图 6-81

图 6-82

（10）选择"文字工具" T，选取文字"包邮"，在控制面板中将"字符间距"选项 ⅤA◇ 0 ⌄ 设为-160，按Enter键，效果如图6-83所示。

（11）选择"直线工具" ╱，在按住Shift键的同时，在适当的位置拖曳绘制一条直线段，在控制面板中将"描边粗细"选项 ◇ 0.283 点 ⌄ 设为"0.75点"，按Enter键，设置描边色的R、G、B值为20、52、147，填充描边，效果如图6-84所示。

图 6-83

图 6-84

（12）选择"选择工具" ▶，在按住Alt+Shift组合键的同时，水平向右拖曳直线段到适当的位置，复制直线段，效果如图6-85所示。用框选的方法将所绘制的图形全部选取，在控制面板中将"旋转角度"选项 ⊿ ⌃ 0° ⌄ 设为7.5°，按Enter键，效果如图6-86所示。

图 6-85                     图 6-86

（13）选择"文字工具" T，在适当的位置拖曳绘制文本框，输入需要的文字。将输入的文字选取，在控制面板中选择合适的字体并设置文字大小，填充文字为白色，效果如图6-87所示。

（14）在"字符"面板中，将"行距"选项 咕 ⌃ (14.4 点) ⌄ 设为"18点"，其他设置如图6-88所示，按Enter键，效果如图6-89所示。在页面空白处单击，取消文字的选取状态，女装Banner制作完成，效果如图6-90所示。

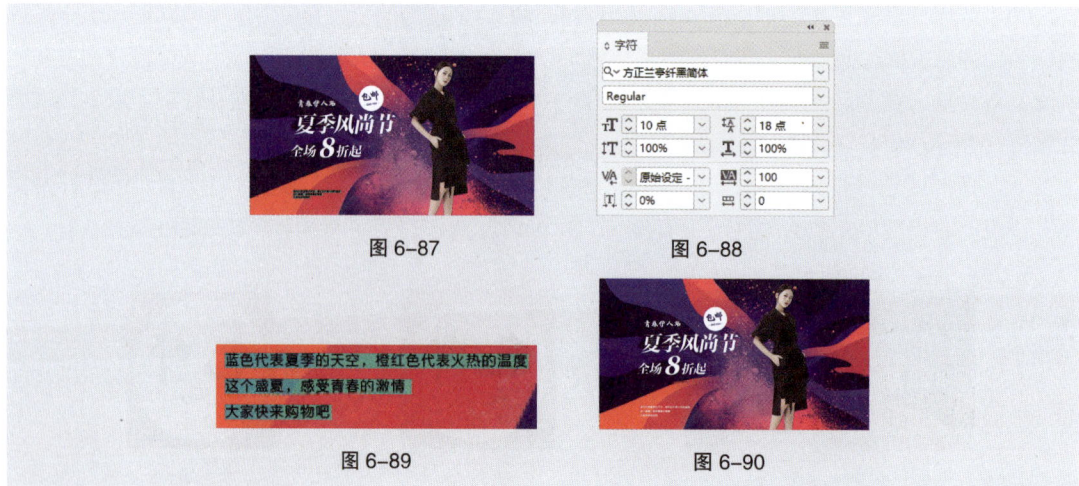

图 6-87                     图 6-88

图 6-89                     图 6-90

## 6.2.2 字符格式控制

在InDesign 2020中，可以通过控制面板和"字符"面板设置字符的格式。这些格式包括文字的字体、字号、颜色和字符间距等。

选择"文字工具" T 时的控制面板如图6-91所示。

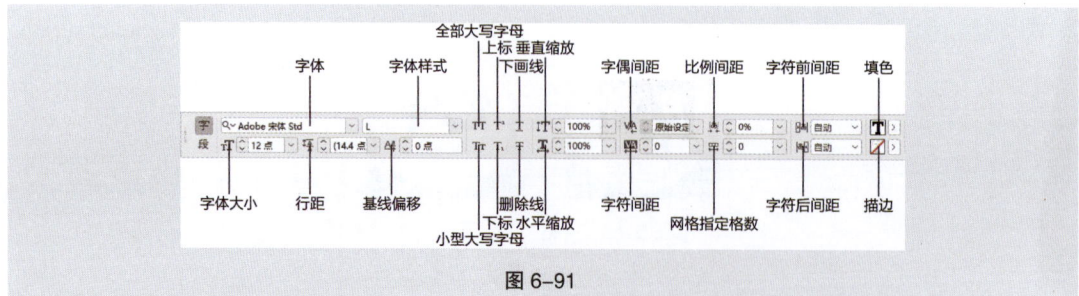

图 6-91

InDesign 核心应用案例教程（全彩慕课版）（InDesign 2020）

选择"窗口 > 文字和表 > 字符"命令，或按Ctrl+T组合键，弹出"字符"面板，如图6-92所示。

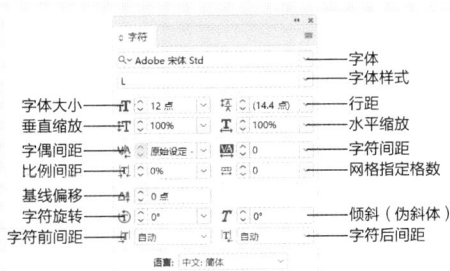

图 6-92

## 6.2.3　段落格式控制

在InDesign 2020中，可以通过控制面板和"段落"面板设置段落的格式。这些格式包括段落间距、首字下沉、段前间距和段后间距等。

选择"文字工具"　T　，单击控制面板中的"段落格式控制"按钮 段 ，显示如图6-93所示。

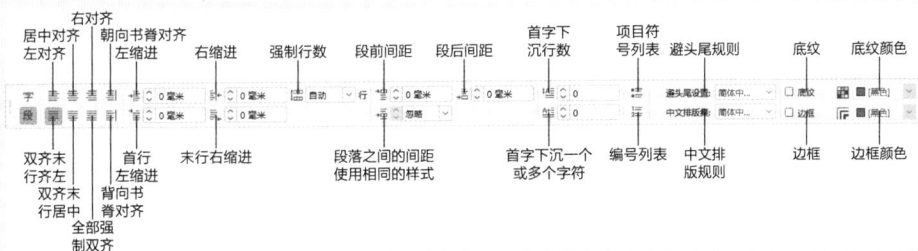

图 6-93

选择"窗口 > 文字和表 > 段落"命令，或按Ctrl+Alt+T组合键，弹出"段落"面板，如图6-94所示。

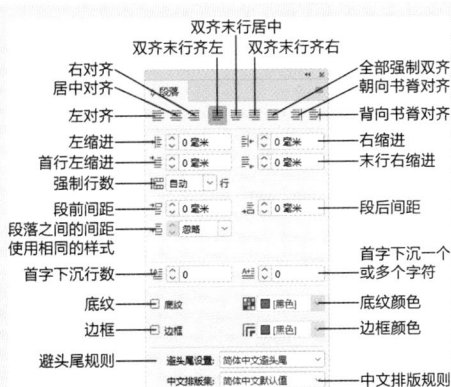

图 6-94

# 6.3　字符样式和段落样式

字符样式是可以应用于文本的一系列字符格式属性的集合。段落样式包括字符和段落格式属性，可应用于一个段落，也可应用于某个范围内的段落。

## 6.3.1　创建字符样式和段落样式

### 1. 打开样式面板

选择"文字 > 字符样式"命令，或按Shift+F11组合键，弹出"字符样式"面板，如图6-95所示。选择"窗口 > 文字和表 > 字符样式"命令，也可弹出"字符样式"面板。

选择"文字 > 段落样式"命令，或按F11键，弹出"段落样式"面板，如图6-96所示。选择"窗口 > 文字和表 > 段落样式"命令，也可弹出"段落样式"面板。

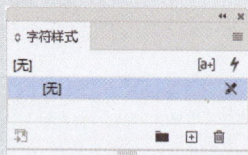
图 6-95

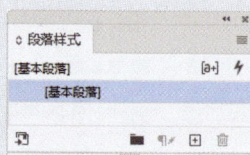
图 6-96

### 2. 定义字符样式

单击"字符样式"面板下方的"创建新样式"按钮⊡，将在面板中生成新样式，如图6-97所示。双击新样式的名称，弹出"字符样式选项"对话框，如图6-98所示。

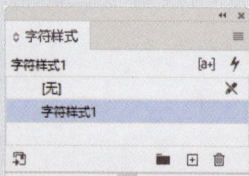
图 6-97

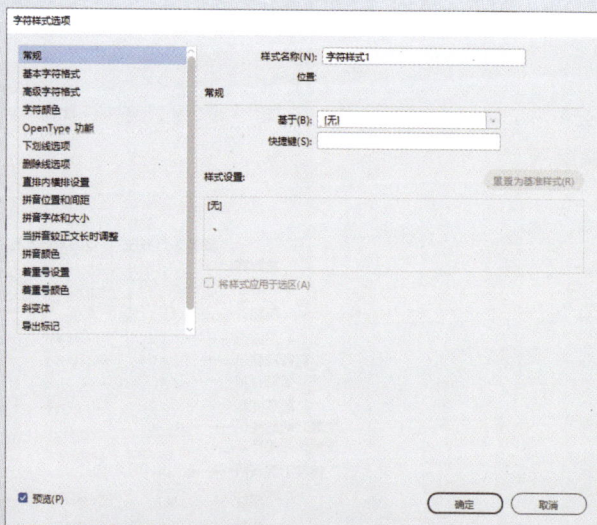
图 6-98

"样式名称"文本框：用于输入新样式的名称。

"基于"下拉列表框：用于选择当前样式所基于的样式。通过此下拉列表框，可以将样式相互链接，以便一种样式中的变化可以反映到基于它的子样式中。默认情况下，新样式基于[无]或当前任何选定文本的样式。

"快捷键"选项：用于添加键盘快捷键。

"将样式应用于选区"复选框：勾选该复选框，将新样式应用于选定文本。

### 3. 定义段落样式

单击"段落样式"面板下方的"创建新样式"按钮 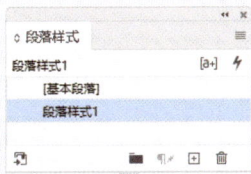，将在面板中生成新样式，如图6-99所示。双击新样式的名称，弹出"段落样式选项"对话框，如图6-100所示。

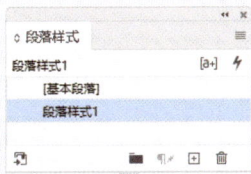

图 6-99

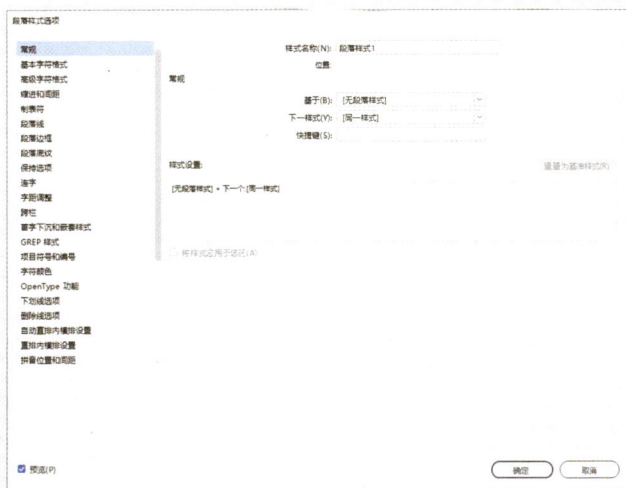

图 6-100

除"下一样式"下拉列表框外，其他选项的设置与"字符样式选项"对话框的相同，这里不赘述。

"下一样式"下拉列表框：指定当按Enter键时在当前样式之后应用的样式。

单击"段落样式"面板右上方的 ≡ 图标，在弹出的菜单中选择"新建段落样式"命令，如图6-101所示，弹出"新建段落样式"对话框，如图6-102所示，也可新建段落样式。其中的选项与"段落样式选项"对话框的相同，这里不赘述。

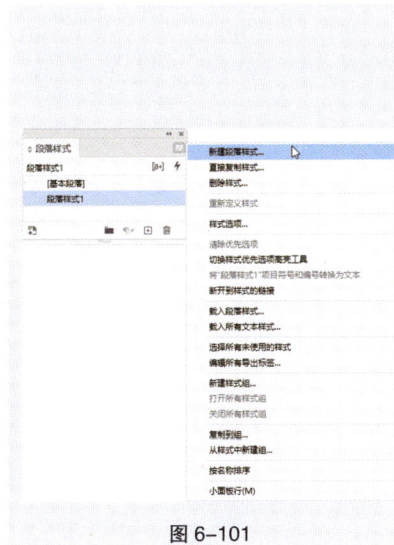

图 6-101

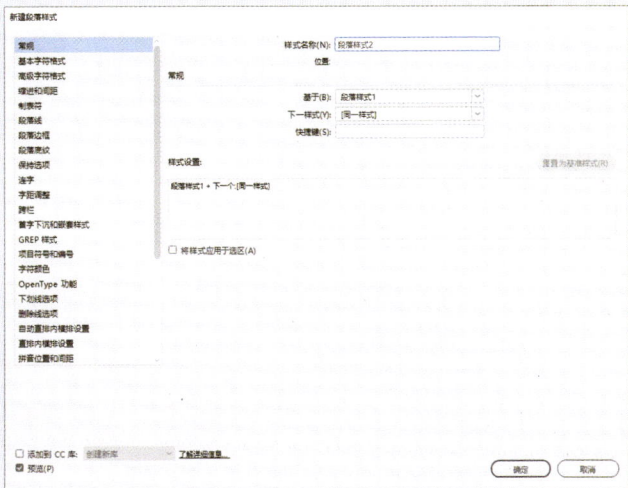

图 6-102

InDesign 核心应用案例教程（全彩慕课版）（InDesign 2020）

**技巧：**若想在现有文本格式的基础上创建一种新的样式，选择该文本或在该文本中单击插入插入点，单击"段落样式"面板下方的"创建新样式"按钮 ⊡ 即可。

## 6.3.2 应用、编辑字符样式和段落样式

### 1. 应用字符样式

选择"文字工具" T，选取需要的字符，如图6-103所示。在"字符样式"面板中单击需要的字符样式名称，如图6-104所示，为选取的字符添加样式。取消文字的选取状态，效果如图6-105所示。

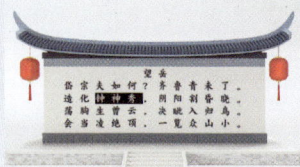

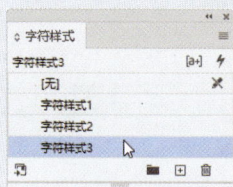

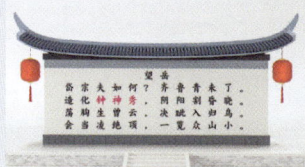

图 6-103      图 6-104      图 6-105

在"字符样式"面板中或在控制面板中单击"快速应用"按钮 ⚡，弹出"快速应用"面板，单击需要的段落样式，或按定义的快捷键，也可为选取的字符添加样式。

### 2. 应用段落样式

选择"文字工具" T，在段落文本中单击插入插入点，如图6-106所示。在"段落样式"面板中单击需要的段落样式名称，如图6-107所示，为选取的段落添加样式，效果如图6-108所示。

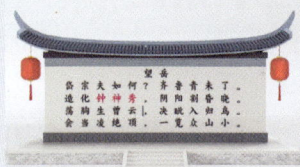

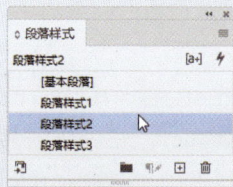

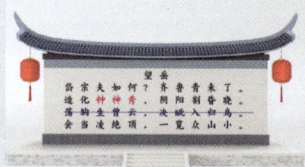

图 6-106      图 6-107      图 6-108

在"段落样式"面板中或在控制面板中单击"快速应用"按钮 ⚡，弹出"快速应用"面板，单击需要的段落样式，或按定义的快捷键，也可为选取的段落添加样式。

### 3. 编辑样式

在"段落样式"面板中，右击要编辑的样式名称，在弹出的快捷菜单中选择"编辑'段落样式2'"命令，如图6-109所示，弹出"段落样式选项"对话框，如图6-110所示。设置需要的选项，单击"确定"按钮即可。

在"段落样式"面板中，双击要编辑的样式名称，或者选择要编辑的样式后，单击面板右上方的 ≡ 图标，在弹出的菜单中选择"样式选项"命令，弹出"段落样式选项"对话框，设置需要的选项，单击"确定"按钮即可。

字符样式的编辑与段落样式的相似，故这里不赘述。

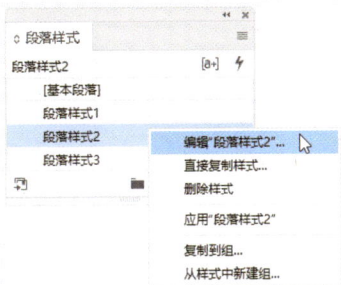

图 6-109

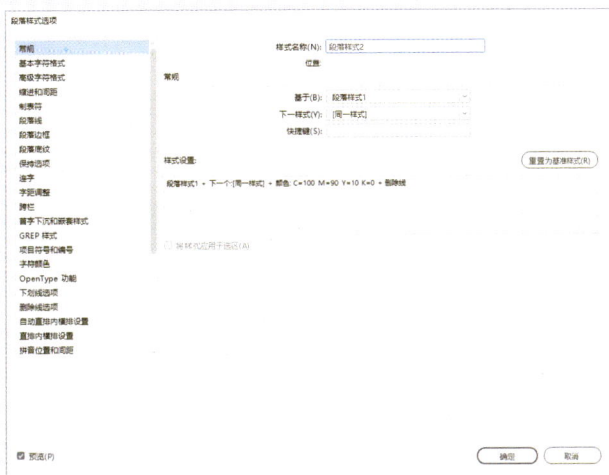

图 6-110

**注意：** 单击或双击样式会将该样式应用于当前选定的文本或文本框架，如果没有选定任何文本或文本框架，则会将该样式设置为新框架中输入的任何文本的默认样式。

### 4. 删除样式

在"段落样式"面板中，选取需要删除的段落样式，如图6-111所示。单击面板下方的"删除选定样式 > 组"按钮 🗑，或单击右上方的 ≡ 图标，在弹出的菜单中选择"删除样式"命令，如图6-112所示，删除选取的段落样式后的面板如图6-113所示。

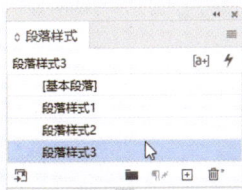

图 6-111

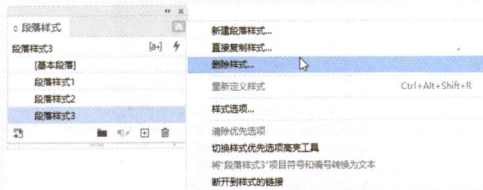

图 6-112

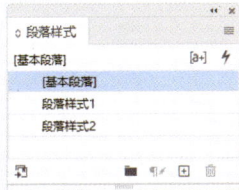

图 6-113

在要删除的段落样式上右击，在弹出的快捷菜单中选择"删除样式"命令，也可以删除选取的段落样式。

**提示：** 要删除所有未使用的样式，在"段落样式"面板中单击右上方的 ≡ 图标，在弹出的菜单中选择"选择所有未使用的"命令，选取所有未使用的样式，单击"删除选定样式 > 组"按钮 🗑。当删除未使用的样式时，系统不会提示替换该样式。

在"字符样式"面板中删除样式的方法与段落样式的相似，故这里不赘述。

### 5. 清除段落样式优先选项

当将不属于某个样式的格式应用于使用这种样式的文本时，此格式称为优先选项。当选择含优先选项的文本时，样式名称旁会显示一个加号（+）。

选择"文字工具" T ，在有优先选项的文本中单击插入插入点，如图6-114所示。单击"段落样式"面板中的"清除选区中的优先选项"按钮，或单击面板右上方的☰图标，在弹出的菜单中选择"清除优先选项"命令，如图6-115所示，删除段落样式的优先选项，如图6-116所示。

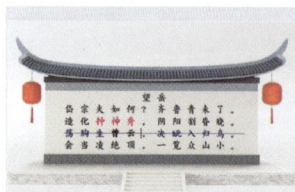
图 6-114

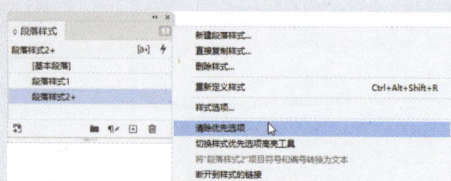
图 6-115

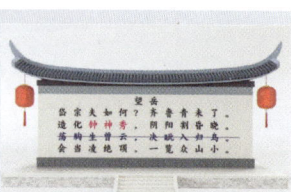
图 6-116

# 6.4 制表符

## 6.4.1 课堂案例——制作传统文化台历

【案例学习目标】学习使用"文字工具"、"制表符"命令制作传统文化台历。传统文化台历的效果如图6-117所示。

【案例知识要点】使用"矩形工具"、"钢笔工具"、"路径查找器"面板、"投影"命令和"贴入内部"命令绘制台历背景，使用"文字工具"和"制表符"对话框制作台历日期。

【效果所在位置】云盘 > Ch06 > 效果 > 制作传统文化台历.indd。

微课
制作传统
文化台历1

微课
制作传统
文化台历2

图 6-117

### 1. 制作台历背景

（1）选择"文件 > 新建 > 文档"命令，弹出"新建文档"对话框，设置如图6-118所示。单击"边距和分栏"按钮，弹出"新建边距和分栏"对话框，设置如图6-119所示。单击"确定"按钮，新建一个文档。选择"视图 > 其他 > 隐藏框架边缘"命令，将所绘制图形的框架边缘隐藏。

（2）选择"矩形工具"，在适当的位置拖曳绘制一个矩形。设置填充色的C、M、Y、K值为9%、0%、5%、0%，填充图形，并设置描边色为无，效果如图6-120所示。

（3）选择"钢笔工具" ✐，在适当的位置拖曳绘制闭合路径。选择"选择工具" ▶，设置填充色的C、M、Y、K值为65%、100%、70%、50%，填充图形，并设置描边色为无，效果如图6-121所示。

图 6-118

图 6-119

图 6-120

图 6-121

（4）选择"椭圆工具" ◯，在按住Shift键的同时，在适当的位置拖曳绘制一个圆形，填充圆形为白色，并设置描边色为无，效果如图6-122所示。

（5）选择"选择工具" ▶，在按住Alt+Shift组合键的同时，水平向右拖曳圆形到适当的位置复制圆形，效果如图6-123所示。连续按Ctrl+Alt+4组合键，按需要复制多个圆形，效果如图6-124所示。

图 6-122

图 6-123

图 6-124

（6）选择"选择工具" ▶，在按住Shift键的同时单击，将所绘制的图形同时选取，如图6-125所示。选择"窗口 > 对象和版面 > 路径查找器"命令，弹出"路径查找器"面板，单击"减去"按钮 ◳，如图6-126所示，生成新对象，效果如图6-127所示。

（7）单击控制面板中的"向选定的目标添加对象效果"按钮 fx，在弹出的菜单中选择"投影"命令，弹出"效果"对话框，设置如图6-128所示。单击"确定"按钮，效果如图6-129所示。

图 6-125

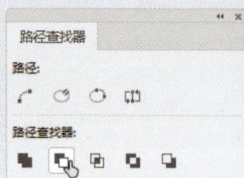

图 6-126

图 6-127

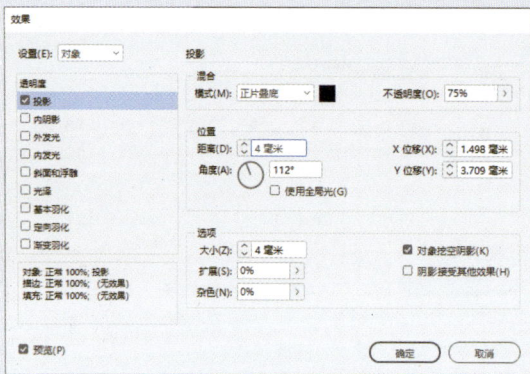

图 6-128

图 6-129

（8）取消图形的选取状态。选择"文件 > 置入"命令，弹出"置入"对话框，选择云盘中的"Ch06 > 素材 > 制作传统文化台历 > 01"文件，单击"打开"按钮，在页面空白处单击置入图片。选择"自由变换工具"，将图片拖曳到适当的位置，并调整大小，效果如图6-130所示。

（9）保持图片的选取状态。按Ctrl+X组合键，剪切图片。选择"选择工具"，选择下方的紫色图形，如图6-131所示。选择"编辑 > 贴入内部"命令，将图片贴入紫色图形的内部，效果如图6-132所示。

图 6-130

图 6-131

图 6-132

（10）选择"钢笔工具"，在适当的位置拖曳绘制一条路径。选择"选择工具"，将控制面板中的"描边粗细"选项 0.283 点 设置为"6点"，按Enter键，效果如图6-133所示。设置描边色的C、M、Y、K值为11%、22%、85%、0%，填充描边，效果如图6-134所示。

（11）单击控制面板中的"向选定的目标添加对象效果"按钮，在弹出的菜单中选择"投影"命令，弹出"效果"对话框，设置如图6-135所示。单击"确定"按钮，效果如图6-136所示。

InDesign 核心应用案例教程（全彩慕课版）（InDesign 2020）

图 6-133

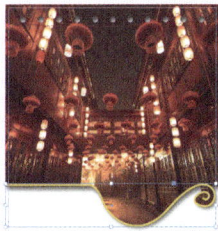

图 6-134

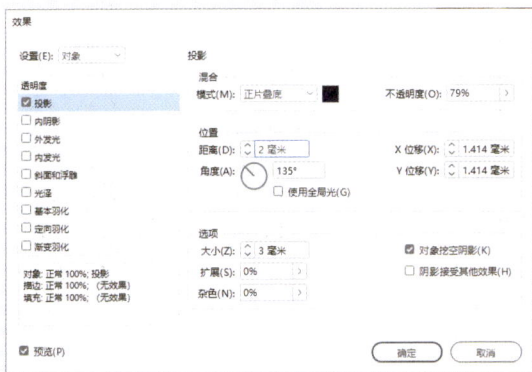

图 6-135

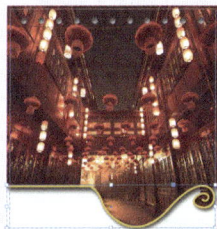

图 6-136

（12）选择"钢笔工具"，在适当的位置拖曳绘制一条闭合路径，如图6-137所示。选择"选择工具"，设置填充色的C、M、Y、K值为11%、22%、85%、0%，填充图形，并设置描边色为无，效果如图6-138所示。

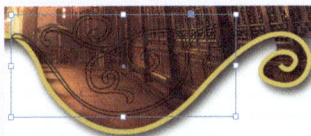

图 6-137

图 6-138

（13）选择"文字工具"，在适当的位置拖曳绘制一个文本框，输入需要的文字并选取文字，在控制面板中选择合适的字体和文字大小，效果如图6-139所示。设置填充色的C、M、Y、K值为11%、22%、85%、0%，填充文字，取消文字的选取状态，效果如图6-140所示。

（14）选择"直排文字工具"，在适当的位置分别拖曳绘制文本框，输入需要的文字并选取文字，在控制面板中分别选择合适的字体并设置文字大小，效果如图6-141所示。

（15）选择"选择工具"，在按住Shift键的同时，选取文字，单击工具箱中的"格式针对文本"按钮，设置填充色的C、M、Y、K值为11%、22%、85%、0%，填充文字，效果如图6-142所示。

（16）选择"文字工具"，选取拼音"Guǐ Mǎo Nián"，在控制面板中将"字符间距"选项设置为25，按Enter键，效果如图6-143所示。

（17）选择"文字工具"，选取数字"20*3"，在控制面板中将"字符间距"选项设置为100，按Enter键，效果如图6-144所示。

（18）选择"椭圆工具" ，在按住Shift键的同时，在适当的位置拖曳绘制一个圆形，设置填充色的C、M、Y、K值为11%、22%、85%、0%，填充圆形，并设置描边色为无，效果如图6-145所示。

（19）选择"文字工具" ，在适当的位置拖曳绘制一个文本框，输入需要的文字并选取文字，在控制面板中选择合适的字体和文字大小。设置填充色的C、M、Y、K值为65%、100%、70%、50%，填充文字，效果如图6-146所示。

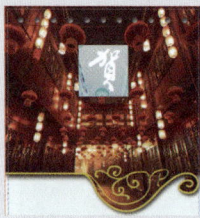

图 6-139

图 6-140

图 6-141

图 6-142

图 6-143

图 6-144

图 6-145

图 6-146

## 2. 添加台历日期

（1）选择"矩形工具" ，在适当的位置拖曳绘制一个矩形。设置填充色的C、M、Y、K值为65%、100%、70%、50%，填充图形，并设置描边色为无，效果如图6-147所示。

（2）选择"文字工具" ，在页面中分别拖曳绘制文本框，输入需要的文字并选取文字，在控制面板中分别选择合适的字体和文字大小。

（3）选择"选择工具" ，在按住Shift键的同时，选取文字，单击工具箱中的"格式针对文本"按钮，设置填充色的C、M、Y、K值为65%、100%、70%、50%，填充文字，效果如图6-148所示。

（4）选择"文字工具" ，选取文字"10月"，在控制面板中将"字符间距"选项设置为"-120"，按Enter键，效果如图6-149所示。

（5）选择"文字工具" ，在页面外空白处拖曳绘制一个文本框，输入需要的文字并选取文字，在控制面板中选择合适的字体并设置文字大小，效果如图6-150所示。在控制面板中将"行距"选项设置为"37点"，按Enter键，效果如图6-151所示。

（6）选择"文字工具" ，选取文字"日"，如图6-152所示。设置填充色的C、M、Y、K值为0%、0%、0%、59%，填充文字，取消文字的选取状态，效果如图6-153所示。用相同方法选取其他文字并填充相同的颜色，效果如图6-154所示。

图 6-147

图 6-148

图 6-149

图 6-150

图 6-151

图 6-152

图 6-153

图 6-154

（7）选择"文字工具" **T**，选取文字，如图6-155所示。选择"文字 > 制表符"命令，弹出"制表符"对话框，如图6-156所示。单击"居中对齐制表符"按钮 ↓，并在标尺上单击添加制表符，在"X"文本框中输入"21毫米"，如图6-157所示。单击面板右上方的 ≡ 图标，在弹出的菜单中选择"重复制表符"命令，效果如图6-158所示。

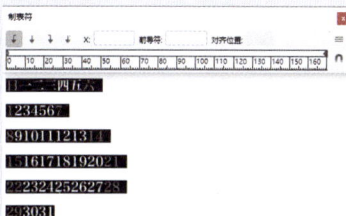

图 6-155

图 6-156

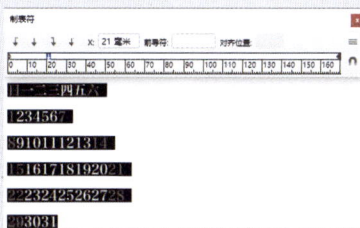

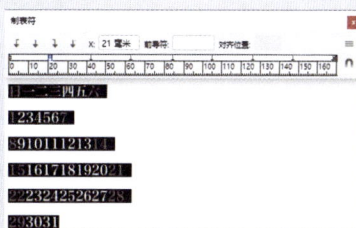

图 6-157

图 6-158

（8）在适当的位置单击插入插入点，如图6-159所示。按Tab键，调整文字的间距，效果如图6-160所示。

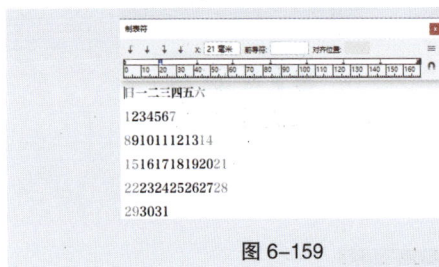

图 6-159

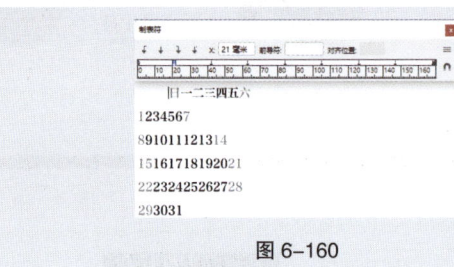

图 6-160

（9）在文字"日"后面插入插入点，按Tab键，再次调整文字的间距，效果如图6-161所示。用相同的方法分别在适当的位置插入插入点，按Tab键，调整文字的间距，效果如图6-162所示。

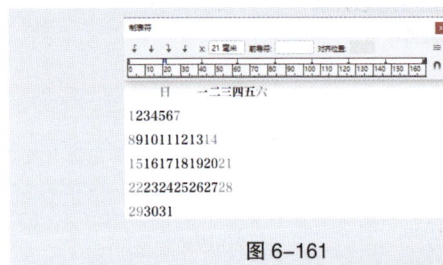

图 6-161

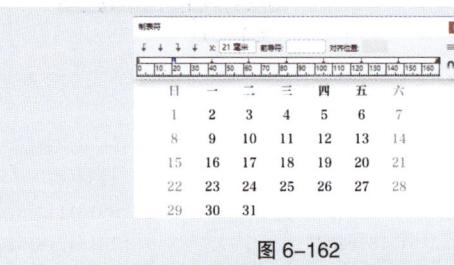

图 6-162

（10）选择"选择工具" ▶，选取日期文本框，并将其拖曳到页面中的适当位置，效果如图6-163所示。在空白页面处单击，取消选取状态，传统文化台历制作完成，效果如图6-164所示。

图 6-163

图 6-164

## 6.4.2　创建制表符

选择"文字工具" Ｔ，选取需要的文本框，如图6-165所示。选择"文字 > 制表符"命令，或按Shift+Ctrl+T组合键，弹出"制表符"对话框，如图6-166所示。

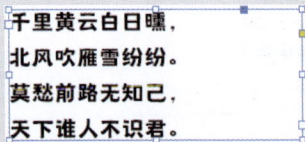

图 6-165

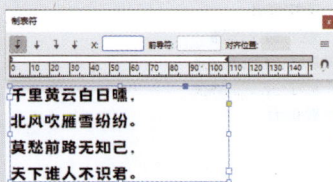

图 6-166

## 1. 设置制表符

在标尺上多次单击，设置制表符，如图6-167所示。在段落文本中需要添加制表符的位置单击，插入插入点，按Tab键，调整文本的位置，效果如图6-168所示。

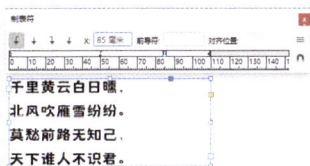

图 6-167　　　　　　　　　　　　图 6-168

## 2. 添加前导符

将所有文字同时选取，在标尺上选取一个已有的制表符，如图6-169所示。在对话框上方的"前导符"文本框中输入需要的字符，按Enter键确定操作，效果如图6-170所示。

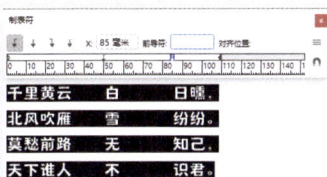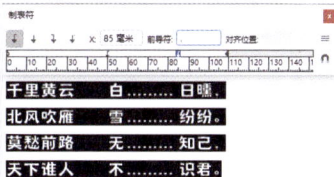

图 6-169　　　　　　　　　　　　图 6-170

## 3. 更改制表符对齐方式

在标尺上选取一个已有的制表符，如图6-171所示。单击标尺上方的制表符对齐按钮（这里单击"右对齐制表符"按钮↓），更改制表符的对齐方式，效果如图6-172所示。

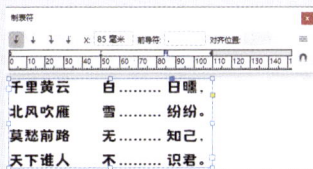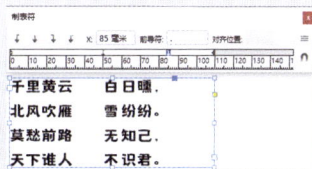

图 6-171　　　　　　　　　　　　图 6-172

## 4. 移动制表符

在标尺上选取一个已有的制表符，如图6-173所示。在标尺上直接将其拖曳到新位置或在"X"文本框中输入需要的数值，移动制表符，效果如图6-174所示。

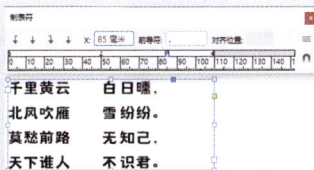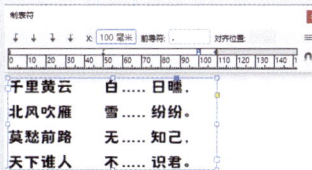

图 6-173　　　　　　　　　　　　图 6-174

### 5. 重复制表符

在标尺上选取一个已有的制表符，如图6-175所示。单击对话框右上方的 ☰ 图标，在弹出的菜单中选择"重复制表符"命令，在标尺上重复当前的制表符设置，效果如图6-176所示。

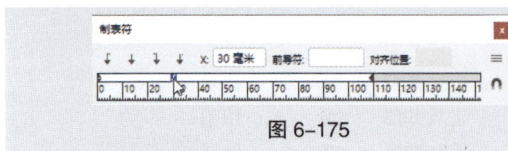
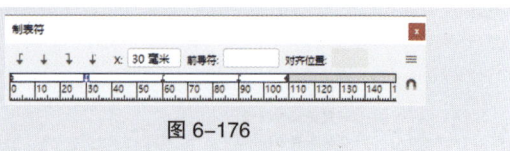

图 6-175          图 6-176

### 6. 删除制表符

在标尺上选取一个已有的制表符，如图6-177所示。直接将其拖离标尺或单击对话框右上方的 ☰ 图标，在弹出的菜单中选择"删除制表符"命令，删除选取的制表符，效果如图6-178所示。

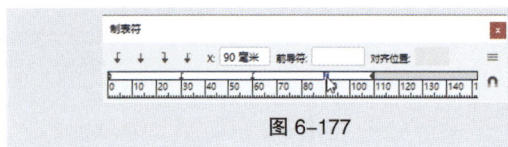
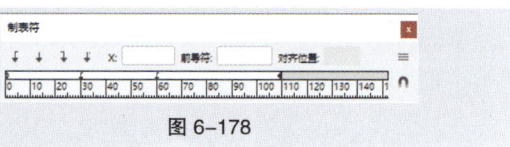

图 6-177          图 6-178

单击对话框右上方的 ☰ 图标，在弹出的菜单中选择"清除全部"命令，恢复为默认的制表符，效果如图6-179所示。

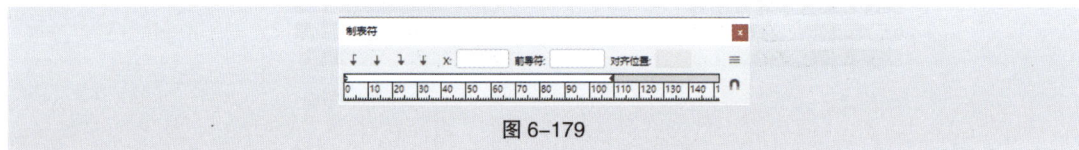

图 6-179

## 6.5 表格

表格是由单元格按行和列排列组成的。单元格类似于文本框，可在其中添加文本、随文图。下面介绍表格的创建和使用方法。

### 6.5.1 课堂案例——制作汽车广告

【案例学习目标】学习使用"文字工具"和"插入表"命令制作汽车广告。汽车广告的效果如图6-180所示。

图 6-180

【案例知识要点】使用"文字工具"、"切变"命令添加广告语；使用"矩形工具"、"贴入内部"命令制作图片剪切效果，使用"项目符号列表"按钮添加段落文字的项目符号，使用"插入表"命令插入表格并添加文字，使用"合并单元格"命令合并选取的单元格。

【效果所在位置】云盘 > Ch06 > 效果 > 制作汽车广告.indd。

### 1. 添加并编辑标题文字

（1）选择"文件 > 新建 > 文档"命令，弹出"新建文档"对话框，设置如图6-181所示。单击"边距和分栏"按钮，弹出"新建边距和分栏"对话框，设置如图6-182所示。单击"确定"按钮，新建一个文档。选择"视图 > 其他 > 隐藏框架边缘"命令，将所绘制图形的框架边缘隐藏。

图 6-181                            图 6-182

（2）选择"矩形工具" ▢，绘制一个与页面大小相等的矩形，设置填充色的C、M、Y、K值为0%、0%、0%、16%，填充图形，并设置描边色为无，效果如图6-183所示。

（3）取消图形的选取状态。选择"文件 > 置入"命令，弹出"置入"对话框，选择云盘中的"Ch06 > 素材 > 制作汽车广告 > 01"文件，单击"打开"按钮，在页面空白处单击置入图片。选择"自由变换工具" ▦，将图片拖曳到适当的位置并调整大小，效果如图6-184所示。

 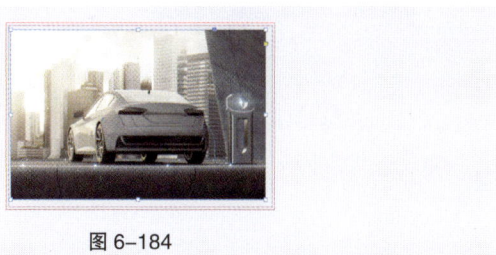

图 6-183                            图 6-184

（4）选择"选择工具" ▸，在按住Shift键的同时单击，将矩形和图片同时选取。按Shift+F7组合键，弹出"对齐"面板，单击"水平居中对齐"按钮 ▤，如图6-185所示，对齐效果如图6-186所示。

（5）按Ctrl+O组合键，弹出"打开文件"对话框，打开云盘中的"Ch06 > 素材 > 制作汽车广告 > 02"文件，单击"打开"按钮，打开文件。按Ctrl+A组合键，全选图形。按Ctrl+C组合键，复制选取的图形。返回到正在编辑的页面，按Ctrl+V组合键，将其粘贴到页面中，选择"选择工具"▶，拖曳复制的图形到适当的位置，效果如图6-187所示。

（6）选择"文字工具"T，在页面中分别拖曳绘制文本框，输入需要的文字并选取文字，在控制面板中选择合适的字体和文字大小，效果如图6-188所示。

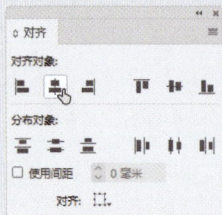

图 6-185

图 6-186

图 6-187

图 6-188

（7）选择"选择工具"▶，在按住Shift键的同时，选取文字，单击工具箱中的"格式针对文本"按钮 T，设置填充色的C、M、Y、K值为0%、100%、100%、37%，填充文字，效果如图6-189所示。

（8）选择"对象 > 变换 > 切变"命令，弹出"切变"对话框，设置如图6-190所示。单击"确定"按钮，效果如图6-191所示。

图 6-189

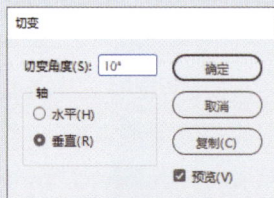

图 6-190

图 6-191

## 2. 置入并编辑图片

（1）选择"矩形工具"▭，在按住Shift键的同时，在适当的位置拖曳绘制一个矩形。填充图形为黑色，并设置描边色的C、M、Y、K值为0%、0%、10%、0%，填充描边。在控制面板中将"描边粗细"选项 0.283 点 设置为"5点"，按Enter键，效果如图6-192所示。

（2）取消图形的选取状态。选择"文件 > 置入"命令，弹出"置入"对话框，选择云盘中的"Ch06 > 素材 > 制作汽车广告 > 03"文件，单击"打开"按钮，在页面空白处单击置入图片。选择"自由变换工具"，将图片拖曳到适当的位置并调整大小，效果如图6-193所示。

（3）保持图片的选取状态，按Ctrl+X组合键，剪切图片。选择"选择工具"▶，选择下方矩形，如图6-194所示，选择"编辑 > 贴入内部"命令，将图片贴入矩形的内部，效果如图6-195所示。使用相同的方法置入"04""05"图片制作出图6-196所示的效果。

图6-192

图6-193

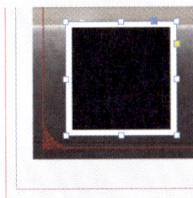

图6-194

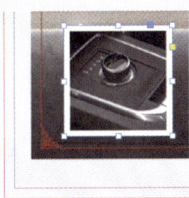

图6-195

图6-196

（4）选择"文字工具" T ，在适当的位置拖曳绘制一个文本框，输入需要的文字并选取文字，在控制面板中选择合适的字体并设置文字大小，填充文字为白色，效果如图6-197所示。在控制面板中将"行距"选项 ⌄ (14.4 点) 设置为"18点"，按Enter键，效果如图6-198所示。

图6-197

图6-198

（5）保持文字的选取状态。在按住Alt键的同时，单击控制面板中的"项目符号列表"按钮 ≔，在弹出的对话框中将"列表类型"设为"项目符号"，单击"添加"按钮，在弹出的"添加项目符号"对话框中选择需要的符号，如图6-199所示。单击"确定"按钮，回到"项目符号和编号"对话框中，设置如图6-200所示。单击"确定"按钮，效果如图6-201所示。

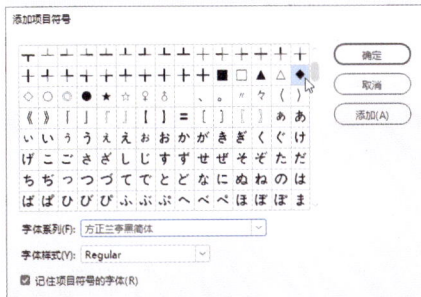

图6-199

图6-200

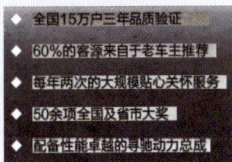

图6-201

### 3. 绘制并编辑表格

（1）选择"文字工具" $\boxed{T}$ ，在页面外拖曳绘制一个文本框。选择"表 > 插入表"命令，在弹出的对话框中进行设置，如图6-202所示。单击"确定"按钮，效果如图6-203所示。

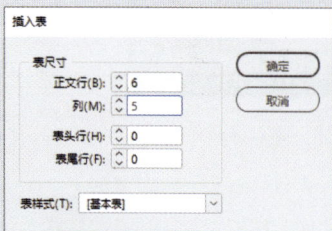

图 6-202

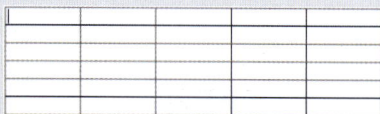

图 6-203

（2）将鼠标指针移至表的左上角，当鼠标指针形状变为 时，单击选取整个表，选择"表 > 单元格选项 > 描边和填色"命令，弹出"单元格选项"对话框，设置如图6-204所示。单击"确定"按钮，取消表的选取状态，效果如图6-205所示。

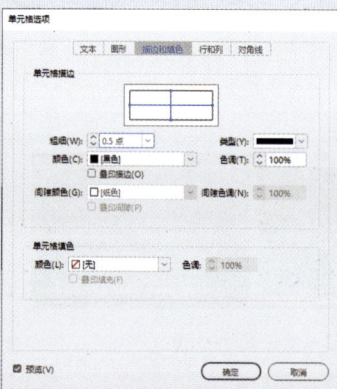

图 6-204

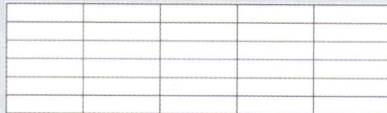

图 6-205

（3）将鼠标指针移到表第一行的下边缘，当鼠标指针形状变为 时，按住鼠标左键向下拖曳，如图6-206所示。松开鼠标左键，效果如图6-207所示。

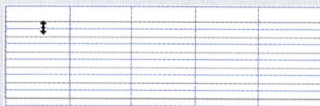

图 6-206

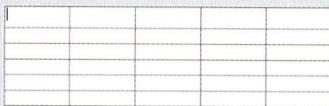

图 6-207

（4）将鼠标指针移到表第一列的右边缘，当鼠标指针形状变为 时，在按住Shift键的同时向左拖曳，如图6-208所示，松开鼠标左键，效果如图6-209所示。使用相同的方法调整其他列线，效果如图6-210所示。

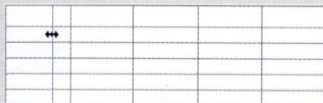

图 6-208

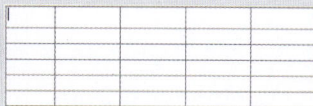

图 6-209

图 6-210

（5）将鼠标指针移到表最后一行的左边缘，当鼠标指针形状变为➡时单击，最后一行被选中，如图6-211所示。选择"表 > 合并单元格"命令，将选取的表格合并，效果如图6-212所示。

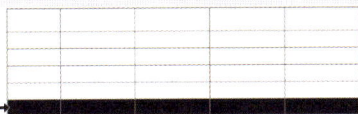

图 6-211

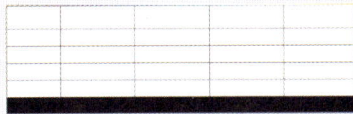

图 6-212

（6）选择"表 > 表选项 > 交替填色"命令，弹出"表选项"对话框，在"交替模式"下拉列表中选择"每隔一行"选项。单击"颜色"下拉列表中选择需要的色板，其他设置如图6-213所示，单击"确定"按钮，效果如图6-214所示。

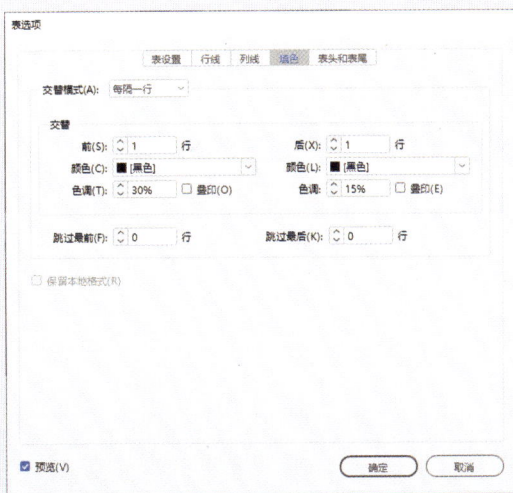

图 6-213

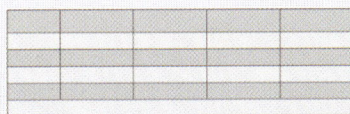

图 6-214

（7）选择"文字工具" T ，在表格中输入需要的文字。将输入的文字选取，在控制面板中选择合适的字体并设置文字大小，效果如图6-215所示。

| 车型名称 | 乐风 TC 2024 款 1.8TSI 舒适型 | 乐风 TC 2024 款 1.8TSI 运动型 | 乐风 TC 2024 款 2.0TSI 舒适型 | 乐风 TC 2024 款 2.0TSI 运动型 |
|---|---|---|---|---|
| 发动机 | 1.8T 160 马力 L4 | 1.8T 160 马力 L4 | 2.0T 200 马力 L4 | 2.0T 200 马力 L4 |
| 变速箱 | 7 挡双离合 | 7 挡双离合 | 6 挡双离合 | 6 挡双离合 |
| 车身结构 | 4 门 5 座三厢车 | 4 门 5 座三厢车 | 4 门 5 座三厢车 | 4 门 5 座三厢车 |
| 进气形式 | 涡轮增压 | 涡轮增压 | 涡轮增压 | 涡轮增压 |
| 4799*1855*1417 | | | | |

图 6-215

（8）将鼠标指针移至表的左上方，当鼠标指针形状变为↘时，单击选取整个表，如图6-216所示。在控制面板中，单击"居中对齐"按钮▤和"居中对齐"按钮▦，文字效果如图6-217所示。

| 车型名称 | 乐风 TC 2024 款 1.8TSI 舒适型 | 乐风 TC 2024 款 1.8TSI 运动型 | 乐风 TC 2024 款 2.0TSI 舒适型 | 乐风 TC 2024 款 2.0TSI 运动型 |
|---|---|---|---|---|
| 发动机 | 1.8T 160 马力 L4 | 1.8T 160 马力 L4 | 2.0T 200 马力 L4 | 2.0T 200 马力 L4 |
| 变速箱 | 7 挡双离合 | 7 挡双离合 | 6 挡双离合 | 6 挡双离合 |
| 车身结构 | 4 门 5 座三厢车 | 4 门 5 座三厢车 | 4 门 5 座三厢车 | 4 门 5 座三厢车 |
| 进气形式 | 涡轮增压 | 涡轮增压 | 涡轮增压 | 涡轮增压 |
| 4799*1855*1417 | | | | |

图 6-216

| 车型名称 | 乐风 TC 2024 款 1.8TSI 舒适型 | 乐风 TC 2024 款 1.8TSI 运动型 | 乐风 TC 2024 款 2.0TSI 舒适型 | 乐风 TC 2024 款 2.0TSI 运动型 |
|---|---|---|---|---|
| 发动机 | 1.8T 160 马力 L4 | 1.8T 160 马力 L4 | 2.0T 200 马力 L4 | 2.0T 200 马力 L4 |
| 变速箱 | 7 挡双离合 | 7 挡双离合 | 6 挡双离合 | 6 挡双离合 |
| 车身结构 | 4 门 5 座三厢车 | 4 门 5 座三厢车 | 4 门 5 座三厢车 | 4 门 5 座三厢车 |
| 进气形式 | 涡轮增压 | 涡轮增压 | 涡轮增压 | 涡轮增压 |
| 4799*1855*1417 | | | | |

图 6-217

（9）选择"选择工具" ▶，选取表格，将其拖曳到页面中的适当位置，如图6-218所示。选择"文字工具" T，在适当的位置拖曳绘制一个文本框，输入需要的文字并选取文字，在控制面板中选择合适的字体和文字大小。将"字符间距"选项 VA ⌄ 0 设置为160，按Enter键，效果如图6-219所示。

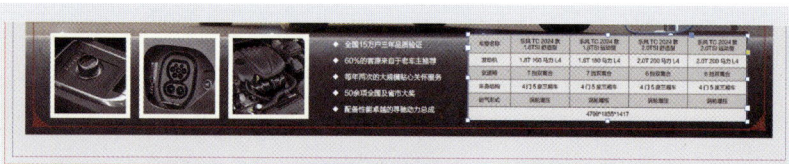

图 6-218

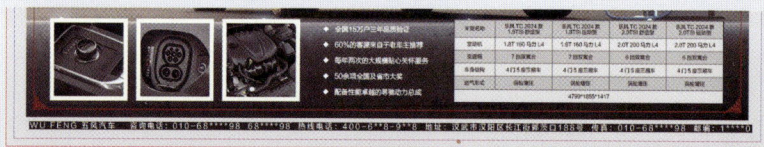

图 6-219

（10）选择"文字工具" T，选取拼音"WU FENG"，在控制面板中选择合适的字体，效果如图6-220所示。选取文字"WU FENG 五风汽车"，设置填充色的C、M、Y、K值为0%、100%、100%、37%，填充文字，效果如图6-221所示。在空白页面处单击，取消文字的选取状态，汽车广告制作完成，效果如图6-222所示。

图 6-220

图 6-221

图 6-222

## 6.5.2 表的创建

### 1. 创建表

选择"文字工具" T，在需要的位置拖曳绘制文本框或在要创建表的文本框中单击插入插入点，如图6-223所示。选择"表 > 插入表"命令，或按Ctrl+Shift+Alt+T组合键，弹出"插入表"

对话框，设置如图6-224所示。单击"确定"按钮，效果如图6-225所示。

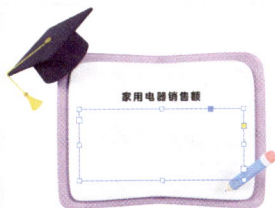

图 6-223

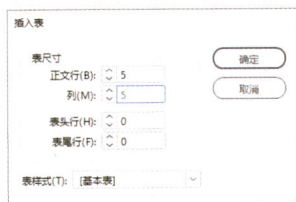

图 6-224

图 6-225

"正文行""列"文本框：指定正文行中的水平单元格数以及列中的垂直单元格数。

"表头行""表尾行"文本框：若表中内容跨多个列或多个框架，用于指定要在其中重复信息的表头行或表尾行的数量。

### 2. 在表中添加文本和图形

选择"文字工具" T ，在单元格中单击插入插入点，输入需要的文本。在需要的单元格中单击插入插入点，如图6-226所示。选择"文件 > 置入"命令，弹出"置入"对话框。选取需要的图形，单击"打开"按钮，置入需要的图形，效果如图6-227所示。

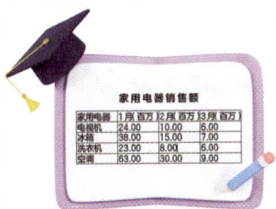

图 6-226

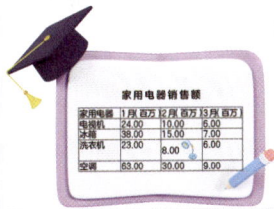

图 6-227

选择"选择工具" ▶ ，选取需要的图形，如图6-228所示。按Ctrl+X组合键（或按Ctrl+C组合键），剪切（或复制）需要的图形，选择"文字工具" T ，在单元格中单击插入插入点，如图6-229所示。按Ctrl+V组合键，将图形贴入表中，效果如图6-230所示。

图 6-228

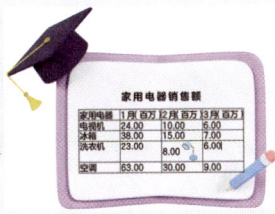

图 6-229

图 6-230

### 3. 在表中移动插入点

按Tab键可以将插入点后移一个单元格。若在最后一个单元格中按Tab键，则会新建一行。

按Shift+Tab组合键可以将插入点前移一个单元格。如果在第一个单元格中按Shift+Tab组合键，插入点将移至最后一个单元格。

如果在插入点位于直排表中某行的最后一个单元格的末尾时按向右方向键，则插入点会移至同一行中第一个单元格的起始位置。同样，如果在插入点位于直排表中某列的最后一个单元格的末尾时按向下方向键，则插入点会移至同一列中第一个单元格的起始位置。

选择"文字工具" T ，在表中单击插入插入点，如图6-231所示。选择"表 > 转至行"命令，弹出"转至行"对话框，指定要转到的行，如图6-232所示。单击"确定"按钮，效果如图6-233所示。

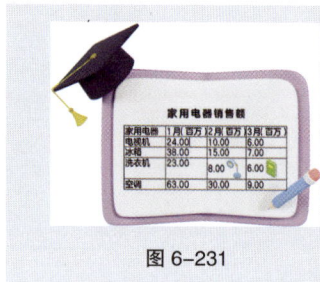

图 6-231　　　　　　　　　图 6-232　　　　　　　　　图 6-233

若当前表中定义了表头行或表尾行，则在"转至行"对话框中的下拉列表中选择"表头"或"表尾"，单击"确定"按钮即可。

## 6.5.3　选择并编辑表

### 1. 选择单元格、行和列或整个表

● 选择单元格

选择"文字工具" T ，在要选取的单元格内单击，或选取单元格中的文本，选择"表 > 选择 > 单元格"命令，选取单元格。

选择"文字工具" T ，在单元格中拖曳，选取需要的单元格。注意不要拖曳行线或列线，否则会改变单元格的大小。

● 选择整行或整列

选择"文字工具" T ，在要选取的单元格内单击，或选取单元格中的文本，选择"表 > 选择 > 行"或"表 > 选择 > 列"命令，选取整行或整列。

选择"文字工具" T ，将鼠标指针移至表中需要选取的列的上边缘，当鼠标指针形状变为↓时，如图6-234所示，单击选取整列，如图6-235所示。

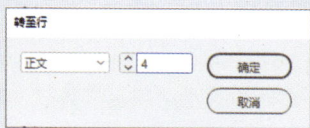

图 6-234　　　　　　　　　　　　　　图 6-235

选择"文字工具" T ，将鼠标指针移至表中行的左边缘，当鼠标指针形状变为→时，如图6-236所示，单击选取整行，如图6-237所示。

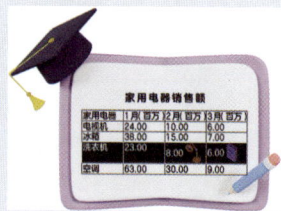

图 6-236　　　　　　　　　　　　　　图 6-237

• 选择整个表

选择"文字工具" T., 直接选取单元格中的文本或在要选取的单元格内单击插入插入点, 选择 "表 > 选择 > 表"命令, 或按Ctrl+Alt+A组合键, 选取整个表。

选择"文字工具" T., 将鼠标指针移至表的左上方, 当鼠标指针形状变为↘时, 如图6-238所示, 单击选取整个表, 如图6-239所示。

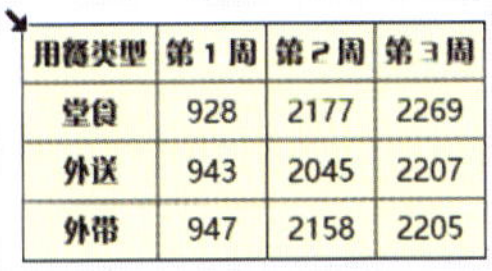

图 6-238

图 6-239

### 2. 插入行和列

• 插入行

选择"文字工具" T., 在要插入行的前一行或后一行中的任意一个单元格中单击, 插入插入点, 如图6-240所示。选择"表 > 插入 > 行"命令, 或按Ctrl+9组合键, 弹出"插入行"对话框, 设置如图6-241所示。在"行数"文本框中输入需要插入的行数, 指定新行应该显示在当前行的上方还是下方。单击"确定"按钮, 效果如图6-242所示。

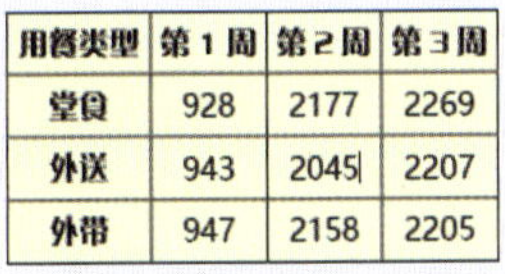

图 6-240

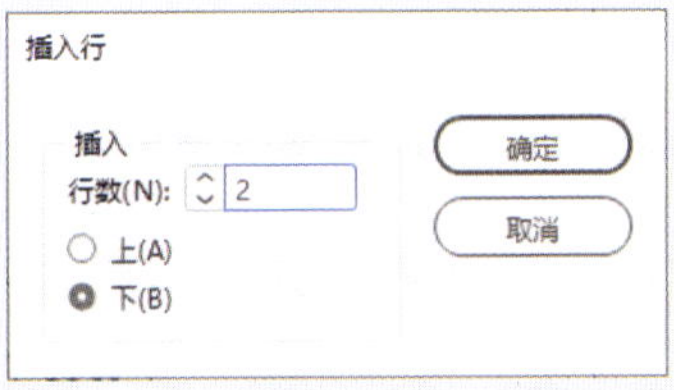

图 6-241

图 6-242

选择"文字工具" T., 在表中的最后一个单元格中单击插入插入点, 如图6-243所示。按Tab键, 可插入一行, 效果如图6-244所示。

图 6-243

图 6-244

• 插入列

选择"文字工具" T., 在要插入列的前一列或后一列中的任意一个单元格中单击, 插入插入点, 如图6-245所示。选择"表 > 插入 > 列"命令, 或按Ctrl+Alt+9组合键, 弹出"插入列"对话框, 设置如图6-246所示。在"列数"文本框中输入需要插入的列数, 指定新列应该显示在当前列的左侧还是右侧。单击"确定"按钮, 效果如图6-247所示。

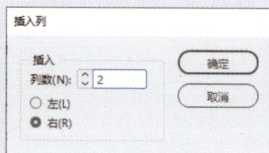

图 6-245　　　　　　　图 6-246　　　　　　　　　图 6-247

● 插入多行和多列

选择"文字工具" T，在表中任意一个位置单击插入插入点，如图6-248所示。选择"表 > 表选项 > 表设置"命令，弹出"表选项"对话框，设置如图6-249所示。单击"确定"按钮，效果如图6-250所示。

在"表尺寸"选项组中的"正文行""表头行""列""表尾行"等文本框中输入新表的信息，可将新行添加到表的底部，新列则添加到表的右侧。

选择"文字工具" T，在表中任意一个位置单击插入插入点，如图6-251所示。选择"窗口 > 文字和表 > 表"命令，或按Shift+F9组合键，弹出"表"面板，在"行数"和"列数"文本框中分别输入需要的数值，如图6-252所示。按Enter键，效果如图6-253所示。

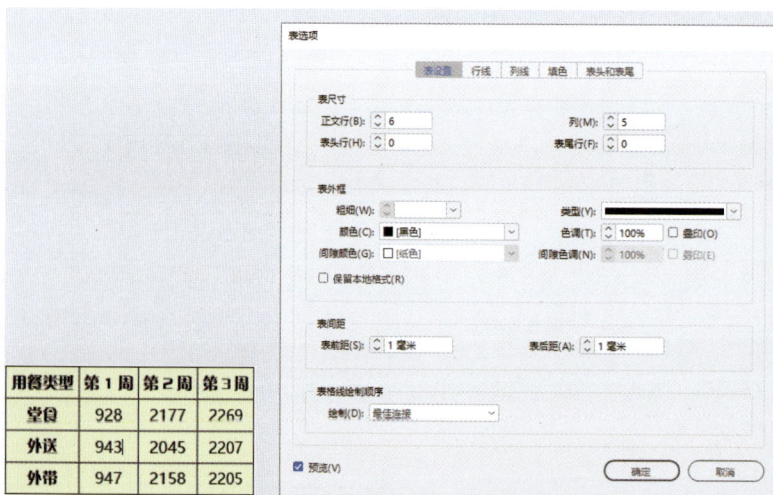

图 6-248　　　　　　　图 6-249　　　　　　　　　图 6-250

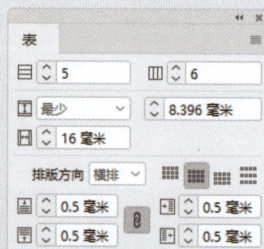

图 6-251　　　　　　　图 6-252　　　　　　　　　图 6-253

● 通过拖曳的方式插入行或列

选择"文字工具" T，将鼠标指针放置在要插入列的前一列边框上，鼠标指针形状变为↔，如图6-254所示，按住Alt键和鼠标左键向右拖曳，如图6-255所示。松开鼠标左键，效果如图6-256所示。

| 用餐类型 | 第1周 | 第2周 | 第3周 |
|---|---|---|---|
| 堂食 | 928 | 2177 | ↔2269 |
| 外送 | 943 | 2045 | 2207 |
| 外带 | 947 | 2158 | 2205 |

图 6-254

| 用餐类型 | 第1周 | 第2周 | 第3周 |
|---|---|---|---|
| 堂食 | 928 | 2177 | 2269↔ |
| 外送 | 943 | 2045 | 2207 |
| 外带 | 947 | 2158 | 2205 |

图 6-255

| 用餐类型 | 第1周 | 第2周 | 第3周 |
|---|---|---|---|
| 堂食 | 928 | 2177 | 2269 |
| 外送 | 943 | 2045 | 2207 |
| 外带 | 947 | 2158 | 2205 |

图 6-256

选择"文字工具" T，将鼠标指针放置在要插入行的前一行的边框上，鼠标指针形状变为↕，如图6-257所示，按住Alt键和鼠标左键向下拖曳，如图6-258所示。松开鼠标左键，效果如图6-259所示。

| 用餐类型 | 第1周 | 第2周 | 第3周 |
|---|---|---|---|
| 堂食 | 928 | 2177 | 2269 |
| 外送 | 943 | 2045↕ | 2207 |
| 外带 | 947 | 2158 | 2205 |

图 6-257

| 用餐类型 | 第1周 | 第2周 | 第3周 |
|---|---|---|---|
| 堂食 | 928 | 2177 | 2269 |
| 外送 | 943 | 2045 | 2207 |
| 外带 | 947 | 2158↕ | 2205 |

图 6-258

| 用餐类型 | 第1周 | 第2周 | 第3周 |
|---|---|---|---|
| 堂食 | 928 | 2177 | 2269 |
| 外送 | 943 | 2045 | 2207 |
| | | | |
| 外带 | 947 | 2158 | 2205 |

图 6-259

**提示：** 对于横排表中表的上边缘或左边缘，或者对于直排表中表的上边缘或右边缘，不能通过拖曳来插入行或列，这些区域只能用于选择行或列。

### 3. 删除行、列或表

选择"文字工具" T，在要删除的行、列或表中单击，或选取表中的文本。选择"表 > 删除 > 行、列或表"命令，删除行、列或表。

选择"文字工具" T，在表中任意一个位置单击插入插入点。选择"表 > 表选项 > 表设置"命令，弹出"表选项"对话框，在"表尺寸"选项组中输入新的行数和列数，单击"确定"按钮，可删除行、列和表。行从表的底部被删除，列从表的左侧被删除。

选择"文字工具" T，将鼠标指针放置在表的下边框或右边框上，当鼠标指针形状显示为↕ 或↔时。按住Alt键和鼠标左键，向上拖曳或向左拖曳，分别删除行或列。

## 6.5.4  设置表的格式

### 1. 调整行、列或表的大小

• 调整行和列的大小

选择"文字工具" T，在要调整行或列的任意一个单元格中单击插入插入点，如图6-260所示。选择"表 > 单元格选项 > 行和列"命令，弹出"单元格选项"对话框，在"行高"和"列宽"文本框中输入需要的行高和列宽，如图6-261所示。单击"确定"按钮，效果如图6-262所示。

选择"文字工具" T，在行或列的任意一个单元格中单击插入插入点，如图6-263所示。选择"窗口 > 文字和表 > 表"命令，或按Shift+F9组合键，弹出"表"面板，在"行高"和"列宽"文本框中分别输入需要的数值，如图6-264所示。按Enter键，效果如图6-265所示。

选择"文字工具" T，将鼠标指针放置在列或行的边缘上，当鼠标指针形状变为↔或↕时，向左或向右拖曳以增大或减小列宽，向上或向下拖曳以增大或减小行高。

| 用餐类型 | 第1周 | 第2周 | 第3周 |
|---|---|---|---|
| 堂食 | 928 | 2177 | 2269 |
| 外送 | 943 | 2045 | 2207 |
| 外带 | 947 | 2158 | 2205 |

图 6-260

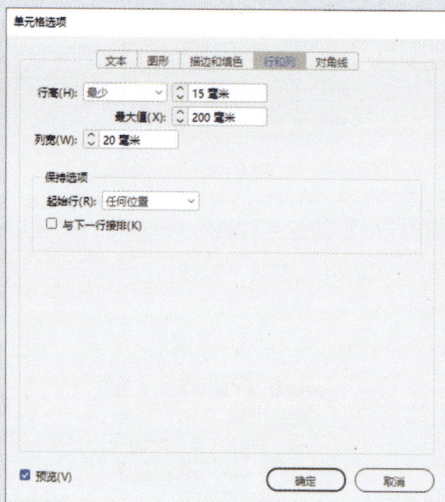

图 6-261

| 用餐类型 | 第1周 | 第2周 | 第3周 |
|---|---|---|---|
| 堂食 | 928 | 2177 | 2269 |
| 外送 | 943 | 2045 | 2207 |
| 外带 | 947 | 2158 | 2205 |

图 6-262

| 用餐类型 | 第1周 | 第2周 | 第3周 |
|---|---|---|---|
| 堂食 | 928 | 2177 | 2269 |
| 外送 | 943 | 2045 | 2207 |
| 外带 | 947 | 2158 | 2205 |

图 6-263

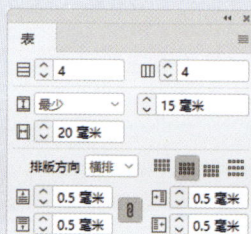

图 6-264

| 用餐类型 | 第1周 | 第2周 | 第3周 |
|---|---|---|---|
| 堂食 | 928 | 2177 | 2269 |
| 外送 | 943 | 2045 | 2207 |
| 外带 | 947 | 2158 | 2205 |

图 6-265

● 在不改变表宽的情况下调整行高和列宽

选择"文字工具" T，将鼠标指针放置在要调整列宽的列边缘上，当鼠标指针形状变为↔时，如图6-266所示，在按住Shift键的同时，向右（或向左）拖曳，如图6-267所示，增大（或减小）列宽，效果如图6-268所示。

| 用餐类型 | 第1周 | 第2周 | 第3周 |
|---|---|---|---|
| 堂食 | 928 | 2177 | 2269 |
| 外送 | 943 | 2045 | 2207 |
| 外带 | 947 | 2158 | 2205 |

图 6-266

| 用餐类型 | 第1周 | 第2周 | 第3周 |
|---|---|---|---|
| 堂食 | 928 | 2177 | 2269 |
| 外送 | 943 | 2045 | 2207 |
| 外带 | 947 | 2158 | 2205 |

图 6-267

| 用餐类型 | 第1周 | 第2周 | 第3周 |
|---|---|---|---|
| 堂食 | 928 | 2177 | 2269 |
| 外送 | 943 | 2045 | 2207 |
| 外带 | 947 | 2158 | 2205 |

图 6-268

选择"文字工具" T，将鼠标指针放置在要调整行高的行边缘上，用相同的方法上下拖曳，可在不改变表高的情况下改变行高。

选择"文字工具" T，将鼠标指针放置在表的下边缘，当鼠标指针形状变为↕时，如图6-269所示，在按住Shift键的同时，向下（或向上）拖曳，如图6-270所示，增大（或减小）行高，如图6-271所示。

选择"文字工具" T，将鼠标指针放置在表的右边缘，用相同的方法左右拖曳，可在不改变表高的情况下按比例改变列宽。

| 用餐类型 | 第1周 | 第2周 | 第3周 |
|---|---|---|---|
| 堂食 | 928 | 2177 | 2269 |
| 外送 | 943 | 2045 | 2207 |
| 外带 | 947 | 2158 | 2205 |

| 用餐类型 | 第1周 | 第2周 | 第3周 |
|---|---|---|---|
| 堂食 | 928 | 2177 | 2269 |
| 外送 | 943 | 2045 | 2207 |
| 外带 | 947 | 2158 | 2205 |

| 用餐类型 | 第1周 | 第2周 | 第3周 |
|---|---|---|---|
| 堂食 | 928 | 2177 | 2269 |
| 外送 | 943 | 2045 | 2207 |
| 外带 | 947 | 2158 | 2205 |

图 6-269　　　　　　　　图 6-270　　　　　　　　图 6-271

- 调整整个表的大小

选择"文字工具" $\boxed{T}$ ，将鼠标指针放置在表的右下角，当鼠标指针形状变为↖时，如图6-272所示，向右下方（或向左上方）拖曳，如图6-273所示，增大（或缩小）表，效果如图6-274所示。

| 用餐类型 | 第1周 | 第2周 | 第3周 |
|---|---|---|---|
| 堂食 | 928 | 2177 | 2269 |
| 外送 | 943 | 2045 | 2207 |
| 外带 | 947 | 2158 | 2205 |

| 用餐类型 | 第1周 | 第2周 | 第3周 |
|---|---|---|---|
| 堂食 | 928 | 2177 | 2269 |
| 外送 | 943 | 2045 | 2207 |
| 外带 | 947 | 2158 | 2205 |

| 用餐类型 | 第1周 | 第2周 | 第3周 |
|---|---|---|---|
| 堂食 | 928 | 2177 | 2269 |
| 外送 | 943 | 2045 | 2207 |
| 外带 | 947 | 2158 | 2205 |

图 6-272　　　　　　　　图 6-273　　　　　　　　图 6-274

- 均匀分布行和列

选择"文字工具" $\boxed{T}$ ，选取要均匀分布的行中的单元格，如图6-275所示。选择"表 > 均匀分布行"命令，均匀分布选取的单元格所在的行，取消文字的选取状态，效果如图6-276所示。

| 用餐类型 | 第1周 | 第2周 | 第3周 |
|---|---|---|---|
| 堂食 | 928 | 2177 | 2269 |
| 外送 | 943 | 2045 | 2207 |
| 外带 | 947 | 2158 | 2205 |

| 用餐类型 | 第1周 | 第2周 | 第3周 |
|---|---|---|---|
| 堂食 | 928 | 2177 | 2269 |
| 外送 | 943 | 2045 | 2207 |
| 外带 | 947 | 2158 | 2205 |

图 6-275　　　　　　　　图 6-276

选择"文字工具" $\boxed{T}$ ，选取要均匀分布的列中的单元格，如图6-277所示。选择"表 > 均匀分布列"命令，均匀分布选取的单元格所在的列，取消文字的选取状态，效果如图6-278所示。

| 用餐类型 | 第1周 | 第2周 | 第3周 |
|---|---|---|---|
| 堂食 | 928 | 2177 | 2269 |
| 外送 | 943 | 2045 | 2207 |
| 外带 | 947 | 2158 | 2205 |

| 用餐类型 | 第1周 | 第2周 | 第3周 |
|---|---|---|---|
| 堂食 | 928 | 2177 | 2269 |
| 外送 | 943 | 2045 | 2207 |
| 外带 | 947 | 2158 | 2205 |

图 6-277　　　　　　　　图 6-278

### 2. 设置表中文本的格式

- 更改单元格中文本的对齐方式

选择"文字工具" $\boxed{T}$ ，选取要更改文字对齐方式的单元格，如图6-279所示。选择"表 > 单元格选项 > 文本"命令，弹出"单元格选项"对话框，如图6-280所示，在"垂直对齐"选项组中分别选取需要的对齐方式，单击"确定"按钮，效果如图6-281所示。

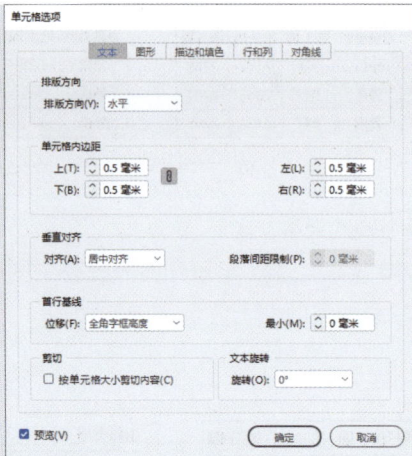

图 6-279　　　　　　　　　　图 6-280

上对齐　　　　居中对齐（原）　　　　下对齐　　　　撑满

图 6-281

- 旋转单元格中的文本

选择"文字工具" $\boxed{T}$ ，选取要旋转文本的单元格，如图6-282所示。选择"表 > 单元格选项 > 文本"命令，弹出"单元格选项"对话框，在"文本旋转"选项组中的"旋转"下拉列表中选取需要的旋转角度，如图6-283所示。单击"确定"按钮，效果如图6-284所示。

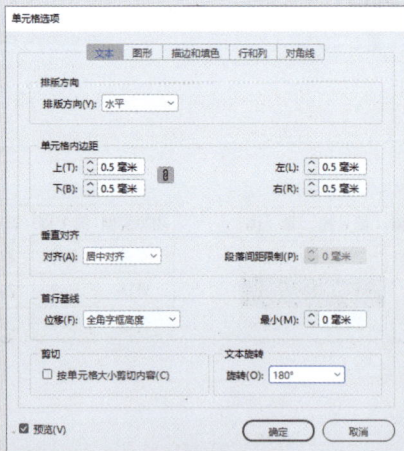

图 6-282　　　　　　　　　　图 6-283　　　　　　　　　　图 6-284

### 3. 合并和拆分单元格

- 合并单元格

选择"文字工具" $\boxed{T}$ ，选取要合并的单元格，如图6-285所示。选择"表 > 合并单元格"命令，合并选取的单元格，取消选取状态，效果如图6-286所示。

选择"文字工具" T ，在合并后的单元格中单击插入插入点，如图6-287所示。选择"表 > 取消合并单元格"命令，可取消单元格的合并，效果如图6-288所示。

图 6-285　　　　图 6-286　　　　图 6-287　　　　图 6-288

● 拆分单元格

选择"文字工具" T ，选取要拆分的单元格，如图6-289所示。选择"表 > 水平拆分单元格"命令，水平拆分选取的单元格，取消选取状态，效果如图6-290所示。

选择"文字工具" T ，选取要拆分的单元格，如图6-291所示。选择"表 > 垂直拆分单元格"命令，垂直拆分选取的单元格，取消选取状态，效果如图6-292所示。

图 6-289　　　　图 6-290　　　　图 6-291　　　　图 6-292

## 6.5.5　表格的描边和填色

### 1. 更改表边框的描边和填色

选择"文字工具" T ，在表中单击插入插入点，如图6-293所示。选择"表 > 表选项 > 表设置"命令，弹出"表选项"对话框，设置如图6-294所示。单击"确定"按钮，效果如图6-295所示。

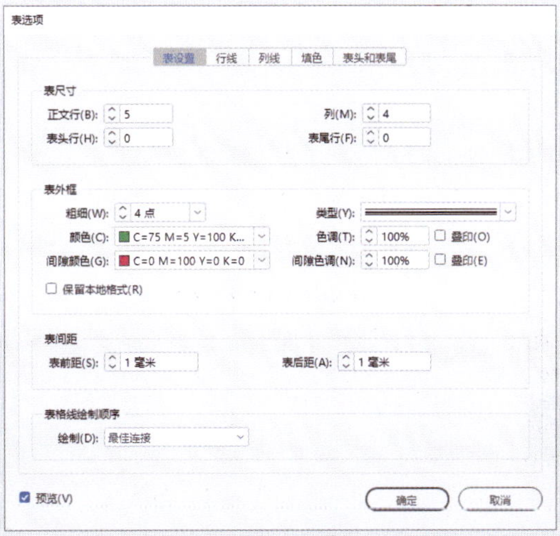

图 6-293　　　　　　　　　图 6-294　　　　　　　　　图 6-295

"表外框"选项组：指定表框所需的粗细、类型、颜色、色调、间隙颜色和间隙色调等。

"保留本地格式"复选框：勾选该复选框，可让个别单元格的描边格式不被覆盖。

**2. 为单元格添加描边和填色**

● 使用单元格选项添加描边和填色

选择"文字工具" T，在表中选取需要的单元格，如图6-296所示。选择"表 > 单元格选项 > 描边和填色"命令，弹出"单元格选项"对话框，设置如图6-297所示。单击"确定"按钮，取消选取状态，效果如图6-298所示。

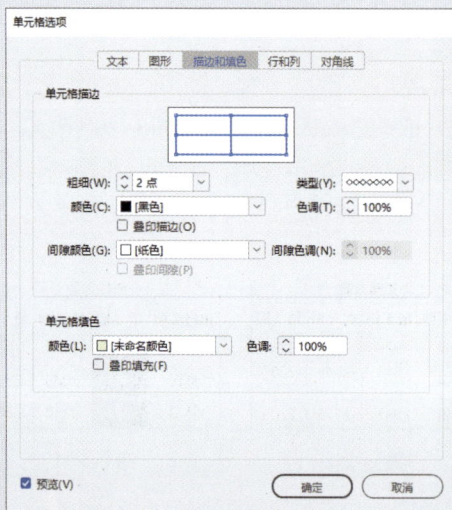

图 6-296　　　　　图 6-297　　　　　图 6-298

在"单元格描边"选项组中的预览区域中，单击蓝色线条，可以取消线条的选取状态，线条呈灰色状态时，将不能描边。可在其他选项中指定线条所需的粗细、类型、颜色、色调、间隙颜色和间隙色调等。

可在"单元格填色"选项组中指定单元格所需的颜色和色调。

● 使用"描边"面板添加描边

选择"文字工具" T，在表中选取需要的单元格，如图6-299所示。选择"窗口 > 描边"命令，或按F10键，弹出"描边"面板，在预览区域中取消不需要添加描边的线条，其他设置如图6-300所示。按Enter键，取消选取状态，效果如图6-301所示。

图 6-299　　　　　图 6-300　　　　　图 6-301

### 3. 为单元格添加对角线

选择"文字工具" T，在要添加对角线的单元格中单击插入插入点，如图6-302所示。选择"表> 单元格选项 > 对角线"命令，弹出"单元格选项"对话框，设置如图6-303所示。单击"确定"按钮，效果如图6-304所示。

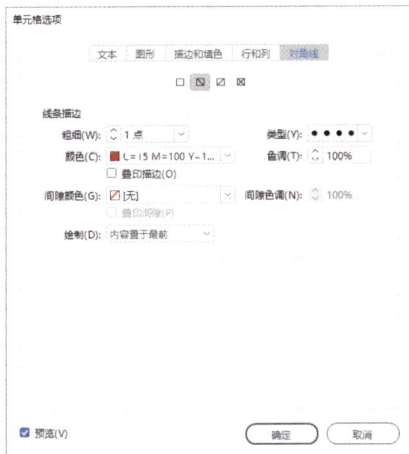

图 6-302

图 6-303

图 6-304

单击要添加的对角线类型按钮："从左上角到右下角的对角线"按钮 ⊠、"从右上角到左下角的对角线"按钮 ⊠、"交叉对角线"按钮 ⊠。在"线条描边"选项组中指定对角线所需的粗细、类型、颜色、色调、间隙颜色和间隙色调；指定是否"叠印描边"或"叠印间隙"。

"绘制"下拉列表：选择"对角线置于最前"将对角线放置在单元格内容的前面；选择"内容置于最前"将对角线放置在单元格内容的后面。

### 4. 在表中交替进行描边和填色

● 为表添加交替描边

选择"文字工具" T，在表中单击插入插入点，如图6-305所示。选择"表 > 表选项 > 交替行线"命令，弹出"表选项"对话框，在"交替模式"下拉列表中选取需要的模式类型，激活下方选项，设置如图6-306所示。单击"确定"按钮，效果如图6-307所示。

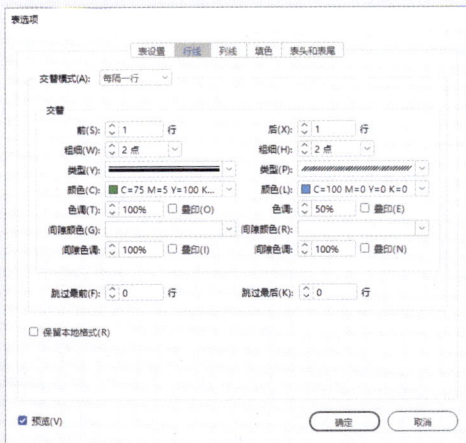

图 6-305

图 6-306

图 6-307

在"交替"选项组中设置第一种模式和后续模式的描边或填色选项。

在"跳过最前"和"跳过最后"文本框中指定表的开始和结束处不显示描边属性的行数或列数。

选择"文字工具" $\boxed{\text{T}}$ ，在表中单击插入插入点，选择"表 > 表选项 > 交替列线"命令，弹出"表选项"对话框，用相同的方法设置选项，可以为表添加交替列线。

● 为表添加交替填色

选择"文字工具" $\boxed{\text{T}}$ ，在表中单击插入插入点，如图6-308所示。选择"表 > 表选项 > 交替填色"命令，弹出"表选项"对话框，在"交替模式"下拉列表中选取需要的模式类型，激活下方选项。设置如图6-309所示。单击"确定"按钮，效果如图6-310所示。

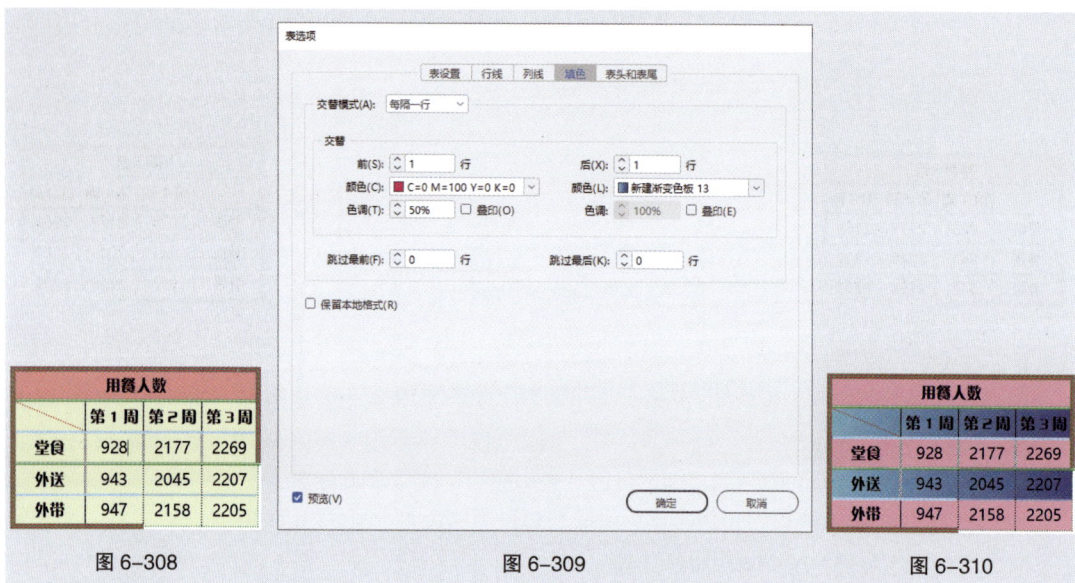

图 6-308

图 6-309

图 6-310

● 交替填色

选择"文字工具" $\boxed{\text{T}}$ ，在表中单击插入插入点。选择"表 > 表选项 > 交替填色"命令，弹出"表选项"对话框，在"交替模式"下拉列表中选取"无"，单击"确定"按钮，即可关闭表中的交替填色。

# 6.6  置入图像

在InDesign 2020中，可以通过"置入"命令将图形图像置入InDesign的页面，再通过编辑命令对置入的图形图像进行处理。

## 6.6.1  关于位图和矢量图

在计算机中，图大致可以分为两种：位图和矢量图。位图效果如图6-311所示，矢量图效果如图6-312所示。

图 6-311

图 6-312

位图又称为点阵图，是由许多点组成的，这些点称为像素。许许多多不同色彩的像素组合在一起便构成了一幅图像。位图采取了点阵的方式，每个像素都能够记录图像的色彩信息，可以精确地表现色彩丰富的图像。但图像的色彩越丰富，图像的像素就越多（即分辨率越高），文件也就越大，因此处理位图时，对计算机硬盘和内存的要求也较高。同时，由于位图本身的特点，图像在缩放和旋转变形时会产生失真的现象。

矢量图是相对位图而言的，也称为向量图，它是以数学的矢量方式来记录内容的。矢量图中的图形元素称为对象，每个对象都是独立的，具有各自的属性（如颜色、形状、轮廓、大小和位置等）。矢量图在缩放时不会产生失真的现象，并且它的文件占用的内存空间较小。矢量图的缺点是不易制作色彩丰富的图像，无法像位图那样精确地描绘各种绚丽的色彩。

这两种类型的图各具特色，也各有优缺点，并且二者之间具有良好的互补性。因此，在图像处理和绘制图形的过程中，综合运用矢量图和位图，取长补短，能使创作出来的作品更加完美。

## 6.6.2　置入图像的方法

"置入"命令是将图像置入InDesign中的主要方法，因为它可以在分辨率、文件格式、多页面PDF和颜色等方面提供最高级别的支持。

在页面区域中不选取任何内容，如图6-313所示。选择"文件 > 置入"命令，弹出"置入"对话框，在弹出的对话框中选择需要的文件，如图6-314所示。单击"打开"按钮，在页面中单击置入图像，效果如图6-315所示。

图 6-313

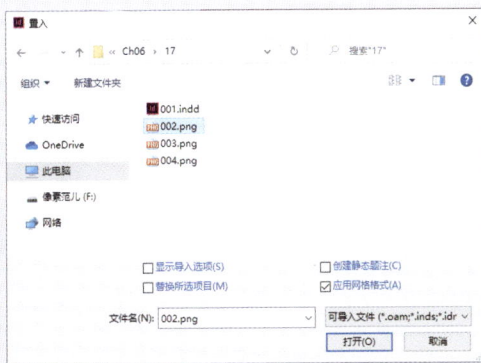

图 6-314

图 6-315

选择"选择工具" ▶，在页面区域中选取图框，如图6-316所示。选择"文件 > 置入"命令，弹出"置入"对话框，在对话框中选择需要的文件，如图6-317所示。单击"打开"按钮，置入图像，效果如图6-318所示。

选择"选择工具" ▶，在页面区域中选取图像，如图6-319所示。选择"文件 > 置入"命令，弹出"置入"对话框，在对话框中选择需要的文件，在对话框下方勾选"替换所选项目"复选框，如图6-320所示。单击"打开"按钮，置入并替换所选图像，效果如图6-321所示。

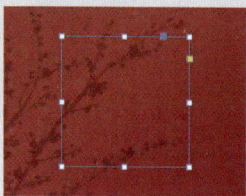

图 6-316

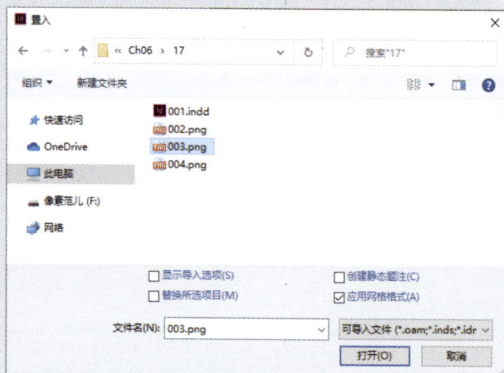

图 6-317

图 6-318

图 6-319

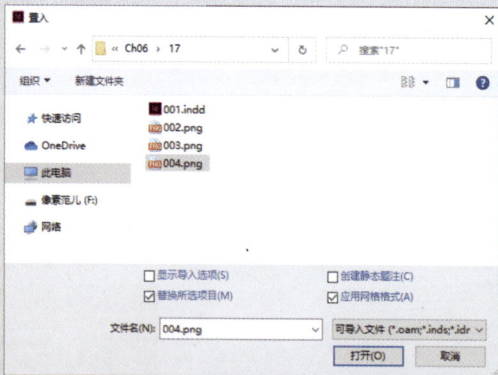

图 6-320

图 6-321

### 6.6.3　关于链接面板

在InDesign 2020中置入图形图像文件有两种方式，即链接和嵌入。当以链接方式置入图形图像时，原始文件并没有真正复制到文档中，而是基于原始文件创建了一个链接（或称文件路径）。当采用嵌入方式时，会增大文档文件的大小并断开指向原始文件的链接。

所有置入的文件都会被列在"链接"面板中。选择"窗口 > 链接"命令，弹出"链接"面板，如图6-322所示。

图 6-322

"链接"面板中链接文件显示状态的含义如下。

最新：最新的文件只显示文件的名称以及它在文档中所处的页面。

修改：修改的文件会显示 ⚠ 图标。此图标意味着磁盘上的文件版本比文档中的版本新。

缺失：丢失的文件会显示 ❓ 图标。此图标表示图形不再位于置入时的位置，但仍存在于某个地方。如果在显示此图标的状态下打印或导出文档，则文件可能无法以全分辨率打印或导出。

嵌入：嵌入的文件显示 🔳 图标。嵌入链接文件会导致该链接的管理操作暂停。

## 6.7　课堂练习——制作购物中心海报

【练习知识要点】使用"置入"命令置入素材图片，使用"文字工具"和"旋转角度"选项添加广告语，使用"椭圆工具""多边形工具""文字工具"制作标志，使用"直线工具"、"文字工具"、"字符"面板添加其他相关信息，效果如图6-323所示。

【效果所在位置】云盘 > Ch06 > 效果 > 制作购物中心海报.indd。

图 6-323

【**习题知识要点**】使用"置入"命令添加底图，使用"直排文字工具"、"字符"面板添加并编辑广告语，使用"插入表"命令和"表"面板添加并编辑表格，使用"合并单元格"命令合并选取的单元格，效果如图6-324所示。

【**效果所在位置**】云盘 > Ch06 > 效果 > 制作旅游广告.indd。

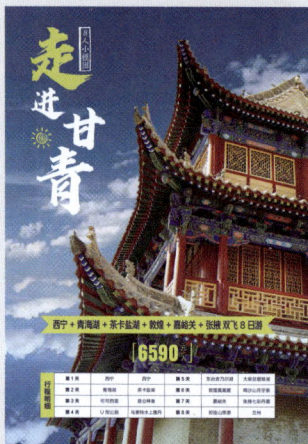

图 6-324

微课

制作旅游广告

# 第 7 章
# 页面布局

▶ **本章简介**

　　本章介绍在InDesign 2020中编排页面的方法，重点讲解页面、跨页和主页的概念，以及页码、章节编号的设置和"页面"面板的使用方法。通过本章的学习，学生可以快捷地编排页面，减少不必要的重复工作，使排版工作更高效。

**学习目标**

- 掌握版面的布局方法。
- 掌握主页的使用技巧。
- 掌握页面和跨页的使用方法。

微课

第 7 章简介

**技能目标**

- 掌握美妆杂志封面的制作方法。
- 掌握美妆杂志内页的制作方法。

**素养目标**

- 培养全局观。
- 养成提高效率的工作习惯。

# 7.1 版面布局

InDesign 2020的版面布局包括基本布局和精确布局两种。建立新文档，设置页面、版心和分栏，指定出血和辅助信息区等为基本版面布局。标尺、网格和参考线可以给出对象的精确位置，利用它们进行的布局为精确版面布局。

## 7.1.1 课堂案例——制作美妆杂志封面

【案例学习目标】学习使用“文字工具”、“字符”面板、“段落”面板和填充工具制作美妆杂志封面。美妆杂志封面效果如图7-1所示。

【案例知识要点】使用“置入”命令、“选择工具”置入并裁切图片，使用“文字工具”、“投影”命令、“字形”面板添加杂志名称及刊期，使用“文字工具”、“字符”面板、“段落”面板和填充工具添加其他相关信息，使用“矩形工具”、“角选项”命令制作装饰图形。

【效果所在位置】云盘 > Ch07 > 效果 > 制作美妆杂志封面.indd。

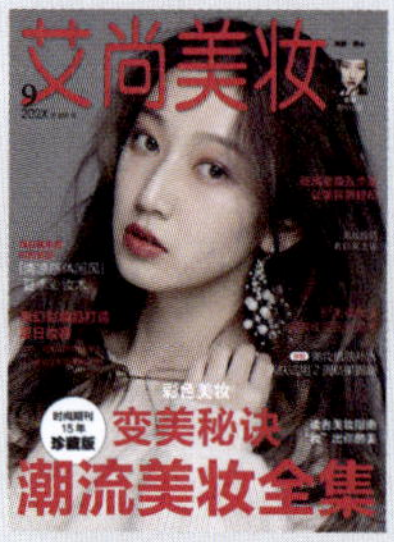


微课 制作美妆杂志封面 1

微课 制作美妆杂志封面 2

图 7-1

### 1. 添加杂志名称和刊期

（1）选择“文件 > 新建 > 文档”命令，弹出“新建文档”对话框，设置如图7-2所示。单击“边距和分栏”按钮，弹出“新建边距和分栏”对话框，设置如图7-3所示。单击“确定”按钮，新建一个文档。选择“视图 > 其他 > 隐藏框架边缘”命令，将所绘制图形的框架边缘隐藏。

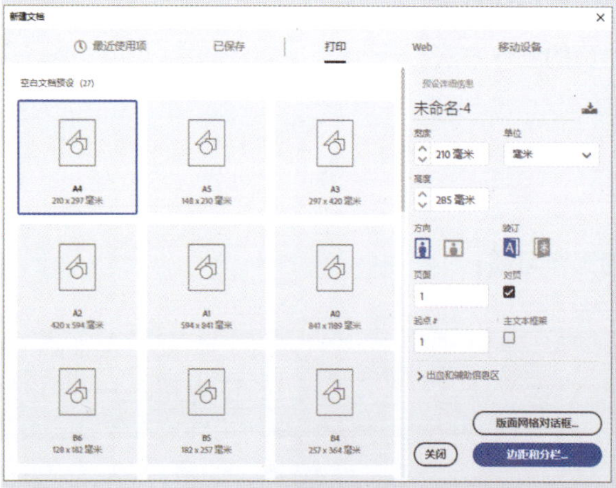


图 7-2

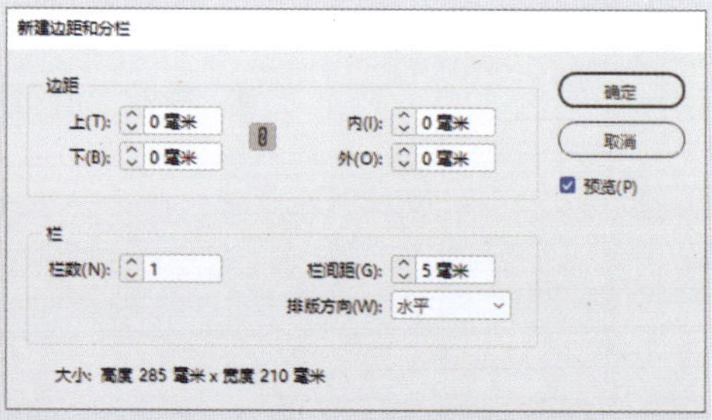


图 7-3

（2）选择"文件 > 置入"命令，弹出"置入"对话框，选择云盘中的"Ch07 > 素材 > 制作美妆杂志封面 > 01"文件，单击"打开"按钮，在页面空白处单击置入图片。选择"自由变换工具" ，将图片拖曳到适当的位置并调整大小，效果如图7-4所示。

（3）保持图片的选取状态。选择"选择工具" ，选中左侧限位框中间的控制手柄，并将其向右拖曳到适当的位置，裁剪图片，效果如图7-5所示。使用相同的方法对其余边进行裁切，效果如图7-6所示。按Ctrl+L组合键，锁定所选图片。

图 7-4　　　　　　　　图 7-5　　　　　　　　图 7-6

（4）选取并复制记事本文档中需要的文字，返回InDesign页面中。选择"文字工具" ，在适当的位置拖曳绘制一个文本框，将复制的文字粘贴到文本框中。选取文字，在控制面板中选择合适的字体并设置文字大小，效果如图7-7所示。在控制面板中将"水平缩放"选项 设为80%，按Enter键，效果如图7-8所示。设置填充色的C、M、Y、K值为0%、100%、45%、0%，填充文字，效果如图7-9所示。

图 7-7　　　　　　　　图 7-8　　　　　　　　图 7-9

（5）选择"选择工具" ，选取文字。单击控制面板中的"向选定的目标添加对象效果"按钮 ，在弹出的菜单中选择"投影"命令，弹出"效果"对话框，设置如图7-10所示。单击"确定"按钮，效果如图7-11所示。

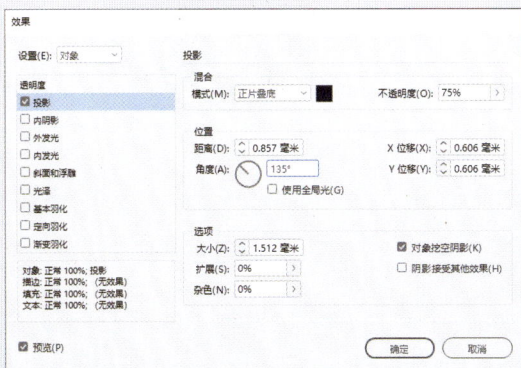 

图 7-10　　　　　　　　　　　　　　　　　　图 7-11

（6）分别选取并复制记事本文档中需要的文字，返回InDesign页面中。选择"文字工具" T，在适当的位置拖曳绘制文本框，将复制的文字粘贴到文本框中。选取文字，在控制面板中选择合适的字体并设置文字大小。取消文字的选取状态，效果如图7-12所示。

图7-12

（7）选择"文字工具" T，在"颜"文字右侧单击插入插入点，如图7-13所示。选择"文字 > 字形"命令，弹出"字形"面板，在面板下方设置需要的字体和字体样式，在需要的字形上双击，如图7-14所示。在文本框中插入字形，效果如图7-15所示。

图7-13　　　　　　图7-14　　　　　　图7-15

（8）选择"文件 > 置入"命令，弹出"置入"对话框，选择云盘中的"Ch07 > 素材 > 制作美妆杂志封面 > 02"文件，单击"打开"按钮，在页面空白处单击置入图片。选择"自由变换工具"，将图片拖曳到适当的位置并调整大小。选择"选择工具" ，裁切图片，效果如图7-16所示。

（9）选取并复制记事本文档中需要的文字，返回InDesign页面中。选择"文字工具" T，在适当的位置拖曳绘制一个文本框，将复制的文字粘贴到文本框中。选取文字，在控制面板中选择合适的字体并设置文字大小，填充文字为白色，效果如图7-17所示。

图7-16　　　　　　　　　　图7-17

（10）在控制面板中单击"居中对齐"按钮，文字对齐效果如图7-18所示。选择"文字工具" T，选取文字"美丽"，在控制面板中选择合适的字体，效果如图7-19所示。

**2. 添加栏目名称**

（1）分别选取并复制记事本文档中需要的文字，返回InDesign页面中。选择"文字工具" T，在适当的位置拖曳绘制文本框，将复制的文字粘贴到文本框中，选取文字，在控制面板中选择合适

InDesign 核心应用案例教程（全彩彩慕课版）（InDesign 2020）

的字体并设置文字大小。取消文字的选取状态，效果如图7-20所示。选取文字"彩色美妆"，填充文字为白色，效果如图7-21所示。

图 7-18

图 7-19

图 7-20

图 7-21

（2）选择"选择工具" ▶ ，在按住Shift键的同时单击，选取需要的文字。单击工具箱中的"格式针对文本"按钮 T ，设置填充色的C、M、Y、K值为0%、100%、45%、0%，填充文字，效果如图7-22所示。

（3）选择"选择工具" ▶ ，在按住Shift键的同时，单击上方需要的文字将其同时选取。按Shift + F7组合键，弹出"对齐"面板，单击"水平居中对齐"按钮 ▯ ，如图7-23所示，对齐效果如图7-24所示。

图 7-22

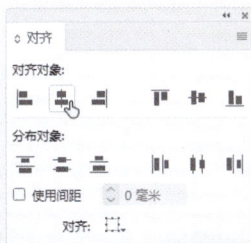
图 7-23

图 7-24

（4）选择"椭圆工具" ○ ，在按住Shift键的同时，在适当的位置拖曳绘制一个圆形，填充圆形为白色，并在控制面板中将"描边粗细"选项 ○ 0.283 点 ∨ 设为"0.5点"，按Enter键，效果如图7-25所示。

（5）选取并复制记事本文档中需要的文字，返回到InDesign页面中，选择"文字工具" T ，在适当的位置拖曳绘制一个文本框，将复制的文字粘贴到文本框中，选取文字，在控制面板中选择合适的字体并设置文字大小，效果如图7-26所示。

（6）在控制面板中单击"居中对齐"按钮 ▤ ，义字对齐效果如图7 27所示。选择"文字工具" T ，选取文字"珍藏版"，在控制面板中选择合适的字体并设置文字大小，效果如图7-28所示。

图 7-25　　　　　　　　　　　图 7-26

图 7-27　　　　　　　　　　　图 7-28

（7）选择"选择工具" ▶，在按住Shift键的同时，单击下方圆形将其同时选取，连续按Ctrl+[组合键，将图形向后移动到适当的位置，效果如图7-29所示。

（8）分别选取并复制记事本文档中需要的文字，返回InDesign页面中。选择"文字工具" T，在适当的位置拖曳绘制文本框，将复制的文字粘贴到文本框中。选取文字，在控制面板中选择合适的字体并设置文字大小，填充文字为白色。取消文字的选取状态，效果如图7-30所示。

图 7-29　　　　　　　　　　　图 7-30

（9）选择"选择工具" ▶，选取需要的文字。单击工具箱中的"格式针对文本"按钮 T，设置填充色的C、M、Y、K值为0%、100%、45%、0%，填充文字，效果如图7-31所示。选择"文字工具" T，在"清"文字左侧单击插入插入点，如图7-32所示。

图 7-31　　　　　　　　　　　图 7-32

（10）选择"文字 > 字形"命令，弹出"字形"面板，在面板下方设置需要的字体和字体样式，在需要的字形上双击，如图7-33所示。在文本框中插入字形，效果如图7-34所示。

（11）保持插入点的插入状态。按Ctrl+T组合键，弹出"字符"面板，将"字偶间距选项" VA ○ (0) 设为-300，如图7-35所示。按Enter键，效果如图7-36所示。用相同的方法插入其他字形，并设置字偶间距，效果如图7-37所示。

图 7-33

图 7-34

图 7-35

图 7-36

图 7-37

（12）选择"文字工具" T ，选取文字"夏季彩妆术"，按Ctrl+Alt+T组合键，弹出"段落"面板，设置如图7-38所示。按Enter键，效果如图7-39所示。

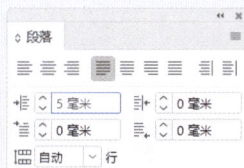
图 7-38

图 7-39

（13）分别选取并复制记事本文档中需要的文字，返回InDesign页面中。选择"文字工具" T ，在适当的位置拖曳绘制文本框，将复制的文字粘贴到文本框中。选取文字，在控制面板中选择合适的字体并设置文字大小。取消文字的选取状态，效果如图7-40所示。（为了方便读者观看，这里以白色文字显示。）

（14）选择"选择工具" ▶ ，将步骤（13）粘贴的文字同时选取。单击工具箱中的"格式针对文本"按钮 T ，设置填充色的C、M、Y、K值为0%、100%、45%、0%，填充文字，效果如图7-41所示。选择"文字工具" T ，选取文字"只要+1技巧！"，在控制面板中设置文字大小，填充文字为白色，效果如图7-42所示。

图 7-40

图 7-41

图 7-42

（15）用相同的方法输入其他栏目文字，并填充相应的颜色，效果如图7-43所示。选择"矩形工具" ，在适当的位置拖曳绘制一个矩形，填充图形为白色，并设置描边色为无，效果如图7-44所示。

图 7-43　　　　　　　图 7-44

（16）保持图形的选取状态。选择"对象 > 角选项"命令，在弹出的对话框中进行设置，如图7-45所示。单击"确定"按钮，效果如图7-46所示。

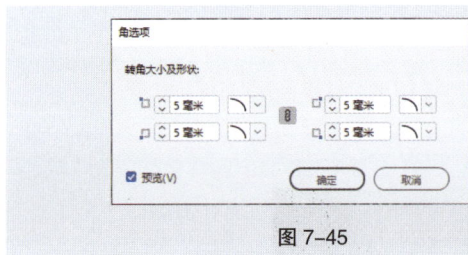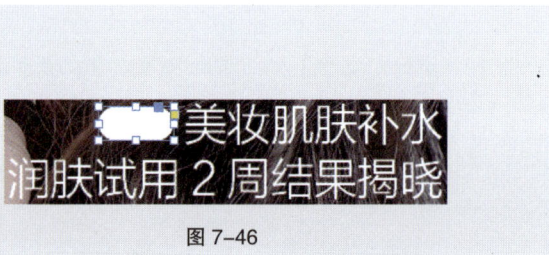

图 7-45　　　　　　　图 7-46

（17）选择"文字工具" [T]，在矩形上拖曳绘制一个文本框，输入需要的文字并选取文字，在控制面板中选择合适的字体并设置文字大小。设置填充色的C、M、Y、K值为0%、100%、45%、0%，填充文字，效果如图7-47所示。在页面空白处单击，取消文字的选取状态，美妆杂志封面制作完成，效果如图7-48所示。

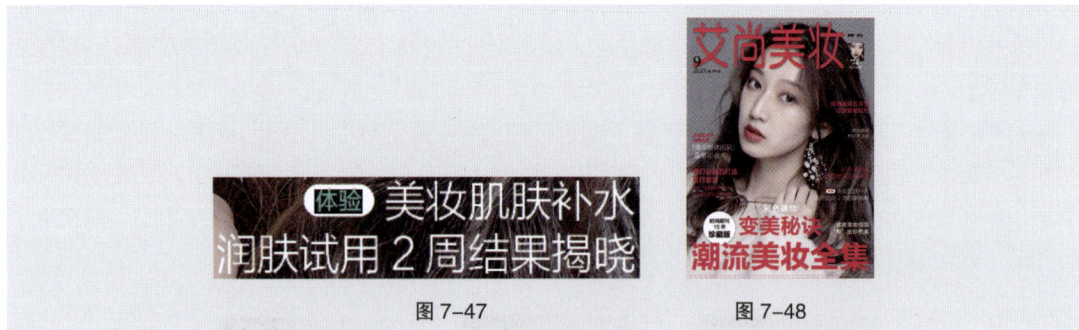

图 7-47　　　　　　　图 7-48

## 7.1.2　设置基本布局

### 1. 文档窗口一览

在文档窗口中新建一个页面，如图7-49所示。页面的结构性区域由以下颜色的线标出。

- 黑线标明了跨页中每个页面的尺寸。细的阴影有助于从粘贴板中区分出跨页。
- 围绕在页面外的红色线代表出血区。

- 围绕在页面外的蓝色线代表辅助信息区。
- 品红色线是边空线（或称版心线）。
- 紫色线是分栏线。
- 其他颜色的线是辅助线。当辅助线出现时，在被选取的情况下，辅助线的颜色显示为所在图层的颜色。

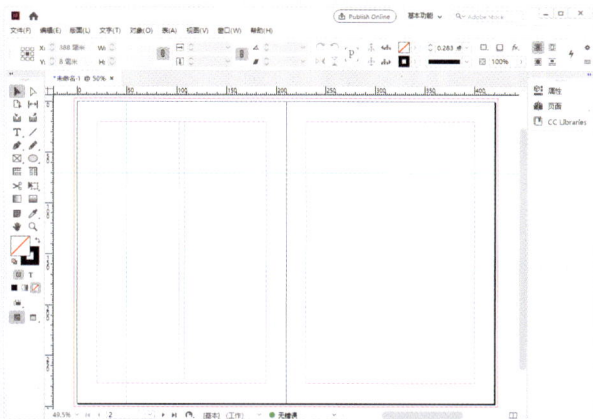

图 7-49

**注意：** 分栏线出现在版心线的前面。当分栏线正好在版心线之上时，会遮住版心线。

选择"编辑 > 首选项 > 参考线和粘贴板"命令，弹出"首选项"对话框，如图7-50所示。

图 7-50

在该对话框中，可以设置页边距和分栏参考线的颜色，以及粘贴板上出血和辅助信息区参考线的颜色，还可以就对象需要距离参考线多近才能靠齐参考线、参考线显示在对象之前还是之后以及粘贴板的大小等进行设置。

**2. 更改文档设置**

选择"文件 > 文档设置"命令，弹出"文档设置"对话框，单击"出血和辅助信息区"左侧的

图标 >，展开"出血和辅助信息区"选项组，如图7-51所示。单击"调整版面"按钮，弹出"调整版面"对话框，如图7-52所示。指定文档选项，单击"确定"按钮，即可更改文档设置。

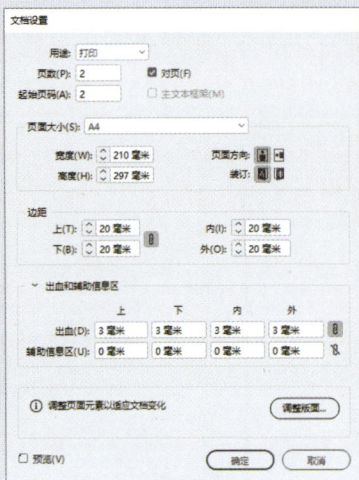

图 7-51

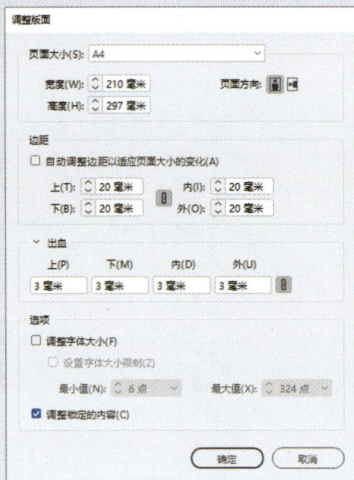

图 7-52

勾选"自动调整边距以适应页面大小的变化"复选框，可以按设置的页面大小自动调整边距。

### 3. 更改页边距和分栏

在"页面"面板中选择要修改的跨页或页面，选择"版面 > 边距和分栏"命令，弹出"边距和分栏"对话框，如图7-53所示。

图 7-53

"边距"选项组：指定边距参考线到页面的各个边缘的距离。

"栏"选项组：在"栏数"文本框中输入要在边距参考线内创建的分栏数目；在"栏间距"文本框中输入栏间的宽度值；在"排版方向"下拉列表中可选择"水平"或"垂直"选项来指定栏的方向。

"调整版面"选项组：勾选此复选框，下方选项被激活，用于调整文档版面中的页面元素。

"调整字体大小"复选框：勾选该复选框，可以按设置的页面大小和边距来修改文档中的字体大小。

"设置字体大小限制"复选框：勾选该复选框，可以定义字体大小的上限值和下限值。

"调整锁定的内容"复选框：勾选该复选框，可以调整版面中锁定的内容。

**4. 创建不相等栏宽**

在"页面"面板中选择要修改的跨页或页面，如图7-54所示。选择"视图 > 网格和参考线 > 锁定栏参考线"命令，解除栏参考线的锁定。选择"选择工具" ▶ ，选取需要的栏参考线，按住鼠标左键拖曳到适当的位置，如图7-55所示。松开鼠标左键，效果如图7-56所示。

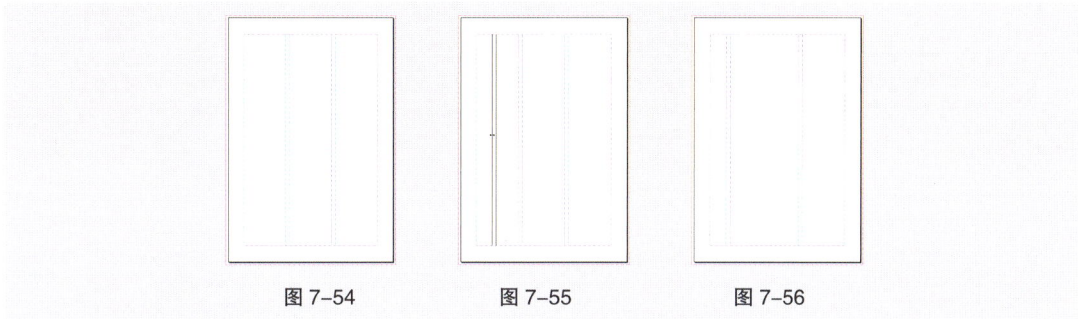

图 7-54　　　　　图 7-55　　　　　图 7-56

## 7.1.3　版面精确布局

**1. 标尺和度量单位**

可以为水平标尺和垂直标尺设置不同的度量系统。为水平标尺选择的系统将控制制表符、边距、缩进和其他度量。图7-57所示为水平和垂直标尺。

可以为界面上的标尺、面板和对话框设置度量单位。选择"编辑 > 首选项 > 单位和增量"命令，弹出"首选项"对话框，如图7-58所示，设置需要的度量单位，单击"确定"按钮即可。

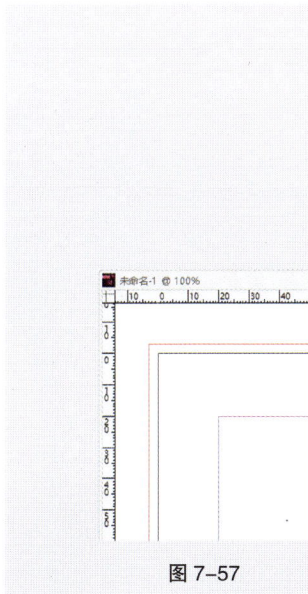

图 7-57

图 7-58

在水平标尺或垂直标尺上右击，在弹出的快捷菜单中选择单位，可以更改水平标尺或垂直标尺的单位；在水平标尺和垂直标尺的交叉点上右击，在弹出的快捷菜单中选择单位，可以同时为两个标尺更改标尺单位。

## 2. 网格

选择"视图 > 网格和参考线 > 显示（或隐藏）文档网格"命令，可显示（或隐藏）文档网格。

选择"编辑 > 首选项 > 网格"命令，弹出"首选项"对话框，如图7-59所示，设置需要的网格选项，单击"确定"按钮即可。

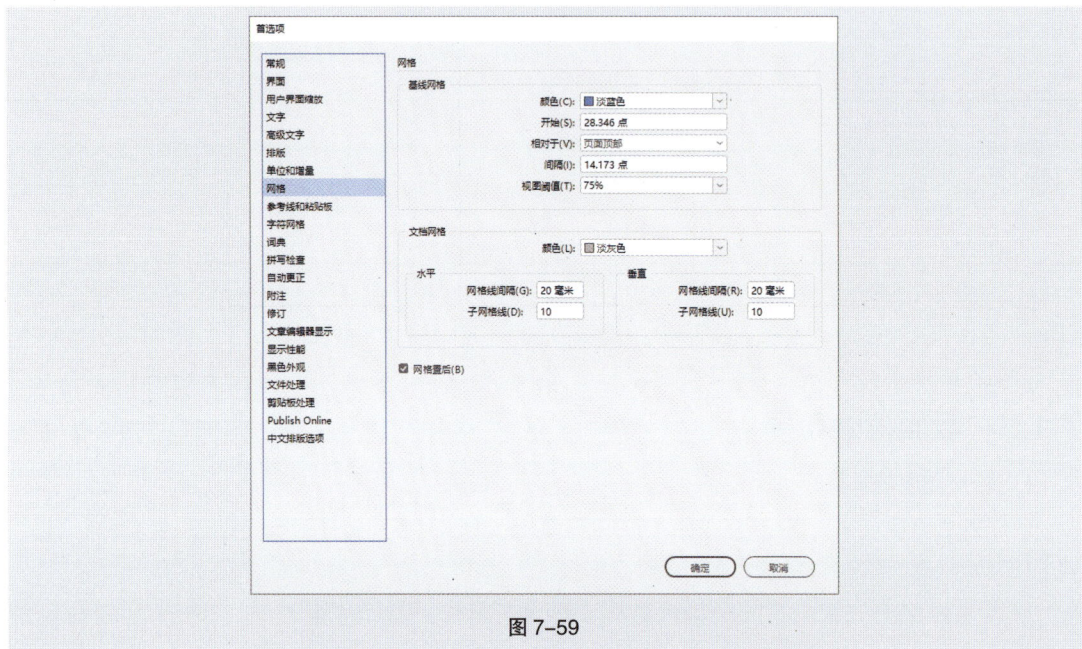

图 7-59

选择"视图 > 网格和参考线 > 靠齐文档网格"命令，将对象拖向网格，对象的一角将与网格4个角点中的一个靠齐。按住Ctrl键拖曳，可以靠齐网格网眼的9个特殊位置。

## 3. 标尺参考线

● 创建标尺参考线

将鼠标指针定位到水平（或垂直）标尺上，如图7-60所示，按住鼠标左键拖曳到目标跨页上需要的位置，松开鼠标左键，创建标尺参考线，如图7-61所示。如果将参考线拖曳到粘贴板上，它将跨越该粘贴板和跨页，如图7-62所示；如果将它拖曳到页面上，它将变为页面参考线。

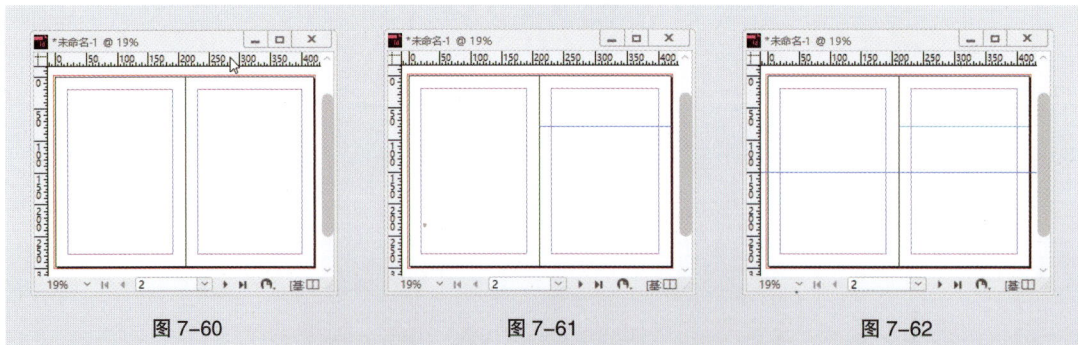

图 7-60　　　　　　　　　　图 7-61　　　　　　　　　　图 7-62

在按住Ctrl键的同时，将鼠标指针从水平（或垂直）标尺上拖曳到目标跨页，可以在粘贴板不可见时创建跨页参考线。双击水平或垂直标尺上的特定位置，可在不拖曳的情况下创建跨页参考线。如果要将参考线与最近的刻度线对齐，可在双击标尺时按住Shift键。

选择"版面 > 创建参考线"命令，弹出"创建参考线"对话框，设置如图7-63所示。单击"确定"按钮，效果如图7-64所示。

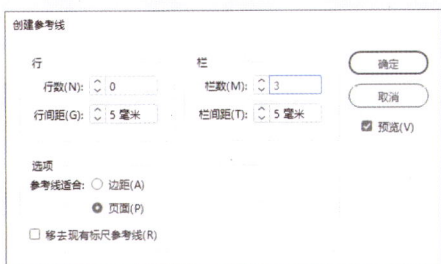

图 7-63

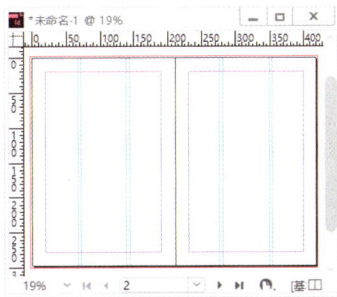

图 7-64

"行数"和"栏数"文本框：指定要创建的行或栏的数目。

"行间距"和"栏间距"文本框：指定行或栏的间距。

创建的栏在置入文本文件时不能控制文本排列。

"参考线适合"选项：点选"边距"单选项将在页边距内的版心区域创建参考线；点选"页面"单选项将在页面边缘内创建参考线。

"移去现有标尺参考线"复选框：勾选该复选框，可以删除任何现有参考线（包括锁定或隐藏图层上的参考线）。

● 编辑标尺参考线

选择"视图 > 网格和参考线 > 显示（或隐藏）参考线"命令，可显示（或隐藏）所有边距、栏和标尺参考线。选择"视图 > 网格和参考线 > 锁定参考线"命令，可锁定参考线。

按Ctrl+Alt+G组合键，可以选择目标跨页上的所有标尺参考线。选择一条或多条标尺参考线，按Delete键，可以删除参考线，也可以拖曳标尺参考线到标尺上，将其删除。

# 7.2　使用主页

主页相当于一个可以快速应用到多个页面的背景。主页上的对象将显示在应用该主页的所有页面上。主页上的对象将显示在文档页面中同一图层的对象之后。对主页进行的更改将自动应用到关联的页面。

## 7.2.1　课堂案例——制作美妆杂志内页

【案例学习目标】学习使用"置入"命令置入素材图片，使用"页面"面板编辑页面，使用"文字工具"和"段落样式"面板制作美妆杂志内页。美妆杂志内页的效果如图7-65所示。

【案例知识要点】使用"页码和章节选项"命令更改起始页码，使用"当前页码"命令添加自动页码，使用"文字工具"和"填充工具"添加标题及杂志内容，使用"段落样式"面板设置文字样式，使用"边距和分栏"命令调整版面。

【效果所在位置】云盘 > Ch07 > 效果 > 制作美妆杂志内页.indd。

图 7-65

## 1. 制作主页内容

（1）选择"文件 > 新建 > 文档"命令，弹出"新建文档"对话框，设置如图7-66所示。单击"边距和分栏"按钮，弹出"新建边距和分栏"对话框，设置如图7-67所示。单击"确定"按钮，新建一个文档。选择"视图 > 其他 > 隐藏框架边缘"命令，将所绘制图形的框架边缘隐藏。

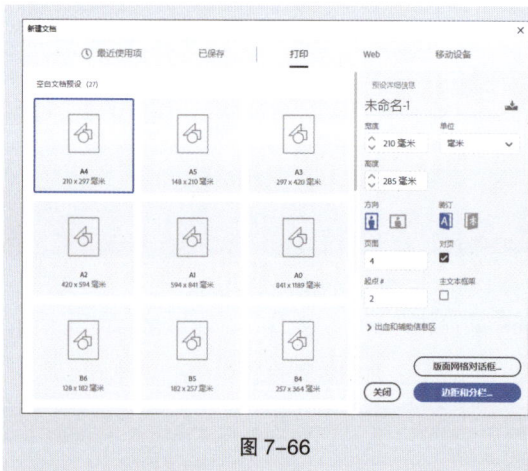

图 7-66

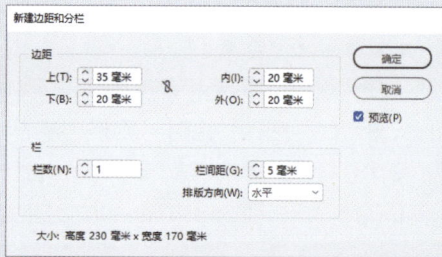

图 7-67

（2）选择"窗口 > 页面"命令，弹出"页面"面板，在按住Shift键的同时，单击所有页面的图标，将页面全部选取，如图7-68所示。单击面板右上方的 ≡ 图标，在弹出的菜单中取消选择"允许选定的跨页随机排布"命令，如图7-69所示。

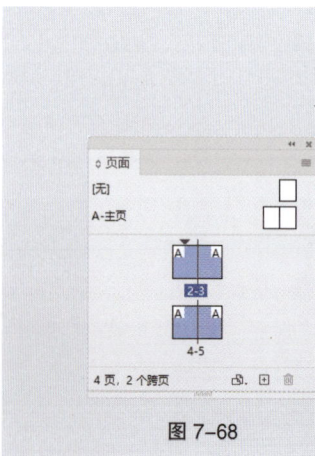

图 7-68

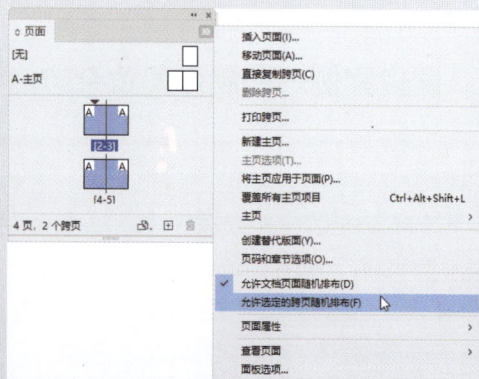

图 7-69

（3）双击第二页的页面图标，如图7-70所示。选择"版面 > 页码和章节选项"命令，弹出"页码和章节选项"对话框，设置如图7-71所示。单击"确定"按钮，"页面"面板显示如图7-72所示。

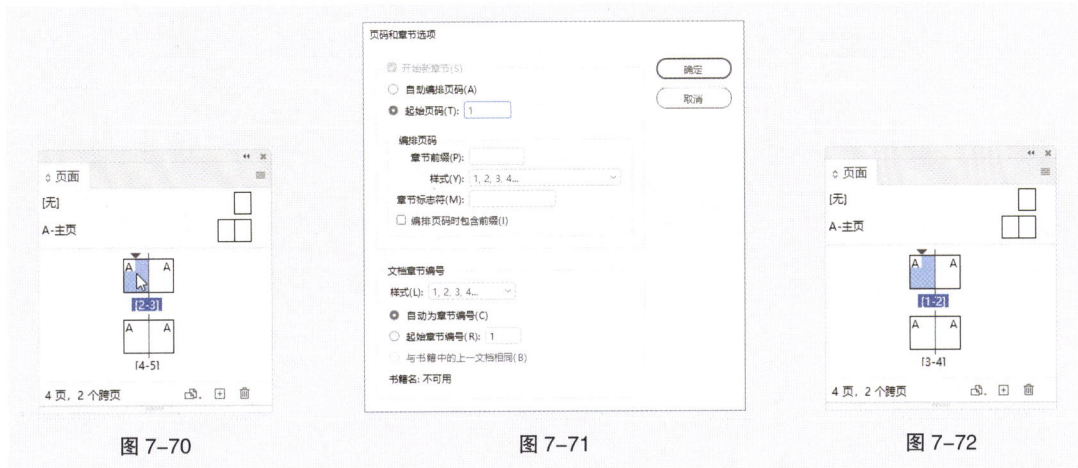

图 7-70　　　　　　　　　图 7-71　　　　　　　　　图 7-72

（4）在状态栏中的"文档所属页面"下拉列表中选择"A-主页"。按Ctrl+R组合键，显示标尺。选择"选择工具" ▶，在页面外拖曳出一条水平参考线，在控制面板中将"Y"位置选项设为"280毫米"，如图7-73所示。按Enter键确定操作，效果如图7-74所示。

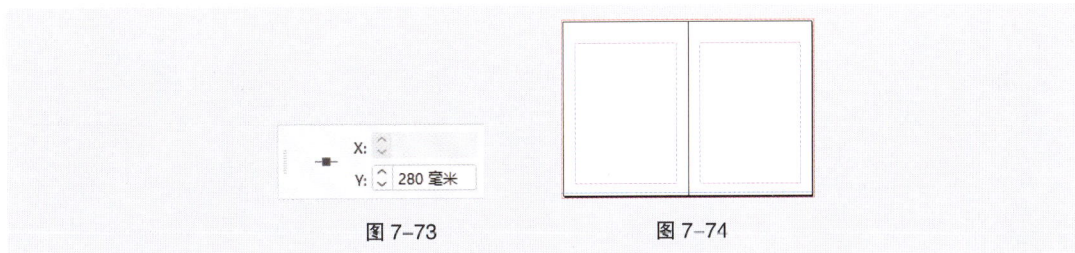

图 7-73　　　　　　　　　图 7-74

（5）选择"选择工具" ▶，在页面中拖曳出一条垂直参考线，在控制面板中将"X"位置选项设为"5毫米"，如图7-75所示。按Enter键确定操作，效果如图7-76所示。保持参考线的选取状态，并在控制面板中将"X"位置选项设为"415毫米"，按Alt+Enter组合键，确定操作，效果如图7-77所示。选择"视图 > 网格和参考线 > 锁定参考线"命令，将参考线锁定。

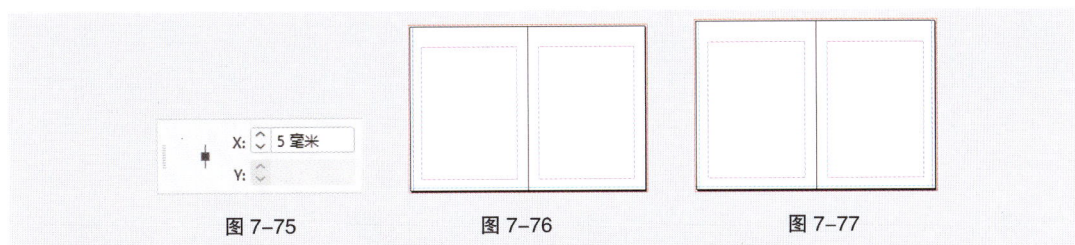

图 7-75　　　　　　　　　图 7-76　　　　　　　　　图 7-77

（6）选择"文字工具" T，在页面左上角分别拖曳绘制两个文本框，输入需要的文字，将输入的文字选取，在控制面板中分别选择合适的字体并设置文字大小，取消文字的选取状态，效果如图7-78所示。

（7）选择"选择工具" ▶，选取文字"女装篇"。单击工具箱中的"格式针对文本"按钮 T，设置填充色的C、M、Y、K值为0%、68%、100%、43%，填充文字，效果如图7-79所示。

（8）选择"直线工具" ✎ ，在按住Shift键的同时，在适当的位置拖曳绘制一条竖线，在控制面板中将"描边粗细"选项 ⟳ 0.283 点 ⌄ 设为"0.5点"，按Enter键，效果如图7-80所示。

（9）选择"文字工具" Ｔ ，在跨页右上角拖曳绘制一个文本框，输入需要的文字，将输入的文字选取，在控制面板中选择合适的字体并设置文字大小，效果如图7-81所示。

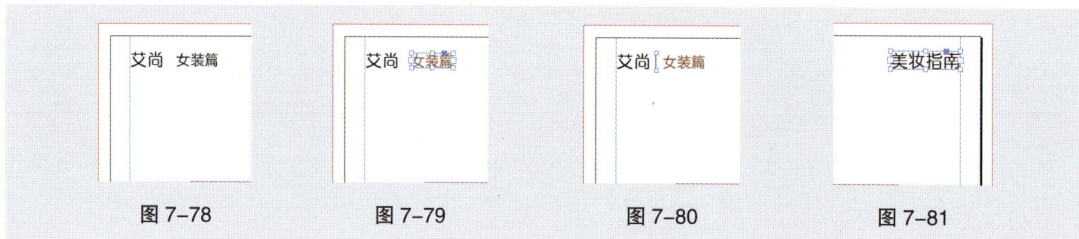

| | | | |
|---|---|---|---|
| 艾尚 女装篇 | 艾尚 女装篇 | 艾尚 女装篇 | 美妆指南 |
| 图 7-78 | 图 7-79 | 图 7-80 | 图 7-81 |

（10）选择"矩形工具" ▣ ，在按住Shift键的同时，在页面左下角绘制一个正方形。设置填充色的C、M、Y、K值为0%、68%、100%、43%，填充图形，并设置描边色为无，效果如图7-82所示。在控制面板中将"旋转角度"选项 ◢ ⟳ 0° ⌄ 设为45°，按Enter键，效果如图7-83所示。

（11）选择"对象 > 角选项"命令，在弹出的对话框中进行设置，如图7-84所示。单击"确定"按钮，效果如图7-85所示。

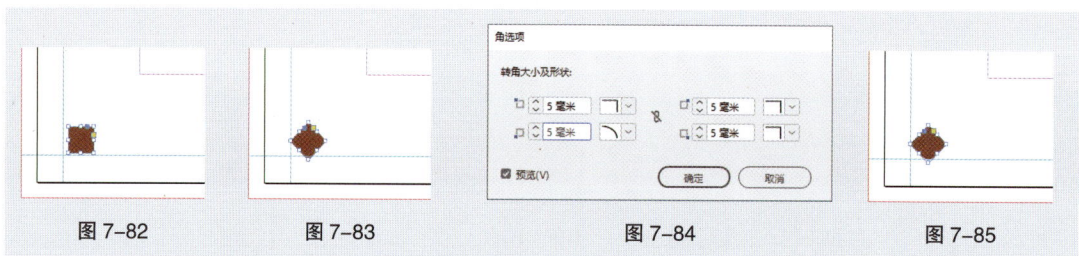

| | | | |
|---|---|---|---|
| 图 7-82 | 图 7-83 | 图 7-84 | 图 7-85 |

（12）选择"文字工具" Ｔ ，在适当的位置拖曳绘制一个文本框，按Ctrl+Alt+Shift+N组合键，在文本框中添加自动页码，效果如图7-86所示。选取添加的页码，在控制面板中选择合适的字体并设置文字大小，效果如图7-87所示。

（13）选择"选择工具" ▶ ，选取页码，选择"对象 > 适合 > 使框架适合内容"命令，使文本框适合文字，效果如图7-88所示。

（14）选择"选择工具" ▶ ，用框选的方法将图形和页码全部选取，按Ctrl+G组合键，将其编组，如图7-89所示。在按住Alt+Shift组合键的同时，向右拖曳编组文字到跨页上的适当位置，复制页码，效果如图7-90所示。

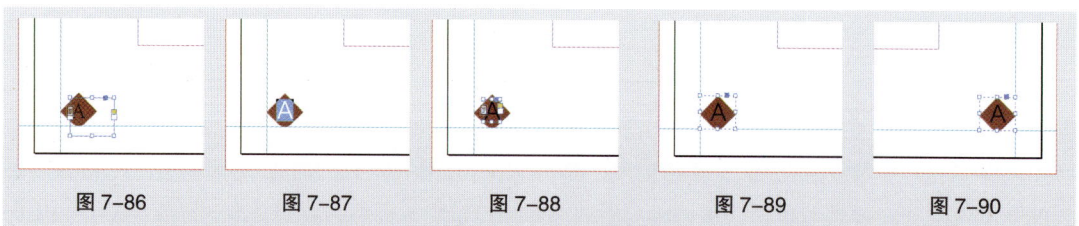

| | | | | |
|---|---|---|---|---|
| 图 7-86 | 图 7-87 | 图 7-88 | 图 7-89 | 图 7-90 |

（15）单击"页面"面板右上方的 ≡ 图标，在弹出的菜单中选择"直接复制主页跨页'A-主页'"命令，将"A-主页"的内容直接复制到自动创建的"B-主页"中，"页面"面板如图7-91所示，页面效果如图7-92所示。

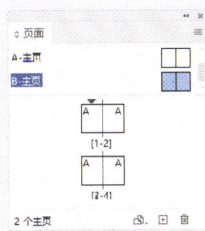

图 7-91

图 7-92

（16）选择"版面 > 边距和分栏"命令，弹出"边距和分栏"对话框，设置如图7-93所示。单击"确定"按钮，页面效果如图7-94所示。

图 7-93

图 7-94

（17）放大显示视图。选择"文字工具" $\boxed{T}$ ，选取文字"女装篇"，如图7-95所示。重新输入需要的文字，如图7-96所示。选择"选择工具" $\boxed{\blacktriangleright}$ ，选取文字，单击工具箱中的"格式针对文本"按钮 $\boxed{T}$ ，设置填充色的C、M、Y、K值为0%、100%、100%、43%，填充文字，效果如图7-97所示。

图 7-95

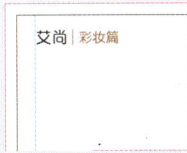

图 7-96

图 7-97

（18）调整显示视图。选择"直接选择工具" $\boxed{\triangleright}$ ，选取菱形，如图7-98所示。设置填充色的C、M、Y、K值为0%、100%、100%、43%，填充图形，效果如图7-99所示。用相同的方法修改跨页上菱形的颜色，效果如图7-100所示。

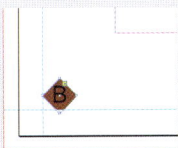

图 7-98

图 7-99

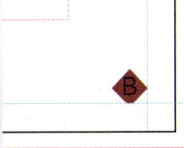

图 7-100

（19）单击"页面"面板右上方的≡图标，在弹出的菜单中选择"将主页应用于页面"命令，如图7-101所示。在弹出的对话框中进行设置，如图7-102所示。单击"确定"按钮，"页面"面板如图7-103所示。

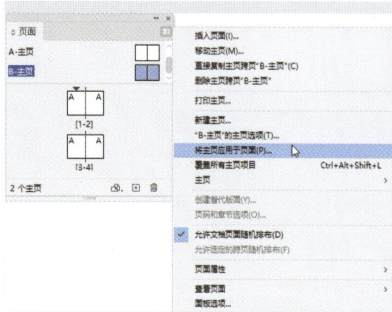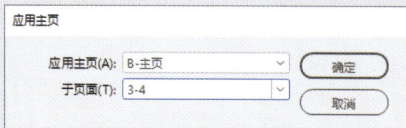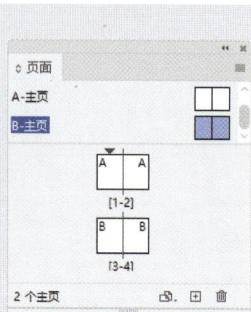

图 7-101　　　　　　　　　　图 7-102　　　　　　　　　　图 7-103

### 2. 制作内页 1 和 2

（1）在状态栏中的"文档所属页面"下拉列表中选择"1"。选择"文件 > 置入"命令，弹出"置入"对话框，选择云盘中的"Ch07 > 素材 > 制作美妆杂志内页 > 01"文件，单击"打开"按钮，在页面空白处单击置入图片。选择"自由变换工具"，拖曳图片到适当的位置并调整大小。选择"选择工具"，裁剪图片，效果如图7-104所示。

（2）在"页面"面板中双击选取页面"1"，单击"页面"面板右上方的≡图标，在弹出的菜单中选择"覆盖所有主页项目"命令，将主页项目覆盖到页面中，按Ctrl+Shift+[组合键，将图片置于最底层，效果如图7-105所示。

（3）选择"矩形工具"，在适当的位置拖曳绘制一个矩形，填充矩形为白色，在控制面板中将"描边粗细"选项设为"0.5点"，按Enter键，效果如图7-106所示。

图 7-104　　　　　　　　　　图 7-105　　　　　　　　　　图 7-106

（4）选择"文字工具"，在适当的位置拖曳绘制一个文本框，输入需要的文字并选取文字，在控制面板中选择合适的字体并设置文字大小，效果如图7-107所示。

（5）选择"椭圆工具"，在按住Shift键的同时，在适当的位置拖曳绘制一个圆形。按Shift+X组合键，互换填色和描边，取消选取状态，效果如图7-108所示。

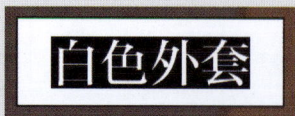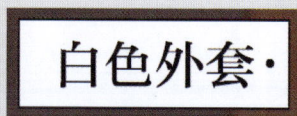

图 7-107　　　　　　　　　　　　图 7-108

InDesign 核心应用案例教程（全彩慕课版）（InDesign 2020）

（6）选择"钢笔工具" ，在适当的位置绘制一条折线，如图7-109所示。选择"窗口 > 描边"命令，弹出"描边"面板，在"终点箭头"下拉列表中选择"实心圆"，其他设置如图7-110所示。按Enter键，效果如图7-111所示。

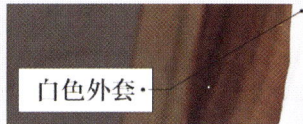

| 图 7-109 | 图 7-110 | 图 7-111 |

（7）选择"选择工具" ▶，在按住Shift键的同时，依次单击图形和文字将其同时选取。在按住Alt+Shift组合键的同时，垂直向下拖曳图形和文字到适当的位置，复制图形和文字，效果如图7-112所示。选择"文字工具" T，选取并重新输入需要的文字，效果如图7-113所示。

（8）选择"文字工具" T，在适当的位置拖曳绘制一个文本框，输入需要的文字并选取文字，在控制面板中选择合适的字体并设置文字大小，效果如图7-114所示。

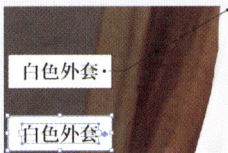

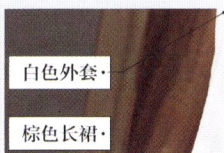

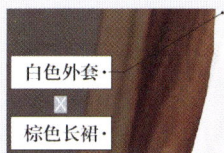

| 图 7-112 | 图 7-113 | 图 7-114 |

（9）用相同的方法再绘制一条折线，并设置相同的终点样式，效果如图7-115所示。分别选取并复制记事本文档中需要的文字，返回InDesign页面中。选择"文字工具" T，在适当的位置拖曳绘制文本框，将复制的文字粘贴到文本框中。选取文字，在控制面板中选择合适的字体并设置文字大小，效果如图7-116所示。

（10）选取并复制记事本文档中需要的文字，返回InDesign页面中。选择"文字工具" T，在左下角拖曳绘制一个文本框，将复制的文字粘贴到文本框中。选取文字，在控制面板中选择合适的字体并设置文字大小，填充文字为白色，效果如图7-117所示。

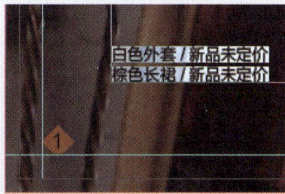

| 图 7-115 | 图 7-116 | 图 7-117 |

（11）在"页面"面板中双击选取页面"2"，选择"版面 > 边距和分栏"命令，弹出"边距和分栏"对话框，设置如图7-118所示。单击"确定"按钮，页面如图7-119所示。

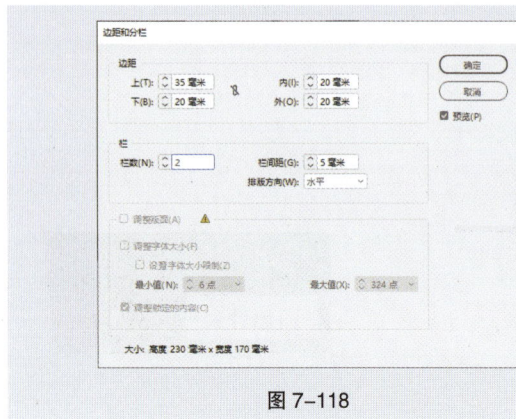

图 7-118

图 7-119

（12）选取并复制记事本文档中需要的文字，返回InDesign页面中。选择"文字工具"，在适当的位置拖曳绘制一个文本框，将复制的文字粘贴到文本框中。选取文字，在控制面板中选择合适的字体并设置文字大小，效果如图7-120所示。在控制面板中将"字符间距"选项 设为100，按Enter键，效果如图7-121所示。

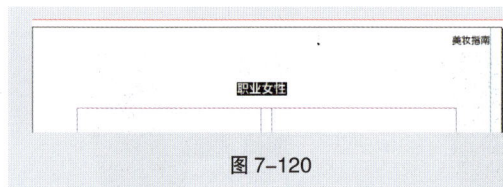

图 7-120

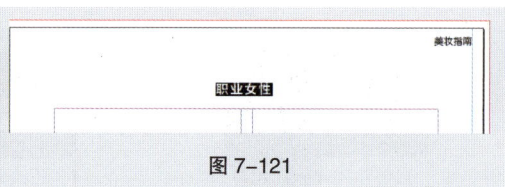

图 7-121

（13）保持文字的选取状态。设置填充色的C、M、Y、K值为0%、68%、100%、43%，填充文字，效果如图7-122所示。选择"选择工具"，选取文字。按F11键，弹出"段落样式"面板，单击面板下方的"创建新样式"按钮，生成新的段落样式并将其命名为"一级标题"，如图7-123所示。

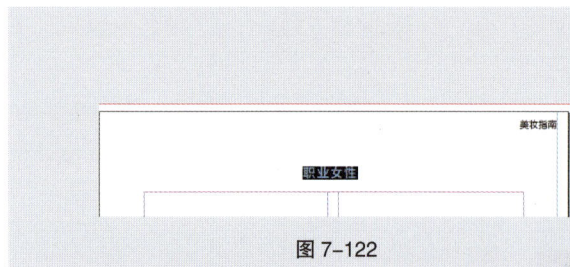

图 7-122

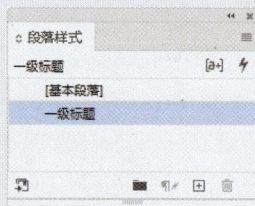

图 7-123

（14）选择"矩形工具"，在按住Shift键的同时，在文字左侧绘制一个正方形，设置填充色的C、M、Y、K值为0%、68%、100%、43%，填充图形，并设置描边色为无，效果如图7-124所示。选择"选择工具"，在按住Alt+Shift组合键的同时，水平向右拖曳图形到适当的位置，复制图形，效果如图7-125所示。

职业女性

图 7-124

职业女性

图 7-125

InDesign 核心应用案例教程（全彩慕课版）（InDesign 2020）

（15）分别选取并复制记事本文档中需要的文字，返回InDesign页面中。选择"文字工具"![T]，在适当的位置拖曳绘制文本框，将复制的文字粘贴到文本框中。选取文字，在控制面板中选择合适的字体并设置文字大小。取消文字的选取状态，效果如图7-126所示。

（16）选择"选择工具"![箭头]，选取文字"简约色系的'干练'风格"，单击"段落样式"面板下方的"创建新样式"按钮![图标]，生成新的段落样式并将其命名为"二级标题"，如图7-127所示。

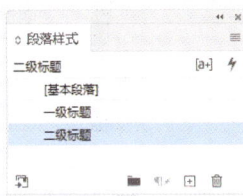

图 7-126                    图 7-127

（17）选择"文字工具"![T]，选取下方需要的文字，在控制面板中将"行距"选项![图标] (14.4 点)设为"14点"，按Enter键，效果如图7-128所示。再单击控制面板中的"居中对齐"按钮![图标]，取消文字的选取状态，文字对齐效果如图7-129所示。

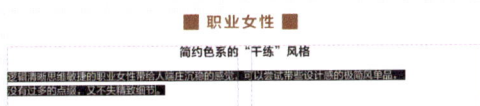

图 7-128                    图 7-129

（18）选择"矩形工具"![图标]，在适当的位置绘制一个矩形，如图7-130所示。取消图形的选取状态，选择"文件 > 置入"命令，弹出"置入"对话框。选择云盘中的"Ch07 > 素材 > 制作美妆杂志内页 > 02"文件，单击"打开"按钮，在页面空白处单击置入图片。选择"自由变换工具"![图标]，拖曳图片到适当的位置并调整大小，效果如图7-131所示。

图 7-130                    图 7-131

（19）按Ctrl+X组合键，将图片剪切到剪贴板上。选择"选择工具"![箭头]，选中下方的矩形，选择"编辑 > 贴入内部"命令，将图片贴入矩形的内部，并设置描边色为无，效果如图7-132所示。利用左侧图片的标注方法标注右侧图片，效果如图7-133所示。

图 7-132　　　　　　　　　　　　　　　图 7-133

InDesign 核心应用案例教程（全彩慕课版）（InDesign 2020）

**162**

（20）选取并复制记事本文档中需要的文字，返回InDesign页面中。选择"文字工具" T，在适当的位置拖曳绘制一个文本框，将复制的文字粘贴到文本框中。选取文字，在控制面板中选择合适的字体并设置文字大小，效果如图7-134所示。在控制面板中将"行距"选项 ⚟ (14.4 点) 设为"12点"，按Enter键，效果如图7-135所示。

（21）选择"选择工具" ▶，选取在步骤（20）设置好的文字，单击"段落样式"面板下方的"创建新样式"按钮 ▣，生成新的段落样式并将其命名为"正文"，如图7-136所示。

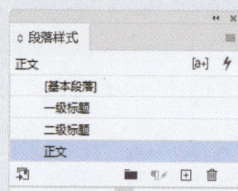

图 7-134　　　　　　　　　图 7-135　　　　　　　　　图 7-136

（22）选取并复制记事本文档中需要的文字，返回InDesign页面中。选择"文字工具" T，在适当的位置拖曳绘制一个文本框，将复制的文字粘贴到文本框中，效果如图7-137所示。

（23）选择"选择工具" ▶，选取文字，在"段落样式"面板中单击"正文"样式，如图7-138所示，文字效果如图7-139所示。

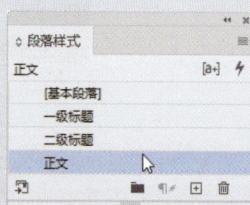

图 7-137　　　　　　　　　图 7-138　　　　　　　　　图 7-139

（24）使用相同的方法置入其他图片并制作图7-140所示的效果。在状态栏中的"文档所属页面"下拉列表中分别选择"3""4"。使用相同的方法制作出图7-141所示的效果。

图 7-140

图 7-141

## 7.2.2　创建主页

可以从头开始创建新的主页，也可以利用现有主页或跨页创建主页。当主页应用于其他页面之后，对原主页所做的任何更改均会自动反映到所有基于它的主页和文档页面中。

### 1. 从头开始创建主页

选择"窗口 > 页面"命令，弹出"页面"面板。单击面板右上方的≡图标，在弹出的菜单中选择"新建主页"命令，如图7-142所示，弹出"新建主页"对话框，如图7-143所示。

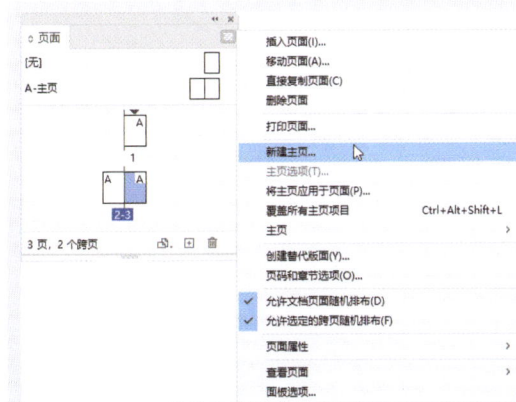

图 7-142

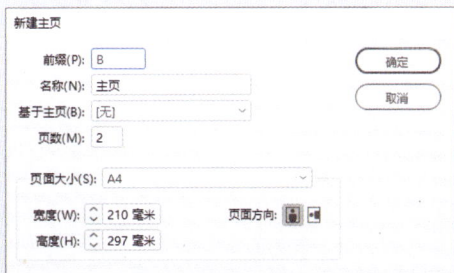

图 7-143

"前缀"文本框：用于标识"页面"面板中的各个页面所应用的主页，最多可以输入4个字符。

"名称"文本框：用于输入主页跨页的名称。

"基于主页"下拉列表框：可从下拉列表中选择一个以此主页跨页为基础的现有主页跨页，或选择"无"。

"页数"文本框：输入一个值以作为主页跨页中要包含的页数（最多为10）。

"页面大小"选项组：用于设置新建主页的页面大小和页面方向。

设置如图7-144所示，单击"确定"按钮，创建新的主页，如图7-145所示。

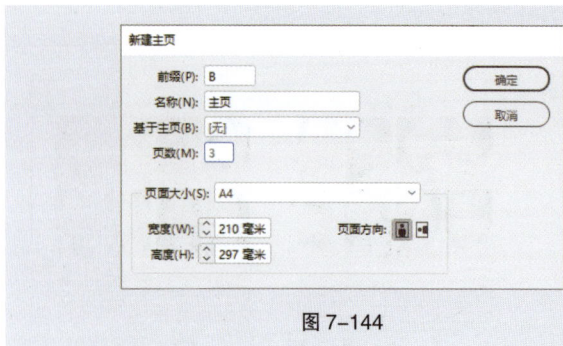

图 7-144

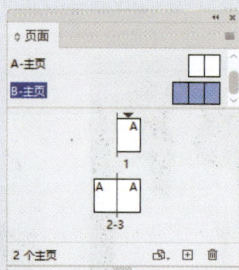

图 7-145

**2. 从现有页面或跨页创建主页**

在"页面"面板中单击需要的跨页（或页面）图标，如图7-146所示。按住鼠标左键将其从"页面"部分拖曳到"主页"部分，如图7-147所示。松开鼠标左键，以现有跨页为基础创建主页，如图7-148所示。

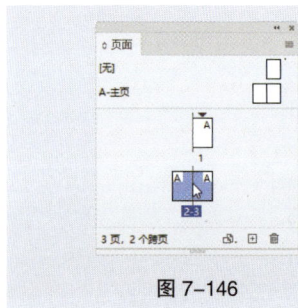

图 7-146

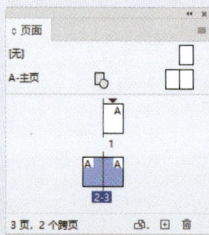

图 7-147

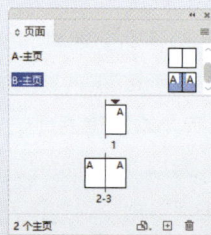

图 7-148

## 7.2.3　基于其他主页的主页

在"页面"面板中选取需要的主页图标，如图7-149所示。单击面板右上方的 ≡ 图标，在弹出的菜单中选择"'C-主页'的主页选项"命令，弹出"主页选项"对话框，在"基于主页"下拉列表中选取需要的主页，设置如图7-150所示。单击"确定"按钮，"C-主页"基于"B-主页"创建主页样式，效果如图7-151所示。

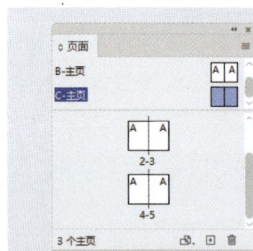

图 7-149

图 7-150

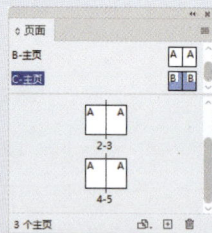

图 7-151

在"页面"面板中选取需要的主页跨页名称，如图7-152所示。按住鼠标左键将其拖曳到应用该主页的另一个主页名称上，如图7-153所示。松开鼠标左键，"B-主页"基于"C-主页"创建主页样式，效果如图7-154所示。

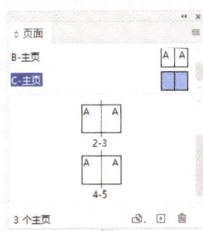
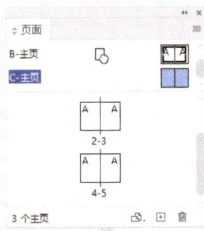
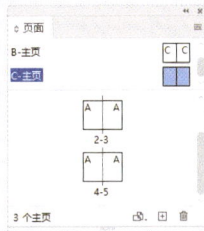

图 7-152        图 7-153          图 7-154

## 7.2.4 复制主页

在"页面"面板中选取需要的主页跨页名称，如图7-155所示。按住鼠标左键将其拖曳到"新建页面"按钮 ⊡ 上，如图7-156所示。松开鼠标左键，在文档中复制主页，效果如图7-157所示。

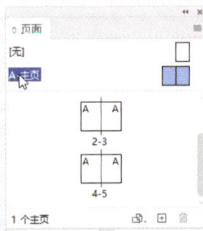
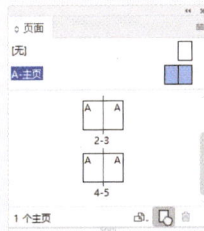
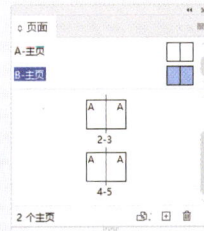

图 7-155        图 7-156          图 7-157

在"页面"面板中选取需要的主页跨页名称。单击面板右上方的 ≡ 图标，在弹出的菜单中选择"直接复制主页跨页'B-主页'"命令，可以在文档中复制主页。

## 7.2.5 应用主页

**1. 将主页应用于页面或跨页**

在"页面"面板中选取需要的主页图标，如图7-158所示。将其拖曳到要应用主页的页面图标上，当黑色矩形围绕页面时，如图7-159所示。松开鼠标左键，为页面应用主页，效果如图7-160所示。

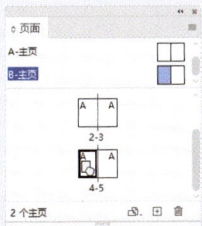
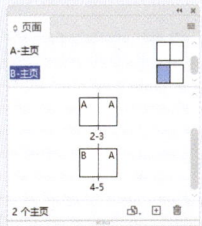

图 7-158        图 7-159          图 7-160

在"页面"面板中选取需要的主页跨页图标，如图7-161所示。将其拖曳到跨页的角点上，如图7-162所示。当黑色矩形围绕跨页时，松开鼠标左键，为跨页应用主页，效果如图7-163所示。

**2. 将主页应用于多个页面**

在"页面"面板中选取需要的页面图标，如图7-164所示。在按住Alt键的同时，单击要应用的主页，将主页应用于多个页面，效果如图7-165所示。

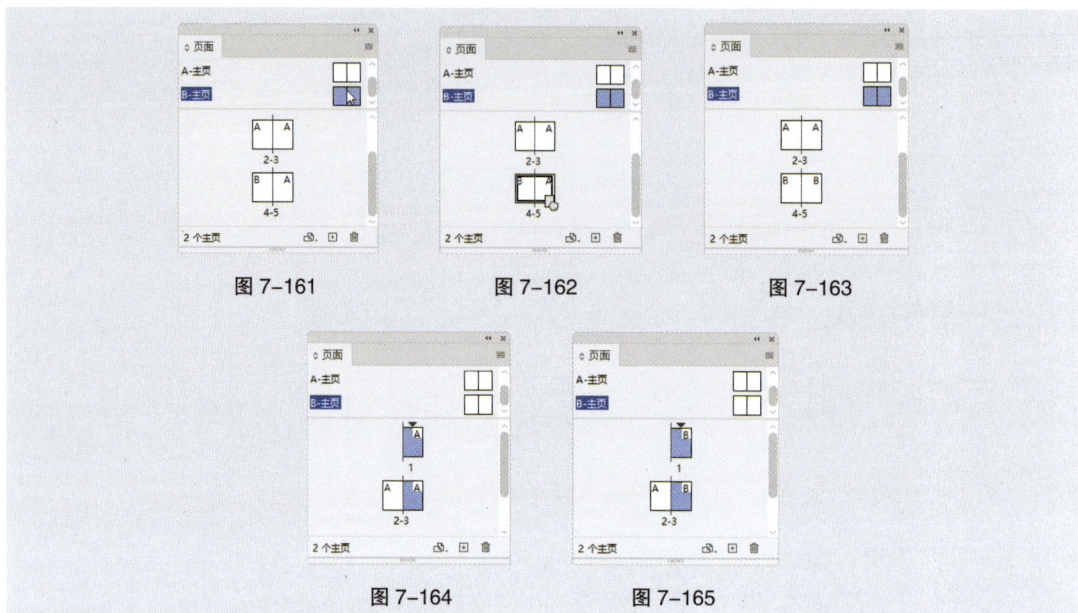

图 7-161　　　　　　　　图 7-162　　　　　　　　图 7-163

图 7-164　　　　　　　　图 7-165

在"页面"面板中选取需要的主页跨页名称，如图7-166所示。单击面板右上方的 ≡ 图标，在弹出的菜单中选择"将主页应用于页面"命令，弹出"应用主页"对话框，在"应用主页"下拉列表中指定要应用的主页，在"于页面"下拉列表中指定需要应用主页的页面范围，设置如图7-167所示。单击"确定"按钮，将主页应用于选定的页面，效果如图7-168所示。

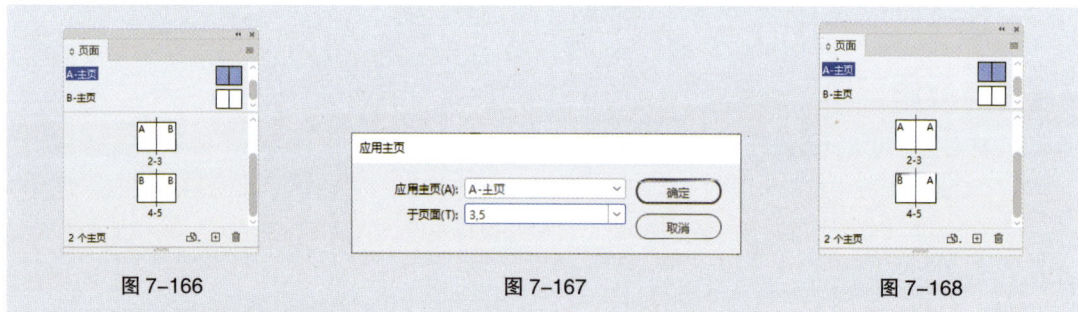

图 7-166　　　　　　　　图 7-167　　　　　　　　图 7-168

## 7.2.6　取消指定的主页

在"页面"面板中选取需要取消主页的页面图标，如图7-169所示。在按住Alt键的同时，单击［无］的页面图标，将取消指定的主页，效果如图7-170所示。

图 7-169　　　　　　　　图 7-170

## 7.2.7　删除主页

在"页面"面板中选取要删除的主页，如图7-171所示。单击"删除选中页面"按钮 ，弹出提示对话框，如图7-172所示。单击"确定"按钮，删除主页，效果如图7-173所示。

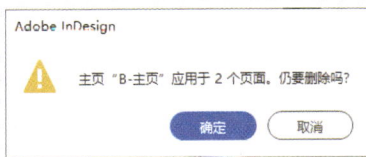

图 7-171　　　　　　　　　　图 7-172　　　　　　　　　　图 7-173

将选取的主页直接拖曳到"删除选中页面"按钮 上，也可以删除主页；还可以单击面板右上方的 图标，在弹出的菜单中选择"删除主页跨页'1-主页'"命令，删除主页。

## 7.2.8　添加页码和章节编号

可以在页面上添加页码标记来指定页码的位置和外观。由于页码标记会自动更新，因此在文档内增加、移除或排列页面时，它所显示的页码总是正确的。页码标记可以与文本一样设置格式和样式。

### 1．添加自动页码

选择"文字工具" ，在要添加页码的页面中拖曳绘制一个文本框，如图7-174所示。选择"文字 > 插入特殊字符 > 标志符 > 当前页码"命令，如图7-175所示，或按Ctrl+Alt+Shift+N组合键，在文本框中添加自动页码，效果如图7-176所示。

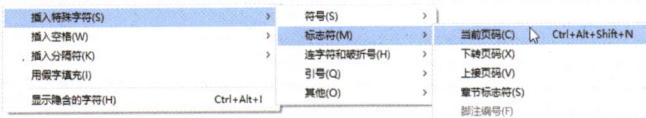
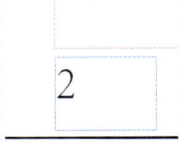

图 7-174　　　　　　　　　　　图 7-175　　　　　　　　　　图 7-176

在页面区域显示主页，选择"文字工具" ，在主页中拖曳绘制一个文本框，如图7-177所示。在文本框中右击，在弹出的快捷菜单中选择"插入特殊字符 > 标志符 > 当前页码"命令，在文本框中添加自动页码，效果如图7-178所示，页码以该主页的前缀显示。

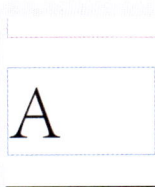

图 7-177　　　　图 7-178

### 2．添加章节编号

选择"文字工具" ，在要显示章节编号的位置拖曳绘制一个文本框，如图7-179所示。选择"文字 > 文本变量 > 插入变量 > 章节编号"命令，如图7-180所示。在文本框中添加自动章节编号，效果如图7-181所示。

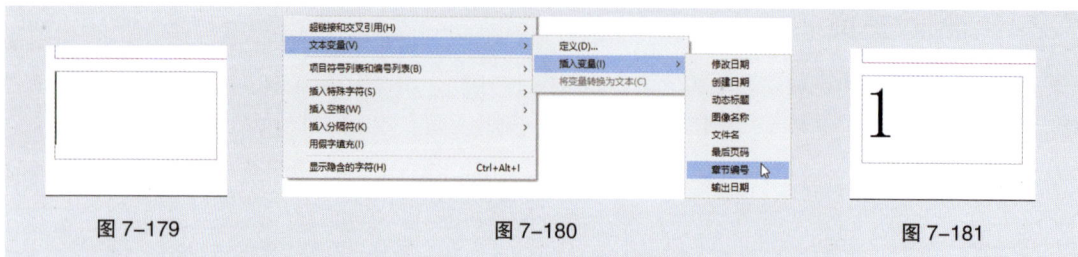

图 7-179　　　　　　　　　　　图 7-180　　　　　　　　　　　图 7-181

### 3. 更改页码和章节编号的格式

选择"版面 > 页码和章节选项"命令，弹出"页码和章节选项"对话框，如图7-182所示。设置需要的选项，单击"确定"按钮，可更改页码和章节编号的格式。

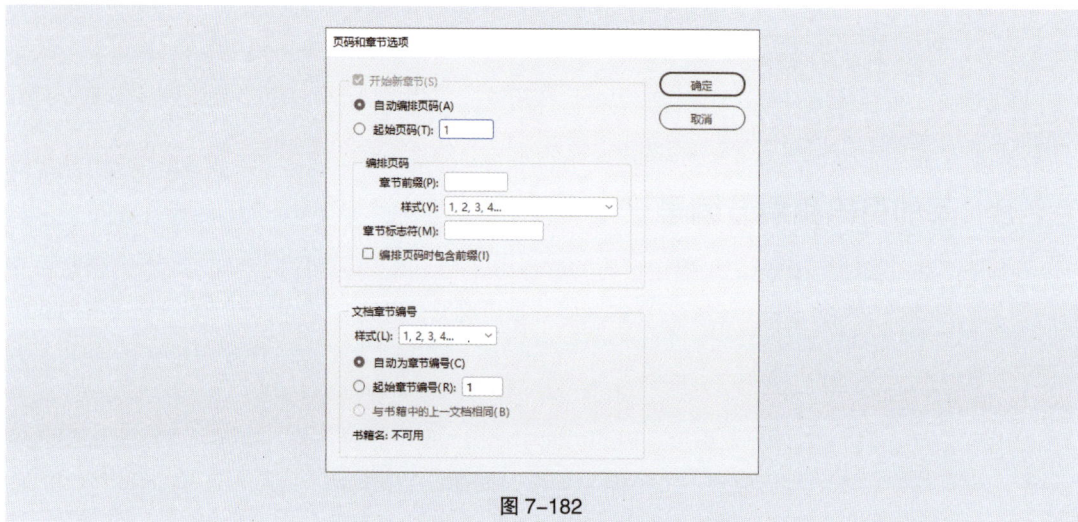

图 7-182

"自动编排页码"单选项：选择该单选项，可让当前章节的页码跟随前一章节的页码。

"起始页码"文本框：用于输入文档或当前章节第一页的起始页码。

"编排页码"选项组中各选项的介绍如下。

"章节前缀"文本框：用于为章节输入一个标签，包括要在前缀和页码之间显示的空格或标点符号（前缀的长度不应大于8个字符），不能为空，也不能为输入的空格，但可以是从文档窗口中复制的空格字符。

"样式（页码）"下拉列表框：可从下拉列表中选择一种页码样式，该样式仅应用于本章节中的所有页面。

"章节标志符"文本框：用于输入一个标签，InDesign会将其插入页面中。

"编排页码时包含前缀"复选框：勾选该复选框，可在生成目录或索引时或在打印包含自动页码的页面时显示章节前缀。取消勾选该复选框，将在InDesign中显示章节前缀，但在打印的文档、索引和目录中隐藏该前缀。

## 7.2.9　确定并选取目标页面和跨页

在"页面"面板中双击其图标（或位于图标下的页码），在页面中确定并选取目标页面或跨页。

在文档中单击页面、该页面上的任何对象或文档窗口中该页面的粘贴板来确定并选取目标页面和跨页。

单击目标页面的图标，如图7-183所示，可在"页面"面板中选取该页面。在视图文档中确定的页面为第一页，要选取目标跨页，单击图标下的页码即可，如图7-184所示。

图 7-183          图 7-184

## 7.2.10　以两页跨页作为文档的开始

选择"文件 > 文档设置"命令，在弹出的对话框中，确定文档至少包含3个页面，且已勾选"对页"复选框，单击"确定"按钮，效果如图7-185所示。设置文档的第一页为空，在按住Shift键的同时，在"页面"面板中选取除第一页外的其他页面，如图7-186所示。

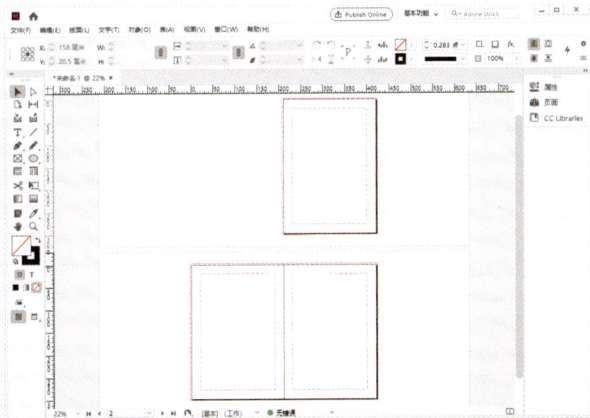
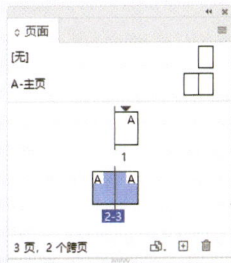

图 7-185          图 7-186

单击面板右上方的≡图标，在弹出的菜单中取消选择"允许选定的跨页随机排布"命令，如图7-187所示，"页面"面板如图7-188所示。

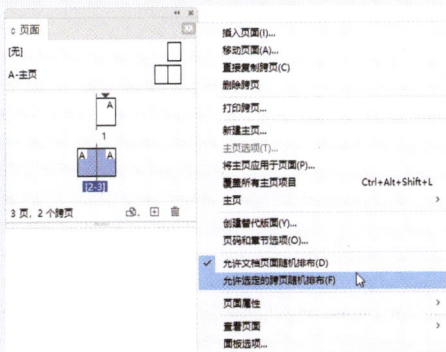
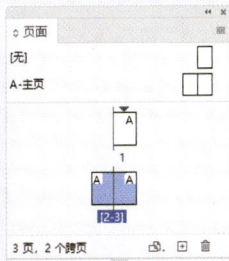

图 7-187          图 7-188

在"页面"面板中选取第一页，单击"删除选中页面"按钮 🗑，"页面"面板如图7-189所示，页面效果如图7-190所示。

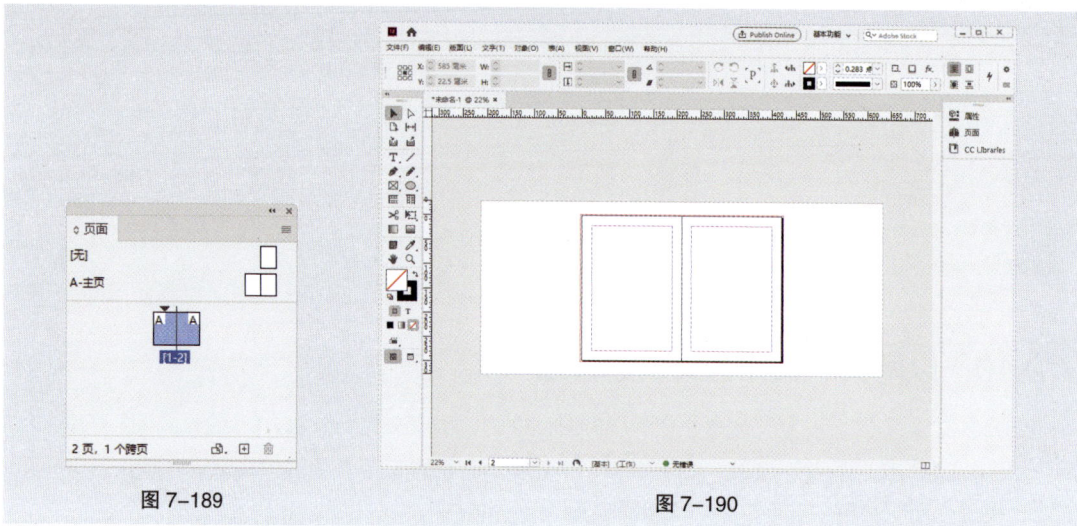

图 7-189

图 7-190

## 7.2.11　添加新页面

在"页面"面板中单击"新建页面"按钮 🗐，如图7-191所示，在活动页面或跨页之后将添加一个页面，如图7-192所示，新页面将与现有的活动页面使用相同的主页。

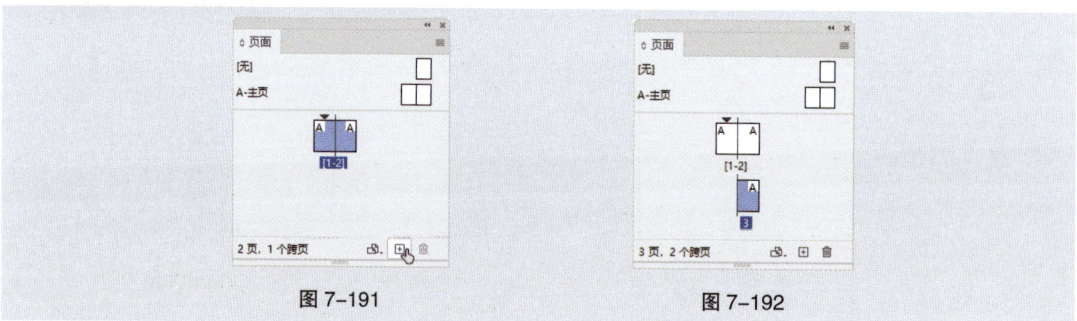

图 7-191

图 7-192

选择"版面 > 页面 > 插入页面"命令，或单击"页面"面板右上方的 ≣ 图标，在弹出的菜单中选择"插入页面"命令，如图7-193所示，弹出"插入页面"对话框，如图7-194所示。

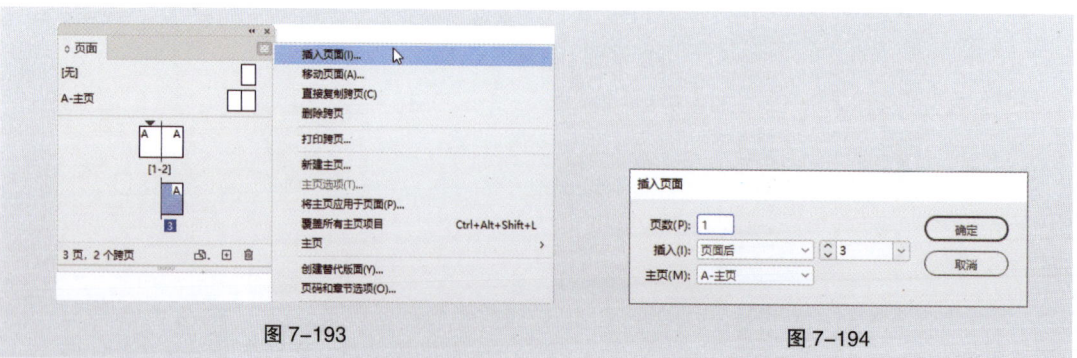

图 7-193

图 7-194

"页数"文本框：用于指定要添加页面的页数。

"插入"选项：用于插入页面的位置，并根据需要指定页面。

"主页"下拉列表框：用于指定添加的页面要应用的主页。

设置如图7-195所示，单击"确定"按钮，效果如图7-196所示。

图 7-195

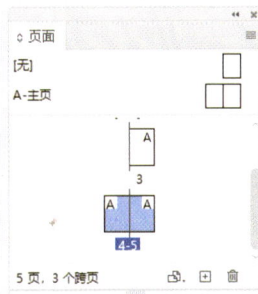

图 7-196

## 7.2.12 移动页面

选择"版面 > 页面 > 移动页面"命令，或单击"页面"面板右上方的≡图标，在弹出的菜单中选择"移动页面"命令，如图7-197所示，弹出"移动页面"对话框，如图7-198所示。

图 7-197

图 7-198

"移动页面"下拉列表框：用于指定要移动的一个或多个页面。

"目标"选项：用于指定将移动到的位置，并根据需要指定页面。

"移至"下拉列表框：用于指定移动的目标文档。

设置如图7-199所示，单击"确定"按钮，效果如图7-200所示。

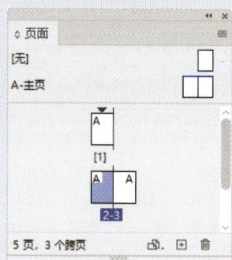

图 7-199 图 7-200

在"页面"面板中单击需要的页面图标，如图7-201所示，按住鼠标左键将其拖曳至适当的位置，如图7-202所示。松开鼠标左键，将选取的页面移动到适当的位置，效果如图7-203所示。

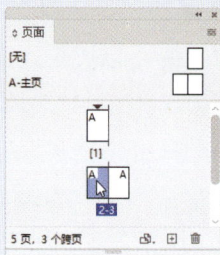
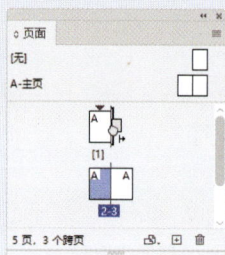
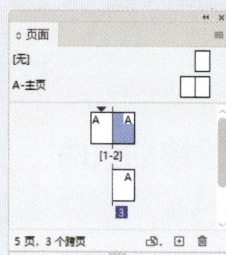

图 7-201 图 7-202 图 7-203

## 7.2.13 复制页面或跨页

在"页面"面板中单击需要的页面图标，按住鼠标左键将其拖曳到面板下方的"新建页面"按钮 ⊡ 上，可复制页面。单击面板右上方的 ≣ 图标，在弹出的菜单中选择"直接复制页面"命令，也可复制页面。

在按住Alt键的同时，在"页面"面板中单击需要的页面图标（或页面范围号码），如图7-204所示。按住鼠标左键将其拖曳到需要的位置，当鼠标指针形状变为 ⬚ 时，如图7-205所示，松开鼠标左键，在文档末尾将生成新的页面，"页面"面板如图7-206所示。

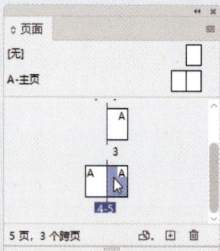
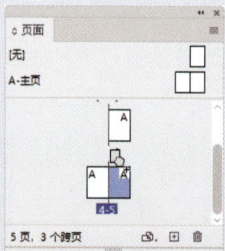
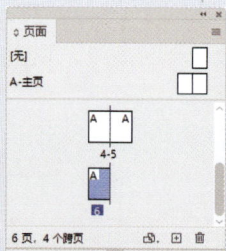

图 7-204 图 7-205 图 7-206

**注意**：复制页面或跨页将一并复制页面或跨页上的所有对象。复制的跨页与其他跨页的文本串接将被打断，但跨页内的所有文本串接将完整无缺，和原始跨页中的所有文本串接一样。

## 7.2.14 删除页面或跨页

在"页面"面板中，将一个或多个页面图标或页面范围号码拖曳到"删除选中页面"按钮 🗑 上，删除页面或跨页。

在"页面"面板中，选取一个或多个页面图标，单击"删除选中页面"按钮 🗑，删除页面或跨页。

在"页面"面板中，选取一个或多个页面图标，单击面板右上方的 ≡ 图标，在弹出的菜单中选择"删除页面 > 删除跨页"命令，删除页面或跨页。

# 7.3 课堂练习——制作房地产画册封面

【练习知识要点】使用"文字工具"、"直接选择工具"、"矩形工具"和"路径查找器"面板制作画册标题文字，使用"矩形工具"、"路径查找器"命令制作楼宇缩影，使用"矩形工具"、"椭圆工具""文字工具"添加地标及相关信息，效果如图7-207所示。

【效果所在位置】云盘 > Ch07 > 效果 > 制作房地产画册封面.indd。

图 7-207

# 7.4 课后习题——制作房地产画册内页

【习题知识要点】使用"页码和章节选项"命令更改起始页码，使用"置入"命令、"选择工具"添加并裁剪图片，使用"矩形工具"和"贴入内部"命令制作图片剪切效果，使用"矩形工具""渐变色板工具"制作图像渐变效果，使用"文字工具"和"段落样式"面板添加标题及段落文字，效果如图7-208所示。

【效果所在位置】云盘 > Ch07 > 效果 > 制作房地产画册内页.indd。

图 7-208

# 第 8 章

# 书籍与目录

## ▶ 本章简介

　　本章介绍InDesign 2020中书籍与目录的编辑和应用方法。通过本章的学习，学生可以完成更加复杂的排版设计项目，提高排版的专业技术水平。

08

### 学习目标

- 掌握创建目录的方法。
- 掌握创建书籍的技巧。

### 技能目标

- 掌握美妆杂志目录的制作方法。
- 掌握美妆杂志的制作方法。

### 素养目标

- 提高做事的条理性。
- 培养细致的工作作风。

微课

第 8 章简介

# 8.1 创建目录

目录可以列出书籍、杂志或其他出版物的重点内容及对应页码，有助于读者按需查找信息。

## 8.1.1 课堂案例——制作美妆杂志目录

【**案例学习目标**】学习使用"文字工具""段落样式"面板和"目录"命令制作美妆杂志目录。美妆杂志目录的效果如图8-1所示。

【**案例知识要点**】使用"置入"命令添加图片，使用"段落样式"面板、"字符样式"面板和"目录"命令提取目录。

【**效果所在位置**】云盘 > Ch08 > 效果 > 制作美妆杂志目录.indd。

图 8-1

### 1. 添加装饰图片和文字

（1）选择"文件 > 新建 > 文档"命令，弹出"新建文档"对话框，设置如图8-2所示。单击"边距和分栏"按钮，弹出"新建边距和分栏"对话框，设置如图8-3所示。单击"确定"按钮，新建一个文档。选择"视图 > 其他 > 隐藏框架边缘"命令，将所绘制图形的框架边缘隐藏。

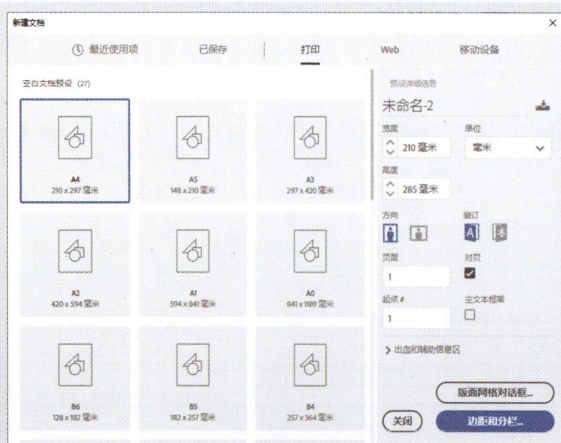

图 8-2

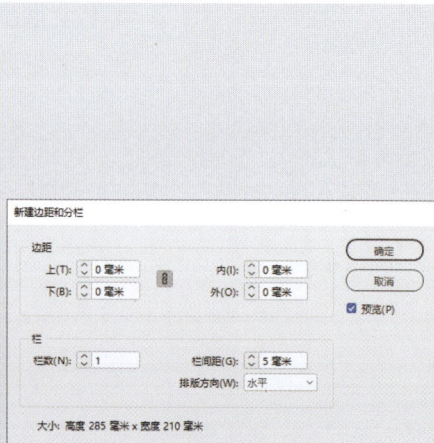

图 8-3

InDesign 核心应用案例教程（全彩慕课版）（InDesign 2020）

（2）选择"文字工具" $\boxed{T}$ ，在页面的适当位置分别拖曳绘制两个文本框，输入需要的文字。将输入的文字选取，在控制面板中分别选择合适的字体并设置文字大小，取消文字的选取状态，效果如图8-4所示。

（3）选择"选择工具" $\boxed{\blacktriangleright}$ ，用框选的方法选取文字，在控制面板中将"X 切变角度"选项 $\boxed{0°}$ 设为10° ，按Enter键，效果如图8-5所示。单击工具箱中的"格式针对文本"按钮 $\boxed{T}$ ，设置填充色的C、M、Y、K值为0%、0%、0%、80%，填充文字，效果如图8-6所示。

图 8-4　　　　　　　　　　图 8-5　　　　　　　　　　　图 8-6

（4）选择"直线工具" $\boxed{\diagup}$ ，在按住Shift键的同时，在适当的位置拖曳绘制一条直线段，在控制面板中将"描边粗细"选项 $\boxed{0.283 点}$ 设为"0.5点"，按Enter键，效果如图8-7所示。

（5）选择"文件 > 置入"命令，弹出"置入"对话框。选择云盘中的"Ch08 > 素材 > 制作美妆杂志目录 > 01"文件，单击"打开"按钮，在页面空白处单击置入图片。选择"自由变换工具" $\boxed{\cdot}$ ，将图片拖曳到适当的位置并调整大小。选择"选择工具" $\boxed{\blacktriangleright}$ ，裁剪图片，效果如图8-8所示。

（6）选择"文字工具" $\boxed{T}$ ，在适当的位置拖曳绘制一个文本框，输入需要的文字。将输入的文字选取，在控制面板中选择合适的字体并设置文字大小，效果如图8-9所示。

　　　　　图 8-7　　　　　　　　　图 8-8　　　　　　　　　图 8-9

（7）保持文字的选取状态。按Ctrl+T组合键，弹出"字符"面板，将"倾斜（伪斜体）"选项 $\boxed{T\ 0°}$ 设为10° ，如图8-10所示。按Enter键，效果如图8-11所示。用步骤（5）的方法置入"02"文件制作图8-12所示的效果。

（8）选择"文字工具" $\boxed{T}$ ，在适当的位置拖曳绘制一个文本框，输入需要的文字。将输入的文字选取，在控制面板中选择合适的字体并设置文字大小，效果如图8-13所示。设置填充色的C、M、Y、K值为0%、80%、100%、0%，填充文字，取消选取状态，效果如图8-14所示。

（9）选择"直线工具" $\boxed{\diagup}$ ，在按住Shift键的同时，在适当的位置拖曳绘制一条直线段，在控制面板中将"描边粗细"选项 $\boxed{0.283 点}$ 设为"0.5点"，按Enter键，设置描边色的C、M、Y、K值为0%、80%、100%、0%，填充描边，效果如图8-15所示。

图 8-10

图 8-11

图 8-12

图 8-13

图 8-14

图 8-15

### 2. 提取目录

（1）按Ctrl+O组合键，弹出"打开文件"对话框。选择云盘中的"Ch08 > 效果 > 制作美妆杂志内页.indd"文件，单击"打开"按钮，打开文件。选择"窗口 > 色板"命令，弹出"色板"面板，单击面板右上方的≡图标，在弹出的菜单中选择"新建颜色色板"命令，弹出"新建颜色色板"对话框，设置如图8-16所示。单击"确定"按钮，"色板"面板如图8-17所示。

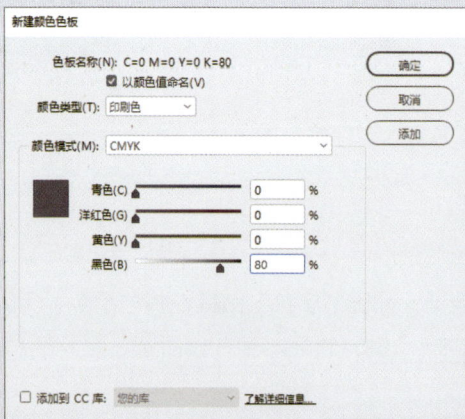

图 8-16

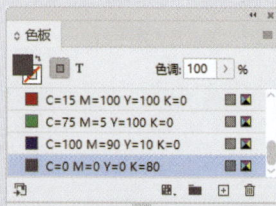

图 8-17

（2）选择"文字 > 段落样式"命令，弹出"段落样式"面板，单击面板下方的"创建新样式"按钮⊡，生成新的段落样式并将其命名为"目录标题"，如图8-18所示。

（3）单击"段落样式"面板下方的"创建新样式"按钮⊡，生成新的段落样式并将其命名为"目录正文"，如图8-19所示。

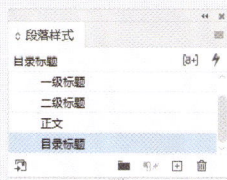
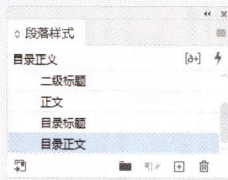

图 8-18　　　　　　　　　　图 8-19

（4）双击"目录标题"样式，弹出"段落样式选项"对话框，单击"基本字符格式"选项，显示相应的界面，设置如图8-20所示。单击"字符颜色"选项，显示相应的界面，选择需要的颜色，如图8-21所示，单击"确定"按钮。

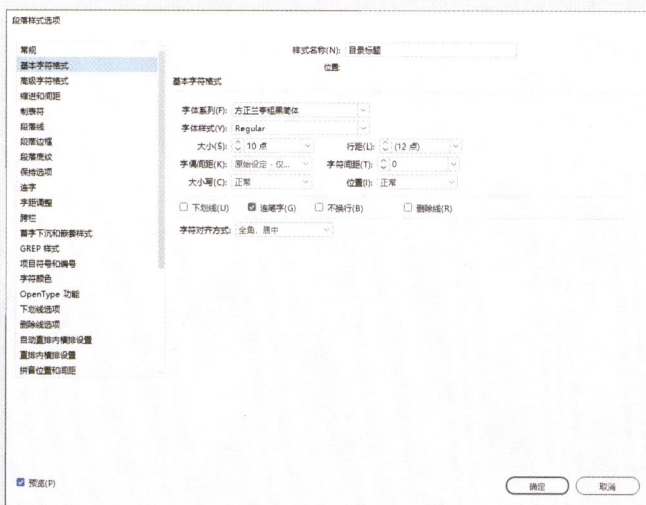

图 8-20

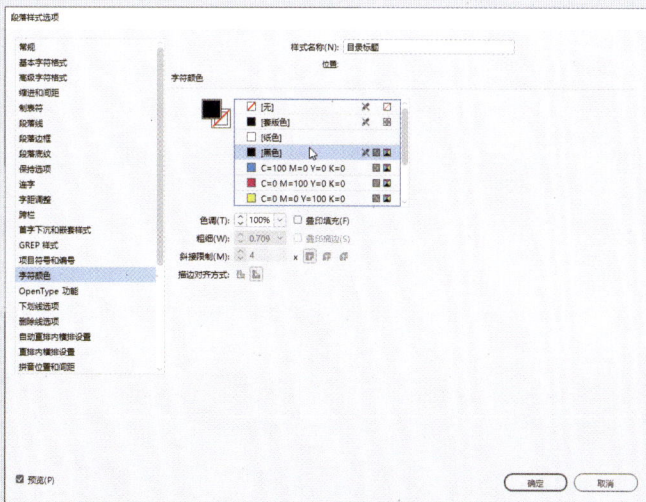

图 8-21

（5）双击"目录正文"样式，弹出"段落样式选项"对话框，单击"基本字符格式"选项，显示相应的界面，设置如图8-22所示。单击"字符颜色"选项，显示相应的界面，选择需要的颜色，如图8-23所示，单击"确定"按钮。

图 8-22

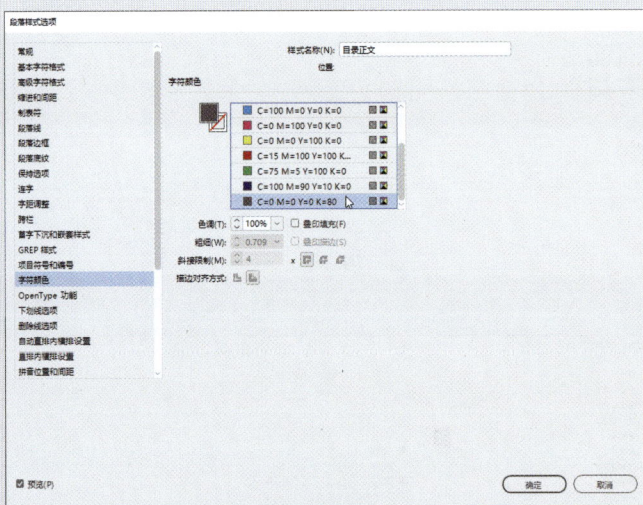

图 8-23

（6）选择"文字 > 字符样式"命令，弹出"字符样式"面板，如图8-24所示，单击面板下方的"创建新样式"按钮，生成新的字符样式并将其命名为"目录页码"，如图8-25所示。

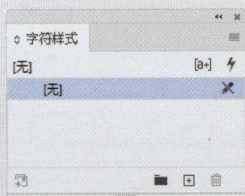

图 8-24

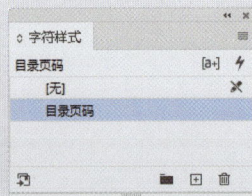

图 8-25

（7）双击"目录页码"样式，弹出"字符样式选项"对话框，单击"基本字符格式"选项，显示相应的界面，设置如图8-26所示。单击"高级字符格式"选项，显示相应的界面，设置如图8-27所示，单击"确定"按钮。

图 8-26

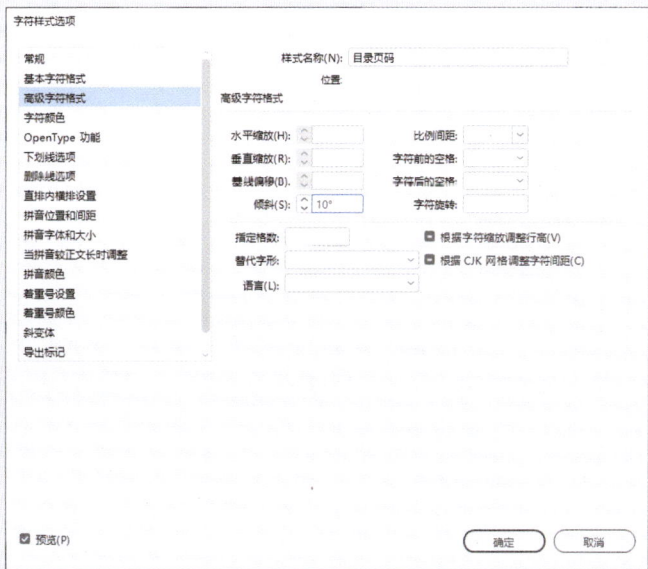

图 8-27

（8）选择"版面 > 目录"命令，弹出"目录"对话框，在"其他样式"列表框中选择"一级标题"样式，单击"添加"按钮（ << 添加(A) ），将"一级标题"添加到"包含段落样式"列表框中，如图8-28所示。在"样式：一级标题"选项组中，在"条目样式"下拉列表中选择"目录标题"；在"页码"下拉列表中选择"条目前"；在"样式"下拉列表中选择"目录页码"，如图8-29所示。

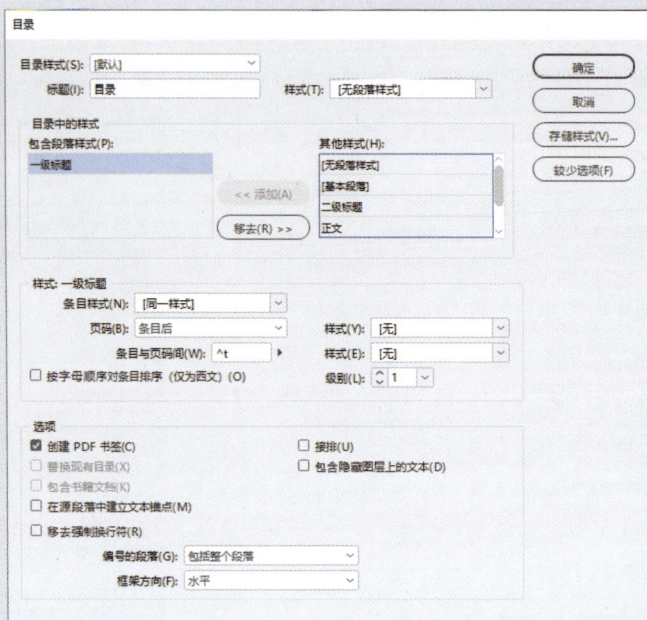

图 8-28

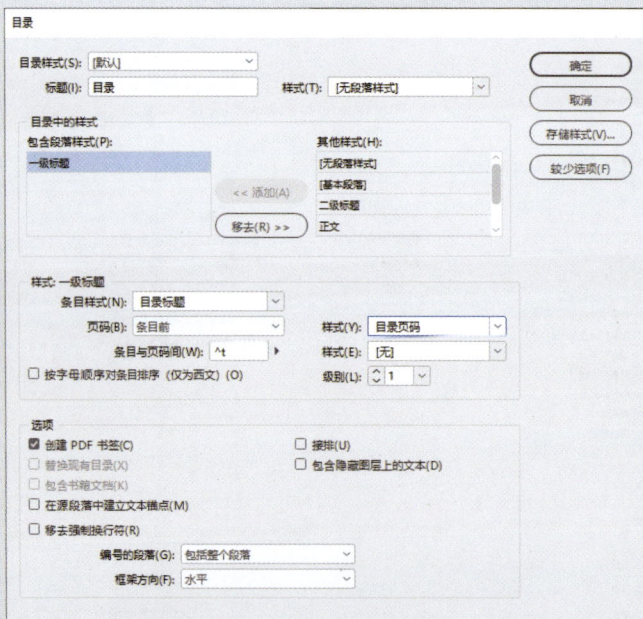

图 8-29

（9）在"其他样式"列表框中选择"二级标题"样式，单击"添加"按钮（<< 添加(A)），将"二级标题"添加到"包含段落样式"列表框中。在"条目样式"下拉列表中选择"目录正文"，在"页码"下拉列表中选择"无页码"，如图8-30所示。单击"确定"按钮，在页面空白处拖曳，提取目录，效果如图8-31所示。

（10）选择"选择工具" ，选取目录文字，按Ctrl+X组合键，剪切目录文字，返回到正在编辑的目录页面中，按Ctrl+V组合键，粘贴目录文字。

（11）选择"文字工具" T.，在目录文字中选取文字"职业女性"，如图8-32所示。按Ctrl+C组合键，复制文字，在适当的位置拖曳绘制一个文本框，按Ctrl+V组合键，将复制的文字粘贴到文本框中，效果如图8-33所示。

图 8-30

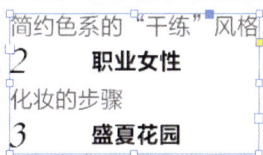

图 8-31

简约色系的"干练"风格
2    职业女性
化妆的步骤
3    盛夏花园

图 8-32

图 8-33

（12）选择"文字工具" T.，在目录文字中选取页码"2"，如图8-34所示。按Ctrl+C组合键，复制文字，在适当的位置拖曳绘制一个文本框，按Ctrl+V组合键，将复制的文字粘贴到文本框中，效果如图8-35所示。

简约色系的"干练"风格
2    职业女性
化妆的步骤
3    盛夏花园

图 8-34

时尚美"装"

2    职业女性

图 8-35

（13）选择"文字工具" T.，在数字"2"左侧单击插入插入点，输入需要的数字，效果如图8-36所示。用相同的方法选取、复制、输入其他文字，效果如图8-37所示。

时尚美"装"

02    职业女性

图 8-36

时尚美"装"

02    职业女性
    简约色系的"干练"风格

03    盛夏花园
    化妆的步骤

图 8-37

（14）选择"直线工具"✐，在按住Shift键的同时，在适当的位置拖曳绘制一条竖线，效果如图8-38所示。选择"窗口 > 描边"命令，弹出"描边"面板，在"类型"下拉列表中选择"虚线"，其他设置如图8-39所示，线条效果如图8-40所示。

（15）根据前文所讲方法，提取其他目录文字，效果如图8-41所示。美妆杂志目录制作完成。

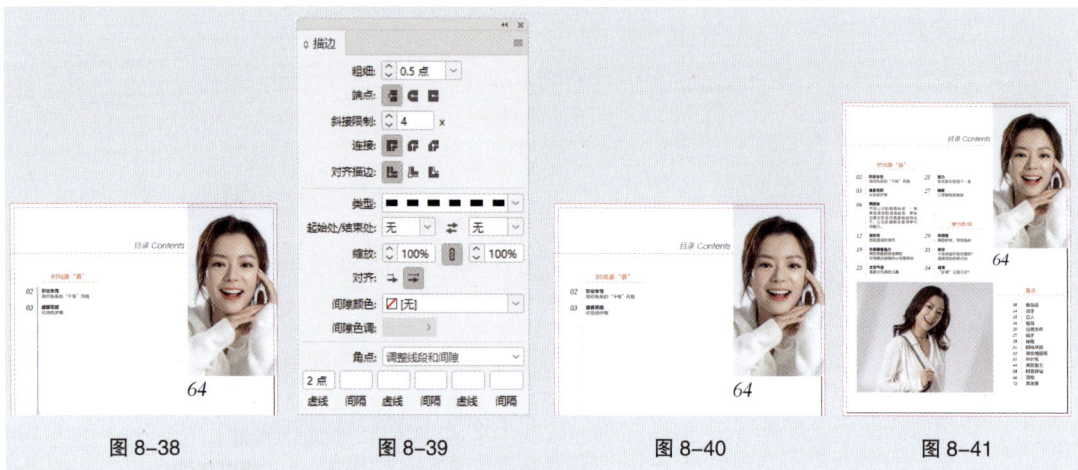

| 图 8-38 | 图 8-39 | 图 8-40 | 图 8-41 |

## 8.1.2　生成目录

生成目录前，先确定应包含的段落（如章、节标题），为每个段落定义段落样式。确保将这些样式应用于单篇文档或编入书籍的多篇文档中的所有相应段落。

在创建目录时，应在文档中添加新页面。选择"版面 > 目录"命令，弹出"目录"对话框，如图8-42所示。

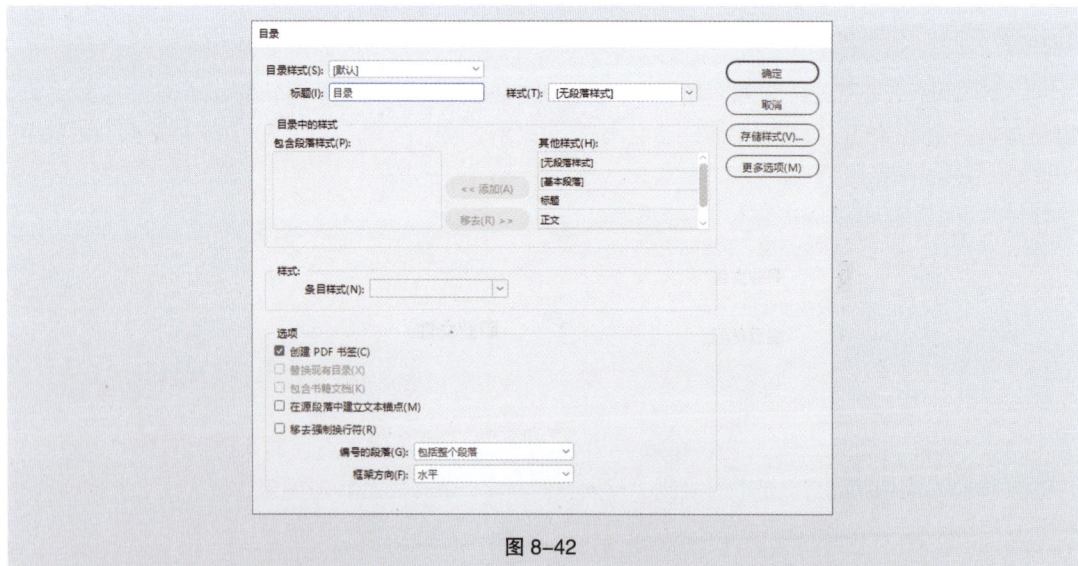

图 8-42

"标题"文本框：用于输入目录标题。标题将显示在目录顶部。要设置标题的格式，从"样式"下拉列表中选择一个样式即可。

通过双击"其他样式"列表框中的段落样式，将其添加到"包含段落样式"列表框中，以确定

InDesign 核心应用案例教程（全彩慕课版）（InDesign 2020）

目录包含的内容。

"创建PDF书签"复选框：勾选该复选框，将文档导出为PDF格式并在Adobe Acrobat 8或Adobe Reader® 中打开时，"书签"面板会显示目录条目。

"替换现有目录"复选框：勾选该复选框，替换文档中所有现有的目录。

"包含书籍文档"复选框：勾选该复选框，为书籍列表中的所有文档创建一个目录，重编该书的页码。如果只想为当前文档生成目录，则取消勾选该复选框。

"编号的段落"下拉列表框：若目录中包含使用编号的段落样式，可通过下拉列表指定目录条目是包括整个段落（编号和文本）、只包括编号或是只包括段落。

"框架方向"下拉列表框：用于指定要用于创建目录的文本框架的排版方向。

单击"更多选项"按钮，将弹出设置目录样式的选项，如图8-43所示。

图 8-43

"条目样式"下拉列表框：下拉列表中的选项对应"包含段落样式"列表框中的每种样式，该下拉列表框用于选择一种段落样式将其应用到相关联的目录条目。

"页码"下拉列表框：用于选择页码的位置，在右侧的"样式"下拉列表中选择页码需要的字符样式。

"条目与页码间"文本框：用于指定要在目录条目及其页码之间显示的字符。单击其后的箭头按钮，可以在弹出的下拉列表中选择其他特殊字符。在右侧的"样式"下拉列表中选择需要的字符样式。

"按字母顺序对条目排序(仅为西文)"复选框：勾选该复选框，将按字母顺序对选定样式中的目录条目进行排序。

"级别"选项：默认情况下，"包含段落样式"列表框中添加的每个项目比它的直接上层项目低一级，通过该选项可以为选定段落样式指定新的级别编号来更改层次。

"接排"复选框：勾选该复选框，所有目录条目接排到某一个段落中。

"包含隐藏图层上的文本"复选框：勾选该复选框，在目录中包含隐藏图层上的段落。当创建在文档中为不可见文本的广告商名单或插图列表时，勾选该复选框。

设置如图8-44所示，单击"确定"按钮，将出现载入文本图符，在页面中需要的位置拖曳，创建目录，效果如图8-45所示。

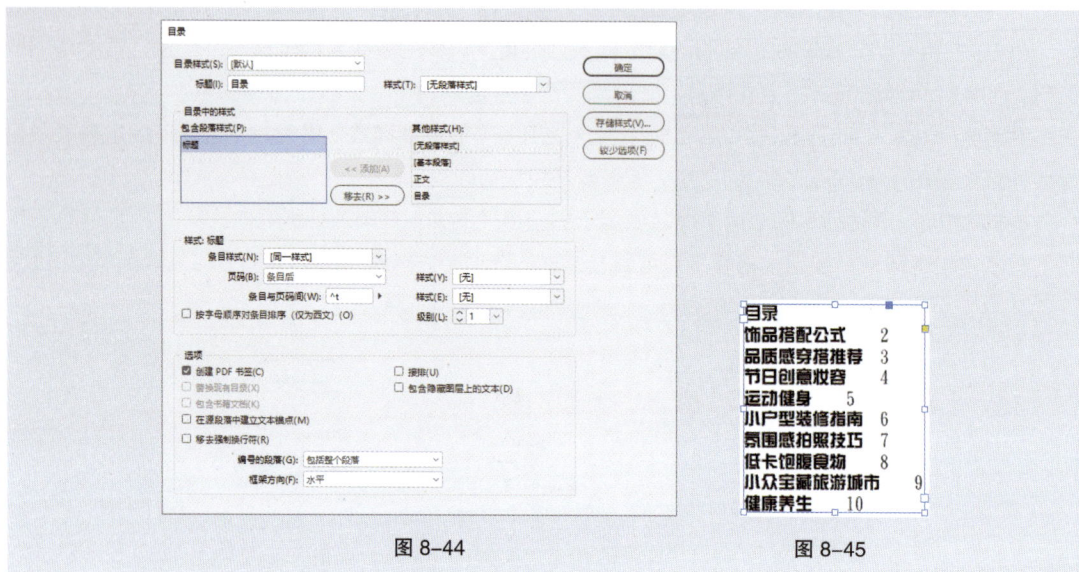

图 8-44                    图 8-45

## 8.1.3　创建具有定位符前导符的目录条目

### 1. 创建具有定位符前导符的段落样式

选择"窗口 > 样式 > 段落样式"命令，弹出"段落样式"面板。双击应用目录条目的段落样式的名称，弹出"段落样式选项"对话框，单击左侧的"制表符"选项，显示相应的界面，如图8-46所示。单击"右对齐制表符"按钮，在标尺上单击放置定位符，在"前导符"文本框中输入一个句点（.），如图8-47所示。单击"确定"按钮，创建具有制表符前导符的段落样式。

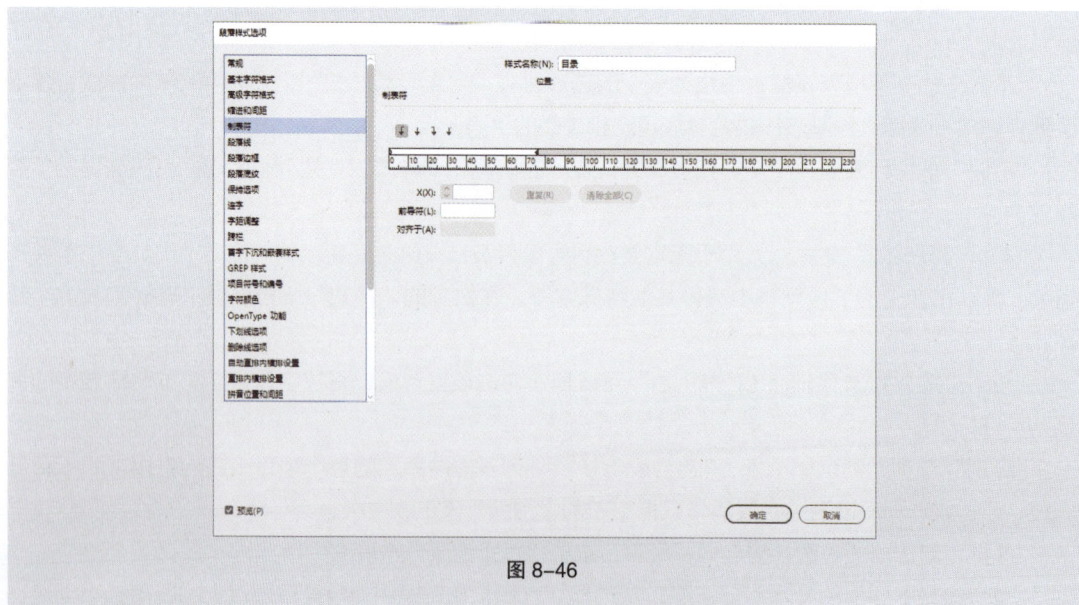

图 8-46

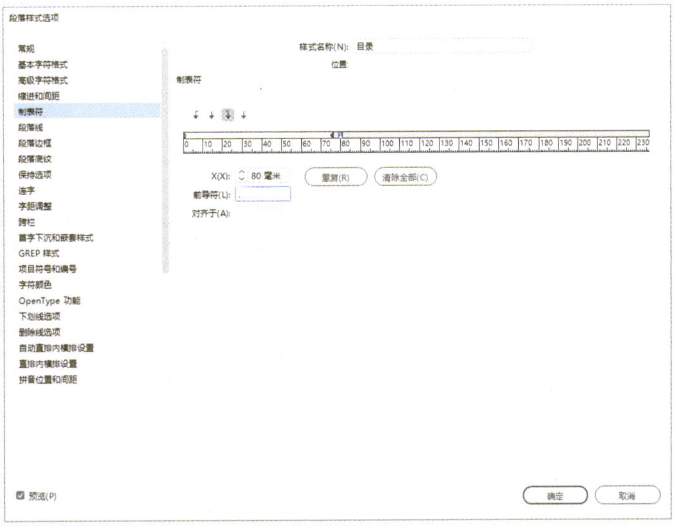

图 8-47

### 2. 创建具有定位符前导符的目录条目

选择"版面 > 目录"命令，弹出"目录"对话框，在"包含段落样式"列表框中选择在目录显示中带定位符前导符的项目，在"条目样式"下拉列表中选择包含定位符前导符的段落样式，单击"更多选项"按钮，在"条目与页码间"文本框中设置^t，如图8-48所示。单击"确定"按钮，创建具有定位符前导符的目录条目，效果如图8-49所示。

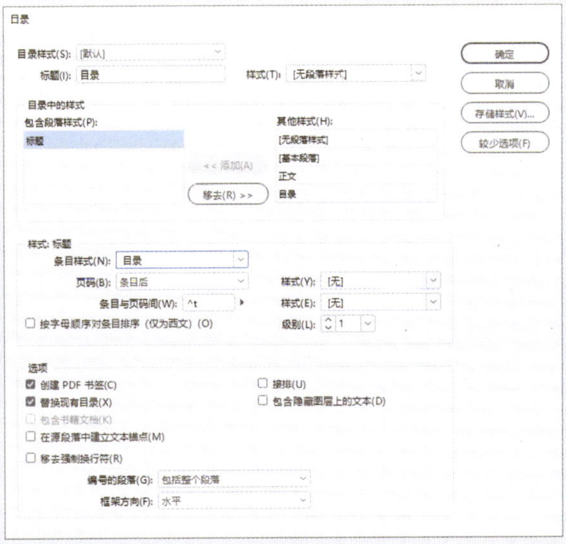

图 8-48

图 8-49

## 8.2　创建书籍

书籍文档是一个可以共享样式、色板、主页及其他项目的文档集。可以按顺序给编入书籍的文档中的页面编号、打印书籍中选定的文档或者将它们导出为PDF。

## 8.2.1 课堂案例——制作美妆杂志

【案例学习目标】学习使用"书籍"命令制作美妆杂志，"制作美妆杂志"面板如图8-50所示。

【案例知识要点】使用"书籍"命令、"添加文档"按钮和"存储书籍"按钮制作美妆杂志。

【效果所在位置】云盘 > Ch08 > 效果 > 制作美妆杂志.indd。

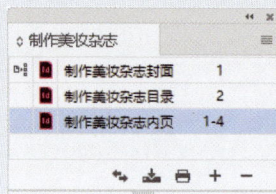

图 8-50

（1）选择"文件 > 新建 > 书籍"命令，弹出"新建书籍"对话框，将文件命名为"制作美妆杂志"，如图8-51所示。单击"保存"按钮，弹出"制作美妆杂志"面板，如图8-52所示。

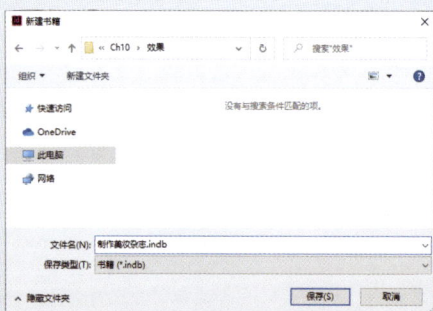

图 8-51                              图 8-52

（2）单击面板下方的"添加文档"按钮 ＋ ，弹出"添加文档"对话框，分别选取"制作美妆杂志封面""制作美妆杂志目录""制作美妆杂志内页"，如图8-53所示。单击"打开"按钮，将这些文档添加到"制作美妆杂志"面板中，如图8-54所示。

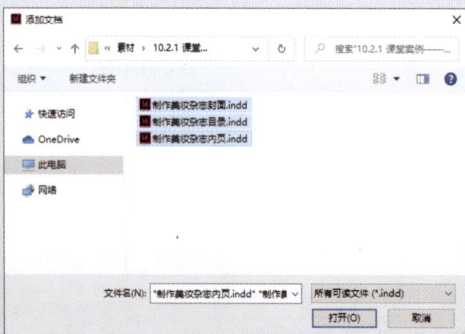
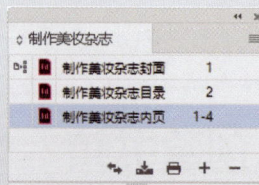

图 8-53                              图 8-54

（3）单击"制作美妆杂志"面板下方的"存储书籍"按钮 ⬆️，美妆杂志制作完成。

## 8.2.2　在书籍中添加文档

选择"文件 > 新建 > 书籍"命令，弹出"新建书籍"对话框，将文件命名为"图书"，单击"保存"按钮，弹出"图书"面板，如图8-55所示。单击面板下方的"添加文档"按钮 +，弹出"添加文档"对话框，选取需要的文件，如图8-56所示。单击"打开"按钮，在"图书"面板中添加文档，如图8-57所示。

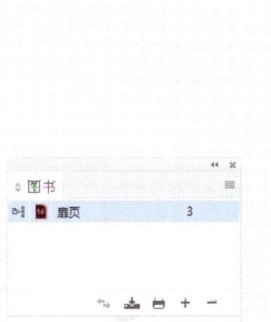

图 8-55　　　　　　　　　　　图 8-56　　　　　　　　　　　图 8-57

单击"书籍"面板右上方的 ≡ 图标，在弹出的菜单中选择"添加文档"命令，弹出"添加文档"对话框，选取需要的文档，单击"打开"按钮，也可添加文档。

## 8.2.3　管理书籍文件

每个打开的书籍文件均显示在书籍面板中各自的选项卡中。如果同时打开了多个书籍文件，则

单击某个选项卡可将对应的书籍调至前面，从而访问其面板菜单。

在文档条目后面的图标表示当前文档的状态。

没有图标出现表示为关闭的文档。

图标 ● 表示文档已打开。

图标 ❓ 表示文档被移动、重命名或删除。

图标 ⚠️ 表示在书籍文件关闭后，文档被编辑过或页码被重新编排。

**1．存储书籍文件**

单击书籍面板右上方的 ≡ 图标，在弹出的菜单中选择"将书籍存储为"命令，弹出"将书籍存储为"对话框，指定位置和文件名，单击"保存"按钮，可使用新名称存储书籍文件。

单击书籍面板右上方的 ≡ 图标，在弹出的菜单中选择"存储书籍"命令，将书籍文件保存。

单击书籍面板下方的"存储书籍"按钮 ⬆️，保存书籍文件。

**2．关闭书籍文件**

单击书籍面板右上方的 ≡ 图标，在弹出的菜单中选择"关闭书籍"命令，关闭单个书籍文件。

单击书籍面板右上方的 ✕ 图标，可关闭一起停放在同一面板中的所有打开的书籍文件。

**3．删除书籍文档**

在书籍面板中选取要删除的文档，单击面板下方的"移去文档"按钮 —，从书籍中删除选取的文档。

在书籍面板中选取要删除的文档，单击面板右上方的 ≡ 图标，在弹出的菜单中选择"移去文档"命令，从书籍中删除选取的文档。

**4. 替换书籍文档**

单击书籍面板右上方的 ≡ 图标，在弹出的菜单中选择"替换文档"命令，弹出"替换文档"对话框，指定文档，单击"打开"按钮，可替换选取的文档。

# 8.3 课堂练习——制作房地产画册目录

【练习知识要点】使用"置入"命令添加图片，使用"矩形工具"和"填充工具"绘制装饰图形，使用"段落样式"面板和"目录"命令提取目录，效果如图8-58所示。

【效果所在位置】云盘 > Ch08 > 效果 > 制作房地产画册目录.indd。

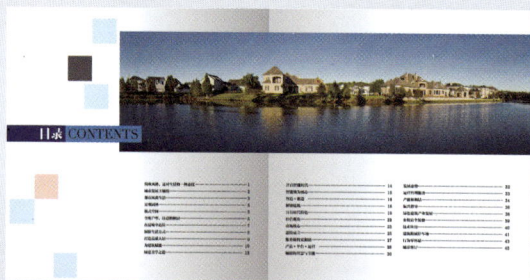

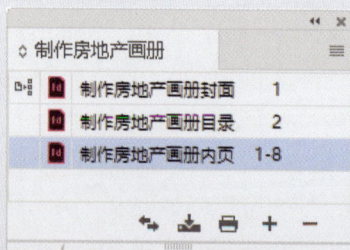

图 8-58

# 8.4 课后习题——制作房地产画册

【习题知识要点】使用"书籍"命令、"添加文档"按钮和"存储书籍"按钮制作房地产画册，"制作房地产"面板如图8-59所示。

【效果所在位置】云盘 > Ch08 > 效果 > 制作房地产画册.indd。

图 8-59

InDesign 核心应用案例教程（全彩慕课版）（InDesign 2020）

# 第 9 章

09

# 商业案例实训

## 本章简介

本章包括3个商业案例，通过实训演练，学生可以提高InDesign 2020的使用技巧，应用所学技能完成专业的商业设计项目。

### 学习目标

● 掌握InDesign在不同应用领域的使用技巧。

微课

第 9 章简介

### 技能目标

● 掌握美食图书封面的设计制作方法。
● 掌握美食图书内页的设计制作方法。
● 掌握美食图书目录的设计制作方法。

### 素养目标

● 培养学以致用的能力。
● 拓宽商业设计思路。

# 9.1 设计制作美食图书

## 9.1.1 【项目背景】

### 1. 客户名称

×××出版社。

### 2. 客户需求

《美味家常菜》是一本介绍家常菜做法的书，现要求为该书设计制作封面及内页，要图文结合，菜品用料、做法清晰，便于阅读。

## 9.1.2 【项目要求】

（1）封面采用整图铺满的方式，再以小图和文字点缀，提高视觉冲击力。

（2）运用大量的图片展现出该书介绍的美食主题。

（3）页面设计需干净简洁，层次分明，色彩和谐，便于浏览。

（4）设计规格为185毫米（宽）×260毫米（高），出血3毫米。

## 9.1.3 【项目设计】

本案例设计效果如图9-1所示。

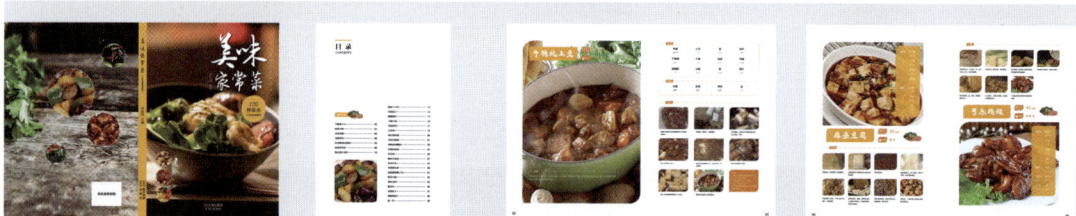

设计制作美食图书封面　　设计制作美食图书目录　　设计制作美食图书内页 02 和 03　　设计制作美食图书内页 04 和 05

图9-1

InDesign 核心应用案例教程（全彩慕课版）（InDesign 2020）

## 9.1.4 【项目要点】

使用"置入"命令、"选择工具"添加并裁剪图片，使用"文字工具"、控制面板添加书的名称和出版信息，使用"钢笔工具"、"椭圆工具"、"描边"面板制作装饰图形，使用"多边形工具"、"选择工具"、"角选项"命令和"贴入内部"命令制作图片剪切效果，使用"页码和章节选项"命令更改起始页码，使用"文字工具"和"段落样式"面板添加菜名及介绍性文字，使用"边距和分栏"命令调整边距和分栏，使用"目录"命令提取目录。

## 9.1.5 【项目制作】

### 1. 设计制作封面

（1）选择"文件 > 新建 > 文档"命令，弹出"新建文档"对话框，设置如图9-2所示。单击"边距和分栏"按钮，弹出"新建边距和分栏"对话框，设置如图9-3所示。单击"确定"按钮，新建一个文档。选择"视图 > 其他 > 隐藏框架边缘"命令，将所绘制图形的框架边缘隐藏。

| 图 9-2 | 图 9-3 |

（2）选择"文件 > 置入"命令，弹出"置入"对话框。选择云盘中的"Ch09 > 素材 > 设计制作美食图书 > 01"文件，单击"打开"按钮，在页面空白处单击置入图片。选择"自由变换工具" ，拖曳图片到适当的位置并调整大小。选择"选择工具" ，裁剪图片，效果如图9-4所示。

（3）选择"文字工具" ，在页面中分别拖曳绘制两个文本框，输入需要的文字。将输入的文字选取，在控制面板中选择合适的字体并设置文字大小，填充文字为白色，取消文字的选取状态，效果如图9-5所示。

| 图 9-4 | 图 9-5 |

（4）选择"文字工具" $\boxed{\text{T}}$ ，选取文字"美味"，在控制面板中将"字符间距"选项 $\boxed{\text{VA} \hat{\smallsetminus} 0 \quad \vee}$
设为−250，按Enter键，效果如图9−6所示。选取文字"家常菜"，在控制面板中将"字符间距"选项 $\boxed{\text{VA} \hat{\smallsetminus} 0 \quad \vee}$ 设为−180，按Enter键，效果如图9−7所示。

图9−6                  图9−7

（5）选择"选择工具" $\boxed{\blacktriangleright}$ ，在按住Shift键的同时，选取文字。单击控制面板中的"向选定的目标添加对象效果"按钮 $\boxed{fx}$ ，在弹出的菜单中选择"投影"命令，弹出"效果"对话框，设置如图9−8所示。单击"确定"按钮，效果如图9−9所示。

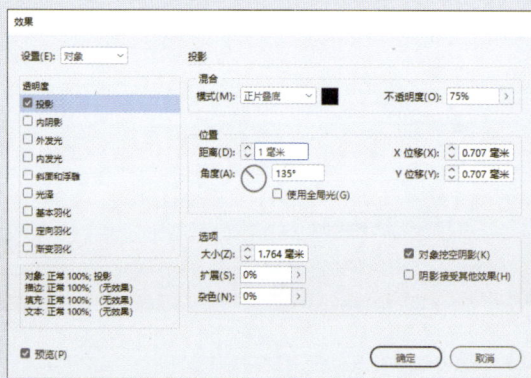 

图9−8                                    图9−9

（6）选择"直排文字工具" $\boxed{\text{IT}}$ ，在适当的位置分别拖曳绘制文本框，输入需要的文字。分别将输入的文字选取，在控制面板中选择合适的字体并设置文字大小，然后取消文字的选取状态，效果如图9−10所示。选取左侧文字"孙岚岚 主编"，填充文字为白色，效果如图9−11所示。

（7）选取右侧需要的文字，在控制面板中将"字符间距"选项 $\boxed{\text{VA} \hat{\smallsetminus} 0 \quad \vee}$ 设为1260，按Enter键，效果如图9−12所示。设置填充色的C、M、Y、K值为0%、36%、100%、0%，填充文字，取消文字的选取状态，效果如图9−13所示。

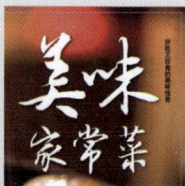   

图9−10             图9−11             图9−12             图9−13

（8）选择"钢笔工具" $\boxed{\text{🖋}}$ ，在适当的位置绘制一条闭合路径，设置填充色的C、M、Y、K值为0%、36%、100%、0%，填充图形，并设置描边色为无，效果如图9−14所示。

（9）选择"椭圆工具" $\boxed{\text{◯}}$ ，在按住Alt+Shift组合键的同时，以闭合路径的中心为圆心绘制一个圆形，填充描边为白色，效果如图9-15所示。

 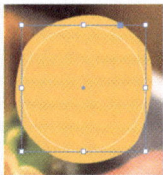

图9-14　　　　　　　　　　图9-15

（10）选择"窗口 > 描边"命令，弹出"描边"面板，在"类型"下拉列表中选择"圆点"，其他设置如图9-16所示。按Enter键，效果如图9-17所示。

（11）选择"文字工具" T.，在适当的位置分别拖曳绘制两个文本框，输入需要的文字。将输入的文字选取，在控制面板中选择合适的字体并设置文字大小，取消文字的选取状态，效果如图9-18所示。

（12）选择"选择工具" ▶，在按住Shift键的同时，选取文字。单击工具箱中的"格式针对文本"按钮 T，设置填充色的C、M、Y、K值为68%、82%、100%、33%，填充文字，效果如图9-19所示。

图9-16　　　　　图9-17　　　　　图9-18　　　　　图9-19

（13）选取数字"120"，在控制面板中将"X 切变角度"选项 ⟋ ⌄ 0° ⌄ 设为10°，按Enter键，效果如图9-20所示。

（14）取消文字的选取状态。选择"文件 > 置入"命令，弹出"置入"对话框。选择云盘中的"Ch09 > 素材 > 设计制作美食图书 > 02"文件，单击"打开"按钮，在页面空白处单击置入图片。选择"自由变换工具" ⊠，拖曳图片到适当的位置并调整大小，效果如图9-21所示。单击控制面板中的"逆时针旋转90°"按钮 ↺，旋转图片，效果如图9-22所示。

图9-20　　　　　　图9-21　　　　　　图9-22

（15）选择"多边形工具" ◯，在页面中单击，弹出"多边形"对话框，设置如图9-23所示。单击"确定"按钮，得到一个多角星形。选择"选择工具" ▶，拖曳多角星形到适当的位置，填充描边为白色，并在控制面板中将"描边粗细"选项 ⌄ 0.283 点 ⌄ 设为"0.75点"，按Enter键，效果如图9-24所示。

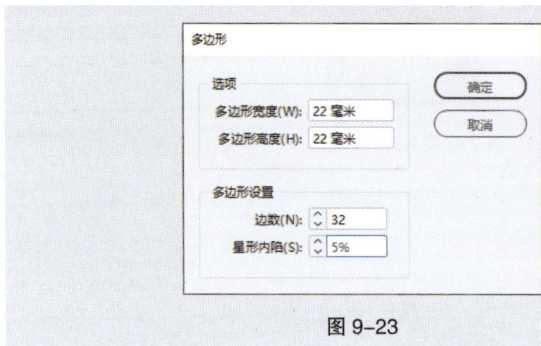 

图 9-23           图 9-24

（16）保持图形的选取状态。选择"对象 > 角选项"命令，在弹出的对话框中进行设置，如图9-25所示。单击"确定"按钮，效果如图9-26所示。

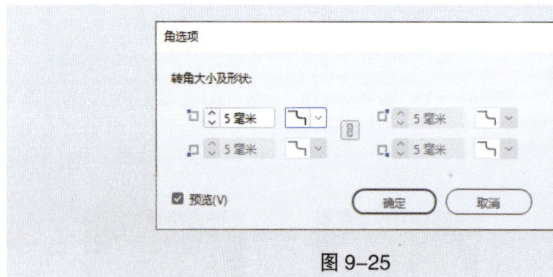 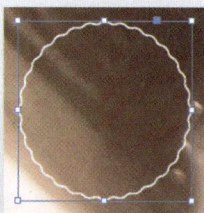

图 9-25           图 9-26

（17）取消图形的选取状态。选择"文件 > 置入"命令，弹出"置入"对话框。选择云盘中的"Ch09 > 素材 > 设计制作美食图书 > 03"文件，单击"打开"按钮，在页面空白处单击置入图片。选择"自由变换工具" ⊞，拖曳图片到适当的位置并调整大小，效果如图9-27所示。

（18）按Ctrl+X组合键，将图片剪切到剪贴板上。选择"选择工具" ▶，选中下方的圆角星形，选择"编辑 > 贴入内部"命令，将图片贴入圆角星形的内部，效果如图9-28所示。使用相同的方法置入其他图片并制作图9-29所示的效果。

图 9-27       图 9-28       图 9-29

（19）选择"文字工具" T，在适当的位置拖曳绘制一个文本框，输入需要的文字，将输入的文字选取，在控制面板中选择合适的字体并设置文字大小，填充文字为白色，效果如图9-30所示。单击控制面板中的"对齐末行居中"按钮 ▤，对齐效果如图9-31所示。

InDesign 核心应用案例教程（全彩慕课版）（InDesign 2020）

图 9-30

图 9-31

### 2. 设计制作封底和书脊

（1）选择"文件 > 置入"命令，弹出"置入"对话框。选择云盘中的"Ch09 > 素材 > 设计制作美食图书 > 06"文件，单击"打开"按钮，在页面空白处单击置入图片。选择"自由变换工具" ，拖曳图片到适当的位置并调整大小。选择"选择工具" ，裁剪图片，效果如图9-32所示。

（2）选择"选择工具" ，在封面中选取需要的图片，在按住Alt键的同时，拖曳图片到封底中的适当位置，复制图片，并调整图片的排序，效果如图9-33所示。

图 9-32

图 9-33

（3）选择"直接选择工具" ，鼠标指针形状变为 时，在图片上单击将其选取，如图9-34所示。按Delete键将其删除，效果如图9-35所示。选择"选择工具" ，选取多角星形，在按住Alt+Shift组合键的同时，向外拖曳右上角的控制手柄，等比例放大图形，效果如图9-36所示。

图 9-34

图 9-35

图 9-36

（4）取消图形的选取状态。选择"文件 > 置入"命令，弹出"置入"对话框。选择云盘中的"Ch09 > 素材 > 设计制作美食图书 > 07"文件，单击"打开"按钮，在页面空白处单击置入图片。选择"自由变换工具" ，拖曳图片到适当的位置并调整大小，效果如图9-37所示。

（5）按Ctrl+X组合键，将图片剪切到剪贴板上。选择"选择工具" ，选中下方的多角星形，如图9-38所示。选择"编辑 > 贴入内部"命令，将图片贴入多角星形内部，效果如图9-39所示。使用相同的方法置入其他图片并制作图9-40所示的效果。

图 9-37　　　　　图 9-38　　　　　图 9-39　　　　　图 9-40

（6）选择"矩形工具" ，在适当的位置拖曳绘制一个矩形，填充矩形为白色，并设置描边色为无，效果如图9-41所示。

（7）选择"文字工具" ，在适当的位置拖曳绘制一个文本框，输入需要的文字。将输入的文字选取，在控制面板中选择合适的字体并设置文字大小，取消文字的选取状态，效果如图9-42所示。

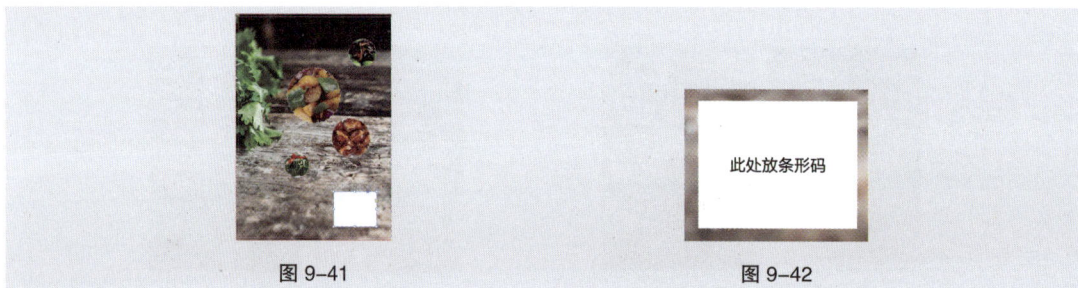

图 9-41　　　　　　　　　　　　　　　　图 9-42

（8）选择"矩形工具" ，在书脊上绘制一个矩形，设置填充色的C、M、Y、K值为0%、36%、100%、0%，填充矩形，并设置描边色为无，效果如图9-43所示。

（9）选择"直排文字工具" ，在适当的位置拖曳绘制一个文本框，输入需要的文字。将输入的文字选取，在控制面板中选择合适的字体并设置文字大小，效果如图9-44所示。

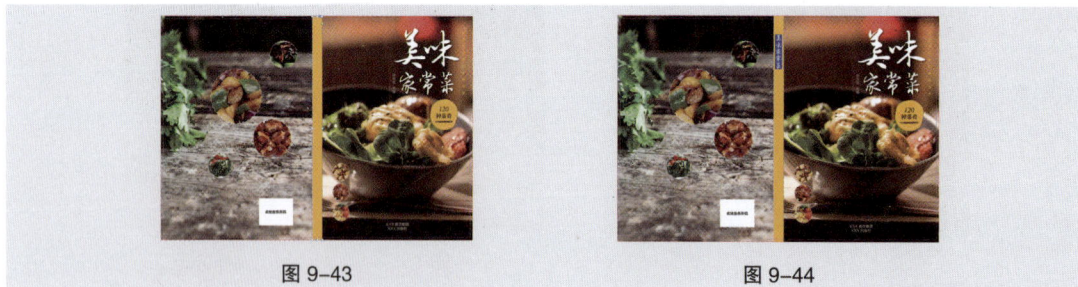

图 9-43　　　　　　　　　　　　　　　　图 9-44

（10）保持文字的选取状态，在控制面板中将"字符间距"选项  设为"200"，按Enter键，效果如图9-45所示。设置填充色的C、M、Y、K值为68%、82%、100%、33%，填充文字，取消文字的选取状态，效果如图9-46所示。

（11）选择"选择工具" ，在封面中选取需要的图片，如图9-47所示。在按住Alt键的同时，将图片向左拖曳到书脊上的适当位置，复制图片，并调整图片的排序。单击控制面板中的"顺时针旋转90°"按钮 ，旋转图片，效果如图9-48所示。

（12）用相同的方法分别从封面中复制需要的文字到书脊中，效果如图9-49所示。

InDesign 核心应用案例教程（全彩慕课版）（InDesign 2020）

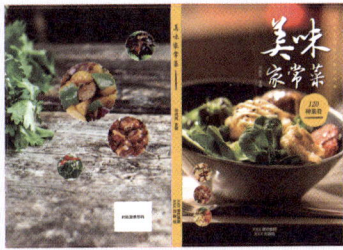

图 9-45    图 9-46    图 9-47    图 9-48    图 9-49

### 3．设计制作主页

（1）选择"文件 > 新建 > 文档"命令，弹出"新建文档"对话框，设置如图9-50所示。单击"边距和分栏"按钮，弹出"新建边距和分栏"对话框，设置如图9-51所示。单击"确定"按钮，新建一个文档。选择"视图 > 其他 > 隐藏框架边缘"命令，将所绘制图形的框架边缘隐藏。

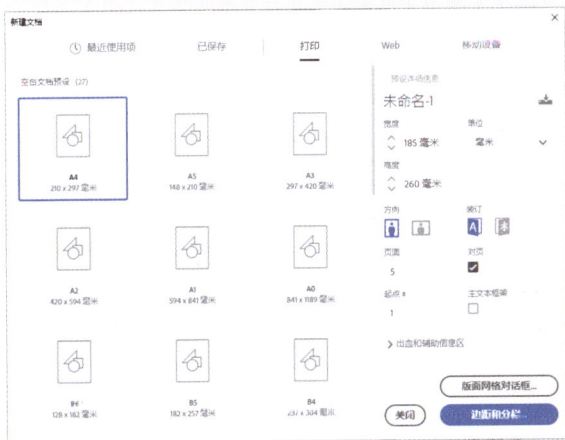

图 9-50    图 9-51

（2）选择"窗口 > 页面"命令，弹出"页面"面板，双击第一页的页面图标，如图9-52所示。选择"版面 > 页码和章节选项"命令，弹出"页码和章节选项"对话框，设置如图9-53所示。单击"确定"按钮，"页面"面板显示如图9-54所示。

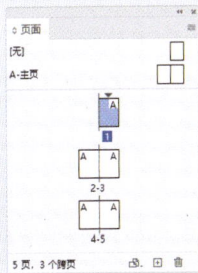
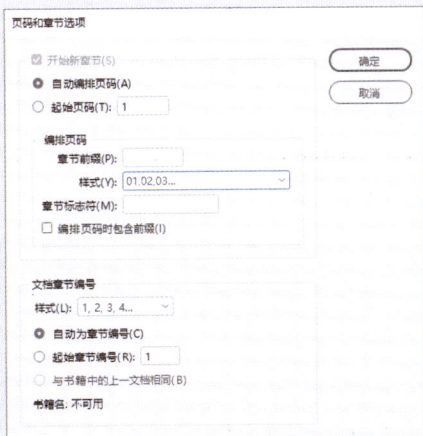
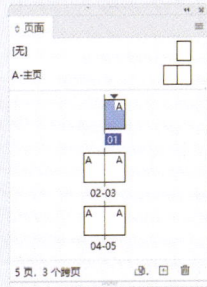

图 9-52    图 9-53    图 9-54

（3）在状态栏中的"文档所属页面"下拉列表中选择"A-主页"。按Ctrl+R组合键，显示标尺。选择"选择工具" ▶，在页面外拖曳出一条水平参考线，在控制面板中将"Y"位置选项设为256毫米，如图9-55所示。按Enter键确定操作，效果如图9-56所示。

（4）选择"选择工具" ▶，在页面中拖曳出一条垂直参考线，在控制面板中将"X"位置选项设为4毫米，如图9-57所示，按Enter键确定操作，效果如图9-58所示。保持参考线的选取状态，并在控制面板中将"X"位置选项设为366毫米，按Alt+Enter组合键，确定操作，效果如图9-59所示。选择"视图 > 网格和参考线 > 锁定参考线"命令，将参考线锁定。

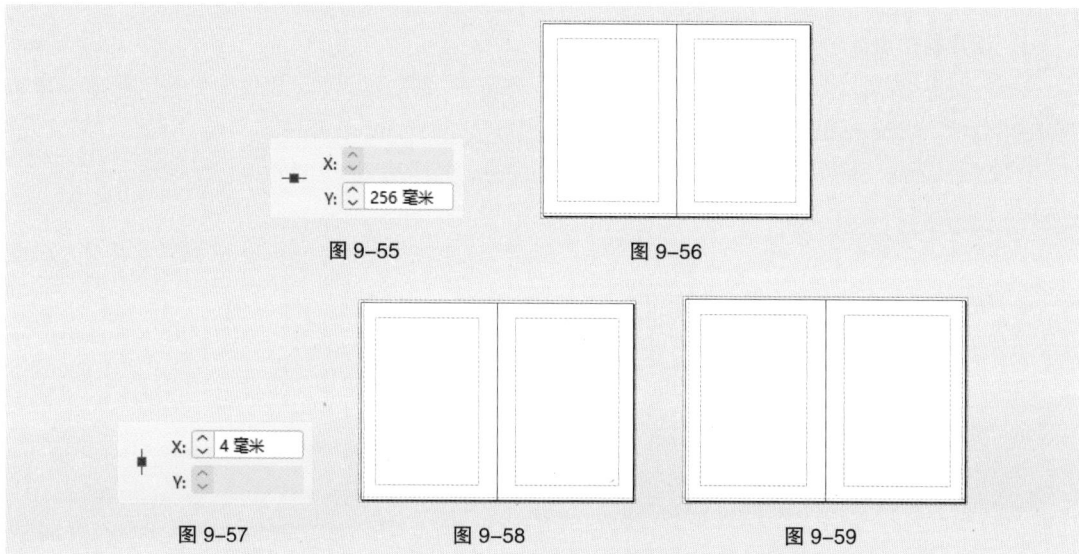

图 9-55　　　　　　　图 9-56

图 9-57　　　　　　　图 9-58　　　　　　　图 9-59

**200**

（5）选择"文字工具" T，在适当的位置拖曳绘制一个文本框，按Ctrl+Alt+Shift+N组合键，在文本框中添加自动页码，如图9-60所示。将添加的页码选取，在控制面板中选择合适的字体并设置文字大小，单击"居中对齐"按钮 ≡，效果如图9-61所示。

（6）选择"选择工具" ▶，选取页码，选择"对象 > 适合 > 使框架适合内容"命令，使文本框适合文字，如图9-62所示。选择"选择工具" ▶，在按住Alt+Shift组合键的同时，向右拖曳页码到跨页上的适当位置，复制页码，效果如图9-63所示。

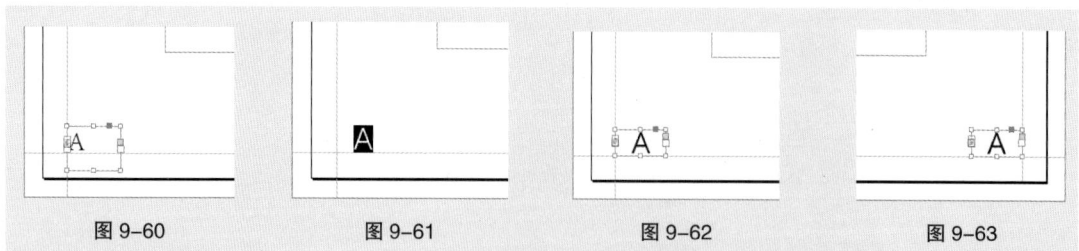

图 9-60　　　　　　　图 9-61　　　　　　　图 9-62　　　　　　　图 9-63

**4. 设计制作内页 02**

（1）在状态栏中的"文档所属页面"下拉列表中选择"02"。选择"矩形工具" ■，在页面中绘制一个矩形，如图9-64所示。

（2）保持图形的选取状态。选择"对象 > 角选项"命令，在弹出的对话框中进行设置，如图9-65所示。单击"确定"按钮，效果如图9-66所示。

图 9-64

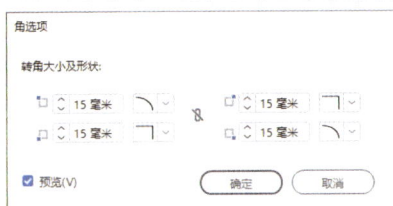

图 9-65

图 9-66

（3）取消图形的选取状态。选择"文件 > 置入"命令，弹出"置入"对话框。选择云盘中的"Ch09 > 素材 > 设计制作美食图书 > 11"文件，单击"打开"按钮，在页面空白处单击置入图片。选择"自由变换工具" ⌖ ，拖曳图片到适当的位置并调整大小，效果如图9-67所示。

（4）按Ctrl+X组合键，将图片剪切到剪贴板上。选择"选择工具" ▶ ，选中下方的矩形，选择"编辑 > 贴入内部"命令，将图片贴入矩形内部，并设置描边色为无，效果如图9-68所示。

图 9-67

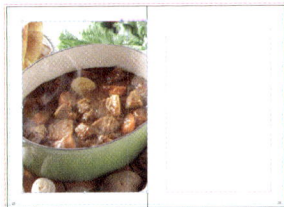

图 9-68

（5）选择"矩形工具" □ ，在适当的位置绘制一个矩形，设置填充色的C、M、Y、K值为0%、40%、100%、0%，填充矩形，并设置描边色为无，效果如图9-69所示。

（6）保持图形的选取状态。选择"对象 > 角选项"命令，在弹出的对话框中进行设置，如图9-70所示。单击"确定"按钮，效果如图9-71所示。

图 9-69

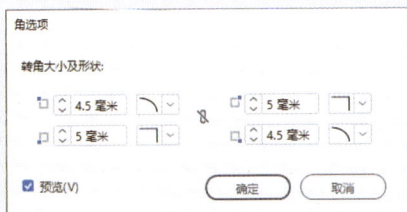

图 9-70

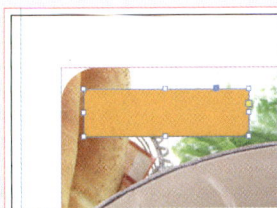

图 9-71

（7）在记事本文档中选取并复制需要的文字，返回InDesign页面中。选择"文字工具" T ，在适当的位置拖曳绘制一个文本框，将复制的文字粘贴到文本框中。将输入的文字选取，在控制面板中选择合适的字体并设置文字大小，填充文字为白色，效果如图9-72所示。

（8）选择"选择工具" ▶ ，选取文字，按F11键，弹出"段落样式"面板，单击面板下方的"创建新样式"按钮 ⊡ ，生成新的段落样式并将其命名为"菜名"，如图9-73所示。

（9）选择"矩形工具" □ ，在适当的位置绘制一个矩形，设置填充色的C、M、Y、K值为0%、60%、100%、10%，填充矩形，并设置描边色为无，效果如图9-74所示。

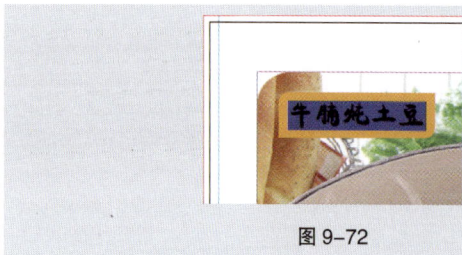
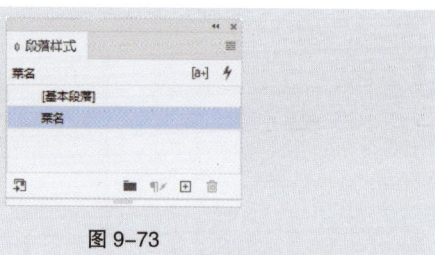

图 9-72 图 9-73

（10）保持图形的选取状态。选择"对象 > 角选项"命令，在弹出的对话框中进行设置，如图9-75所示。单击"确定"按钮，效果如图9-76所示。

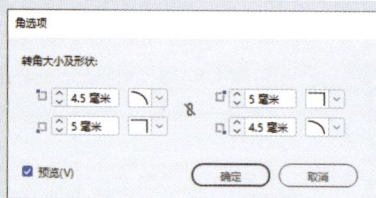

图 9-74 图 9-75 图 9-76

（11）取消图形的选取状态。选择"文件 > 置入"命令，弹出"置入"对话框。选择云盘中的"Ch09 > 素材 > 设计制作美食图书 > 12"文件，单击"打开"按钮，在页面空白处单击置入图片。选择"自由变换工具" ，拖曳图片到适当的位置并调整大小，效果如图9-77所示。

（12）在记事本文档中选取并复制需要的文字，返回InDesign页面中。选择"文字工具" ，在适当的位置拖曳绘制一个文本框，将复制的文字粘贴到文本框中，将输入的文字选取，在控制面板中选择合适的字体并设置文字大小，填充文字为白色，取消文字的选取状态，效果如图9-78所示。

图 9-77 图 9-78

（13）用相同的方法置入其他图片并添加相应的文字，效果如图9-79所示。在记事本文档中选取并复制需要的文字，返回InDesign页面中。选择"文字工具" ，在适当的位置分别拖曳绘制文本框，将复制的文字粘贴到文本框中，分别将输入的文字选取，在控制面板中分别选择合适的字体并设置文字大小，取消文字的选取状态，效果如图9-80所示。

（14）选择"选择工具" ，在按住Shift键的同时，选取文字，单击工具箱中的"格式针对文本"按钮 ，设置填充色的C、M、Y、K值为0%、60%、100%、10%，填充文字，效果如图9-81所示。

图 9-79 图 9-80 图 9-81

InDesign 核心应用案例教程（全彩慕课版）（InDesign 2020）

（15）选择"多边形工具" ◎ ，在页面中单击，弹出"多边形"对话框，设置如图9-82所示。单击"确定"按钮，得到一个五角星。选择"选择工具" ▶ ，拖曳五角星到适当的位置，效果如图9-83所示。

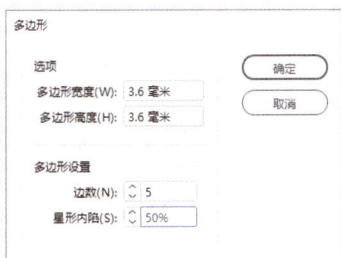

图 9-82

图 9-83

（16）保持五角星的选取状态。设置填充色的C、M、Y、K值为0%、60%、100%、10%，填充五角星，并设置描边色为无，效果如图9-84所示。选择"选择工具" ▶ ，在按住Alt+Shift组合键的同时，水平向右拖曳五角星到适当的位置，复制五角星，效果如图9-85所示。按Ctrl+Alt+4组合键，再复制一个五角星，效果如图9-86所示。

图 9-84

图 9-85

图 9-86

（17）在记事本文档中选取并复制需要的文字，返回InDesign页面中。选择"文字工具" T ，在适当的位置拖曳绘制一个文本框，将复制的文字粘贴到文本框中，选取文字，在控制面板中选择合适的字体并设置文字大小，填充文字为白色，取消文字的选取状态，效果如图9-87所示。

（18）选择"直线工具" ／ ，在按住Shift键的同时，在文字左侧拖曳绘制一条直线段，填充描边为白色，并在控制面板中将"描边粗细"选项 ◇ 0.283 点 ∨ 设为"0.5点"，按Enter键，效果如图9-88所示。

图 9-87

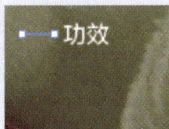

图 9-88

（19）选择"选择工具" ▶ ，在按住Alt+Shift组合键的同时，水平向右拖曳直线段到适当的位置，复制直线段，效果如图9-89所示。向右拖曳直线段右侧的控制手柄到适当的位置，调整直线段长度，效果如图9-90所示。

图 9-89

图 9-90

（20）在记事本文档中选取并复制需要的文字，返回InDesign页面中。选择"文字工具"
[T]，在适当的位置拖曳绘制一个文本框，将复制的文字粘贴到文本框中。选取文字，在控制面板中
选择合适的字体并设置文字大小，填充文字为白色，效果如图9-91所示。在控制面板中将"行距"
选项[㝵 ⟨14.4 点⟩ v]设为"12点"，按Enter键，取消文字的选取状态，效果如图9-92所示。

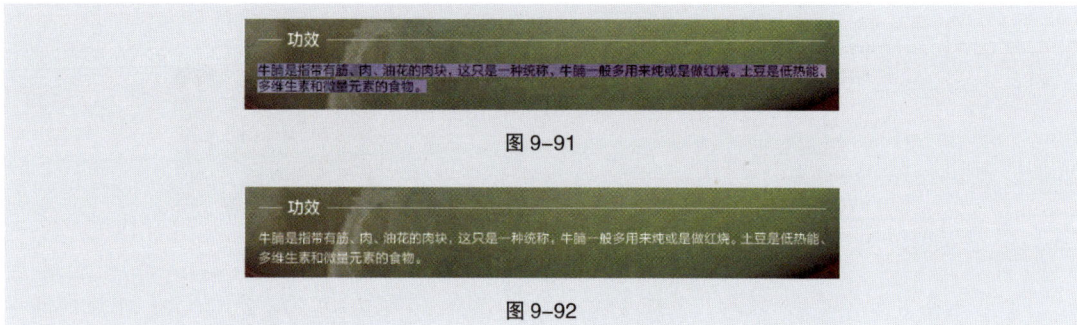

图 9-91

图 9-92

### 5. 设计制作内页 03

（1）在状态栏中的"文档所属页面"下拉列表中选择"03"。选择"矩形工具"[□]，在适当的
位置绘制一个矩形，在控制面板中将"描边粗细"选项[㝵 0.283 点 v]设为"0.5点"，按Enter键，设置描
边色的C、M、Y、K值为0%、60%、100%、10%，填充描边，效果如图9-93所示。

（2）保持图形的选取状态。选择"对象 > 角选项"命令，在弹出的对话框中进行设置，如
图9-94所示。单击"确定"按钮，取消选取状态，效果如图9-95所示。

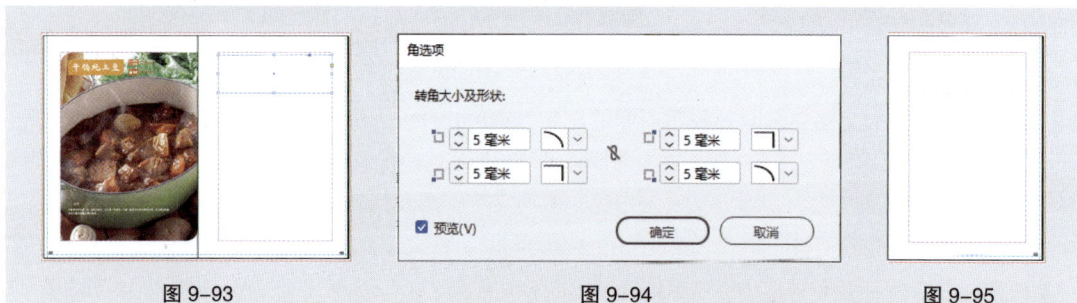

图 9-93

图 9-94

图 9-95

（3）选择"矩形工具"[□]，在适当的位置拖曳绘制一个矩形，设置填充色的C、M、Y、K值为
0%、60%、100%、10%，填充矩形，并设置描边色为无，效果如图9-96所示。在控制面板中将"X
切变角度"选项[◢ 㝵 0° v]设置为10°，按Enter键，效果如图9-97所示。

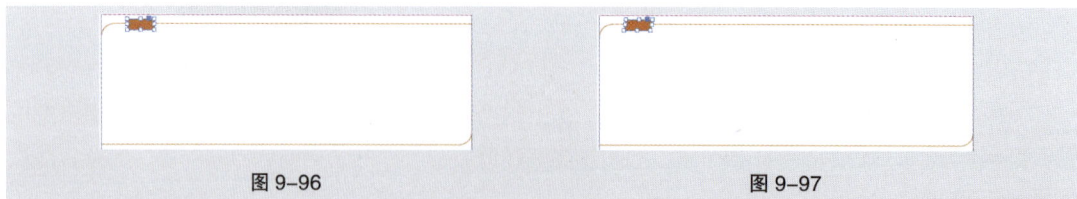

图 9-96

图 9-97

（4）在记事本文档中选取并复制需要的文字，返回InDesign页面中。选择"文字工具"[T]，在
适当的位置拖曳绘制一个文本框，将复制的文字粘贴到文本框中。选取文字，在控制面板中选择合
适的字体并设置文字大小，填充文字为白色，取消文字的选取状态，效果如图9-98所示。用相同的
方法输入其他文字，效果如图9-99所示。

图 9-98

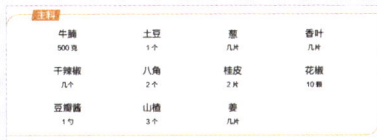

图 9-99

（5）选择"选择工具" ▶ ，在按住Shift键的同时，选取需要的文字，单击工具箱中的"格式针对文本"按钮 T ，设置填充色的C、M、Y、K值为0%、0%、0%、80%，填充文字，效果如图9-100所示。用相同的方法制作其他图形和文字，效果如图9-101所示。

图 9-100

图 9-101

（6）选择"直线工具" ／ ，在按住Shift键的同时，在适当的位置拖曳绘制一条直线段，在控制面板中将"描边粗细"选项 ◯ 0.283 点 设为"0.5点"，按Enter键，设置描边色的C、M、Y、K值为0%、60%、100%、10%，填充描边，效果如图9-102所示。

（7）选择"选择工具" ▶ ，在按住Shift键的同时，依次单击需要的图形和文字，如图9-103所示。在按住Alt+Shift组合键的同时，垂直向下拖曳图形和文字到适当的位置，复制图形和文字，按Ctrl+Shift+]组合键，将其置于顶层，效果如图9-104所示。选择"文字工具" T ，选取并重新输入文字，效果如图9-105所示。

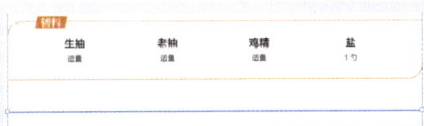

图 9-102

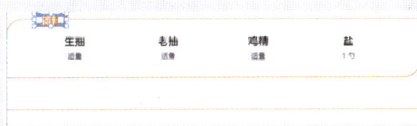

图 9-103

图 9-104

图 9-105

（8）选择"矩形工具" ▢ ，在适当的位置绘制一个矩形，如图9-106所示。选择"对象 > 角选项"命令，在弹出的对话框中进行设置，如图9-107所示。单击"确定"按钮，效果如图9-108所示。

图 9-106

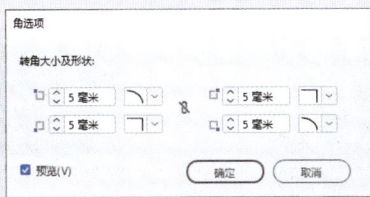

图 9-107

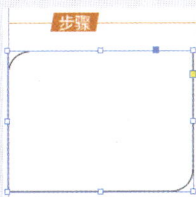

图 9-108

（9）选择"选择工具" ▶ ，在按住Alt+Shift组合键的同时，水平向右拖曳图形到适当的位置，复制图形，效果如图9-109所示。按Ctrl+Alt+4组合键，再复制一个图形，效果如图9-110所示。用相同的方法再复制几组图形，效果如图9-111所示。

（10）选择"文件 > 置入"命令，弹出"置入"对话框。选择云盘中的"Ch09 > 素材 > 设计制作美食图书 > 14"文件，单击"打开"按钮，在页面空白处单击置入图片。选择"自由变换工具" ▦ ，拖曳图片到适当的位置并调整大小，效果如图9-112所示。

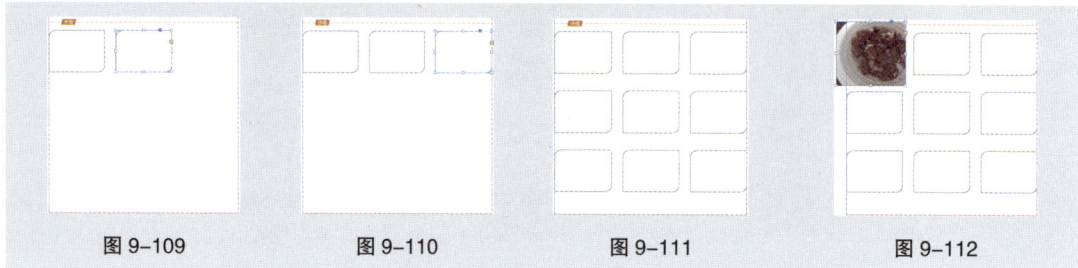

| 图 9-109 | 图 9-110 | 图 9-111 | 图 9-112 |

（11）按Ctrl+X组合键，将图片剪切到剪贴板上。选择"选择工具" ▶ ，选中下方的矩形，选择"编辑 > 贴入内部"命令，将图片贴入矩形内部，并设置描边色为无，效果如图9-113所示。

（12）在记事本文档中选取并复制需要的文字，返回InDesign页面中。选择"文字工具" T ，在适当的位置拖曳绘制一个文本框，将复制的文字粘贴到文本框中。将所有的文字选取，在控制面板中选择合适的字体并设置文字大小，效果如图9-114所示。在控制面板中将"行距"选项 ⌷◡(14.4 点)▾ 设为"10点"，按Enter键，效果如图9-115所示。

（13）选择"选择工具" ▶ ，选取文字，单击"段落样式"面板下方的"创建新样式"按钮 ▣ ，生成新的段落样式并将其命名为"步骤文字"，如图9-116所示。

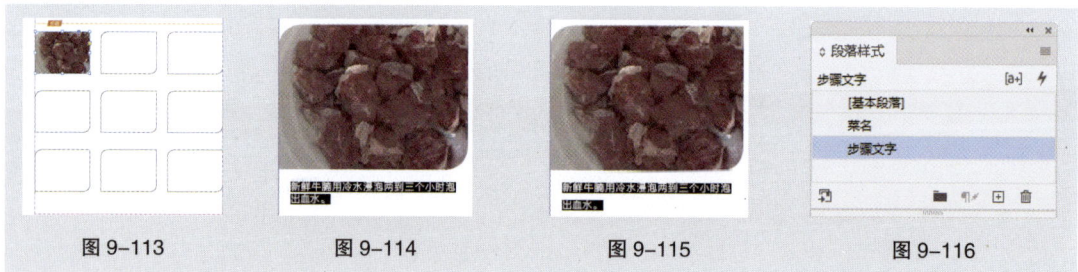

| 图 9-113 | 图 9-114 | 图 9-115 | 图 9-116 |

（14）取消文字的选取状态。选择"文件 > 置入"命令，弹出"置入"对话框。选择云盘中的"Ch09 > 素材 > 设计制作美食图书 > 15"文件，单击"打开"按钮，在页面空白处单击置入图片。选择"自由变换工具" ▦ ，拖曳图片到适当的位置并调整大小，效果如图9-117所示。

（15）按Ctrl+X组合键，将图片剪切到剪贴板上。选择"选择工具" ▶ ，选中下方的矩形，选择"编辑 > 贴入内部"命令，将图片贴入矩形内部，并设置描边色为无，效果如图9-118所示。

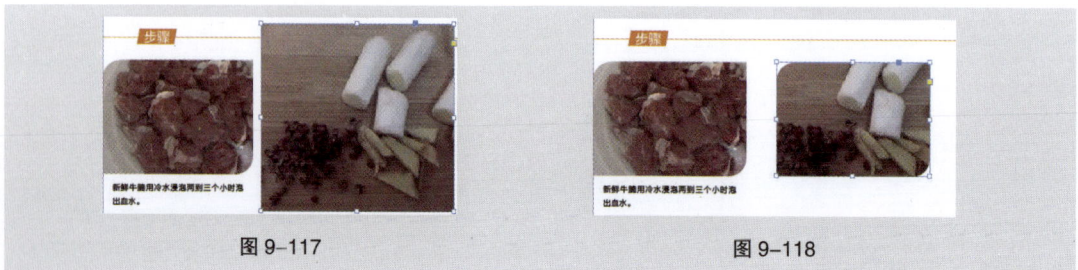

| 图 9-117 | 图 9-118 |

（16）在记事本文档中选取并复制需要的文字，返回InDesign页面中。选择"文字工具" T ，在适当的位置拖曳绘制一个文本框，将复制的文字粘贴到文本框中，效果如图9-119所示。

（17）选择"选择工具" ▶ ，选取文字，在"段落样式"面板中单击"步骤文字"样式，如图9-120所示，文字效果如图9-121所示。

图 9-119

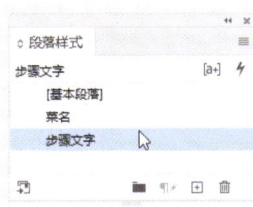

图 9-120

图 9-121

（18）用相同的方法置入其他图片并添加相应的文字，效果如图9-122所示。选择"选择工具" ▶ ，选取最后一个图形，设置填充色的C、M、Y、K值为0%、60%、100%、10%，填充图形，并设置描边色为无，效果如图9-123所示。

图 9-122

图 9-123

（19）在记事本文档中选取并复制需要的文字，返回InDesign页面中。选择"文字工具" T ，在适当的位置拖曳绘制一个文本框，将复制的文字粘贴到文本框中。选取文字，在控制面板中选择合适的字体并设置文字大小，填充文字为白色，效果如图9-124所示。在控制面板中将"行距"选项 (14.4 点) 设为"10点"，按Enter键，效果如图9-125所示。

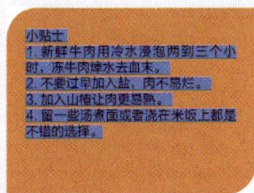

图 9-124

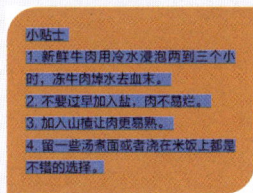

图 9-125

（20）选择"文字工具" T ，选取文字"小贴士"，在控制面板中选择合适的字体，效果如图9-126所示。选择"选择工具" ▶ ，在按住Shift键的同时，依次单击需要的图形和文字，如图9-127所示。按Ctrl+C组合键，复制图形和文字。

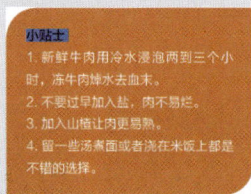

图 9-126

图 9-127

### 6. 设计制作内页 04 和 05

（1）在状态栏中的"文档所属页面"下拉列表中选择"04"。按Ctrl+V组合键，粘贴图形和文字，并分别将其拖曳到适当的位置，效果如图9-128所示。选择"文字工具" $\boxed{\text{T}}$ ，选取文字"牛腩炖土豆"，如图9-129所示。

图 9-128

图 9-129

（2）重新输入文字"麻婆豆腐"，效果如图9-130所示。选择"对象 > 适合 > 使框架适合内容"命令，使文本框适合文字，如图9-131所示。

图 9-130

图 9-131

（3）选择"选择工具" $\boxed{\blacktriangleright}$ ，在按住Shift键的同时，单击下方矩形将其同时选取，单击控制面板中的"水平居中对齐"按钮 $\boxed{\text{⬓}}$ ，对齐效果如图9-132所示。用相同的方法更改其他文字和图形，效果如图9-133所示。

图 9-132

图 9-133

（4）选择"文件 > 置入"命令，弹出"置入"对话框。选择云盘中的"Ch09 > 素材 > 设计制作美食图书 > 34"文件，单击"打开"按钮，在页面空白处单击置入图片。选择"自由变换工具" $\boxed{\text{⬚}}$ ，拖曳图片到适当的位置并调整大小，效果如图9-134所示。选择"矩形工具" $\boxed{\text{▢}}$ ，在适当的位置绘制一个矩形，如图9-135所示。

图 9-134

图 9-135

（5）保持图形的选取状态。选择"对象 > 角选项"命令，在弹出的对话框中进行设置，如图9-136所示。单击"确定"按钮，效果如图9-137所示。

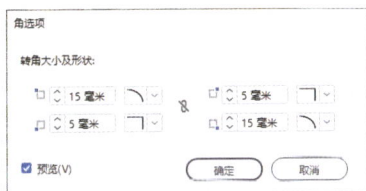

图 9-136

图 9-137

（6）取消图形的选取状态。选择"文件 > 置入"命令，弹出"置入"对话框。选择云盘中的"Ch09 > 素材 > 设计制作美食图书 > 03"文件，单击"打开"按钮，在页面空白处单击置入图片。选择"自由变换工具" ，拖曳图片到适当的位置并调整大小，效果如图9-138所示。

（7）按Ctrl+X组合键，将图片剪切到剪贴板上。选择"选择工具" ，选中下方的矩形，选择"编辑 > 贴入内部"命令，将图片贴入矩形内部，并设置描边色为无，效果如图9-139所示。

图 9-138

图 9-139

（8）选择"矩形工具" ，在适当的位置绘制一个矩形，设置填充色的C、M、Y、K值为0%、40%、100%、0%，填充矩形，并设置描边色为无，效果如图9-140所示。

（9）保持图形的选取状态。选择"对象 > 角选项"命令，在弹出的对话框中进行设置，如图9-141所示。单击"确定"按钮，效果如图9-142所示。

图 9-140

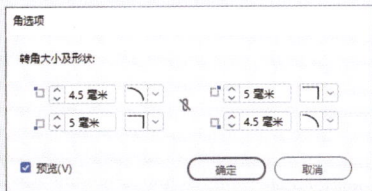

图 9-141

图 9-142

（10）在控制面板中将"不透明度"选项 ⊠ 100% ⟩ 设为90％，按Enter键，效果如图9-143所示。在记事本文档中选取并复制需要的文字，返回InDesign页面中。选择"文字工具" T，在适当的位置拖曳绘制文本框，将复制的文字粘贴到文本框中，选取文字，在控制面板中选择合适的字体并设置文字大小，填充文字为白色。取消文字的选取状态，效果如图9-144所示。

图 9-143  　　　　　　　　图 9-144

（11）选择"矩形工具" □，在适当的位置绘制一个矩形，如图9-145所示。选择"对象 > 角选项"命令，在弹出的对话框中进行设置，如图9-146所示。单击"确定"按钮，效果如图9-147所示。

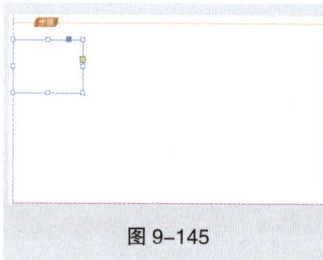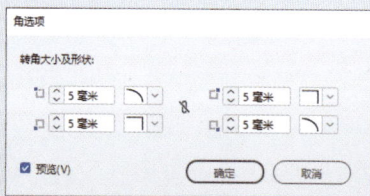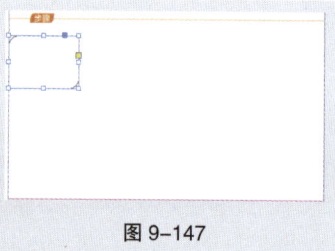

图 9-145  　　　　　　图 9-146  　　　　　　图 9-147

（12）取消图形的选取状态。选择"文件 > 置入"命令，弹出"置入"对话框。选择云盘中的"Ch09 > 素材 > 设计制作美食图书 > 21"文件，单击"打开"按钮，在页面空白处单击置入图片。选择"自由变换工具" ▦，拖曳图片到适当的位置并调整大小，效果如图9-148所示。

（13）按Ctrl+X组合键，将图片剪切到剪贴板上。选择"选择工具" ▶，选中下方的矩形，选择"编辑 > 贴入内部"命令，将图片贴入矩形内部，并设置描边色为无，效果如图9-149所示。

图 9-148  　　　　　　　　图 9-149

（14）在记事本文档中选取并复制需要的文字，返回InDesign页面中。选择"文字工具" T，在适当的位置拖曳绘制一个文本框，将复制的文字粘贴到文本框中。选取文字，在"段落样式"面板中单击"步骤文字"样式，效果如图9-150所示。用相同的方法置入其他图片并添加相应的文字，效果如图9-151所示。

（15）在状态栏中的"文档所属页面"下拉列表中选择"05"。使用前文介绍过的方法制作图9-152所示的效果。

图9-150

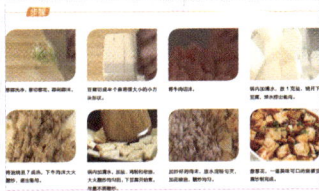

图9-151

图9-152

### 7. 设计制作目录

（1）在状态栏中的"文档所属页面"下拉列表中选择"01"，页面如图9-153所示。选择"版面 > 边距和分栏"命令，弹出"边距和分栏"对话框，设置如图9-154所示。单击"确定"按钮，页面效果如图9-155所示。

图9-153

图9-154

图9-155

（2）选择"文字工具" T ，在适当的位置分别拖曳绘制两个文本框，输入需要的文字。将输入的文字选取，在控制面板中分别选择合适的字体并设置文字大小，取消文字的选取状态，效果如图9-156所示。

（3）选择"矩形工具" □ ，在适当的位置拖曳绘制一个矩形，设置填充色的C、M、Y、K值为0%、40%、100%、0%，填充矩形，并设置描边色为无，效果如图9-157所示。

图9-156

图9-157

（4）选择"选择工具" ，在按住Alt+Shift组合键的同时，垂直向下拖曳矩形到适当的位置，复制矩形，效果如图9-158所示。向下拖曳矩形下边中间的控制手柄到适当的位置并调整大小，效果如图9-159所示。

图 9-158　　　　　　　　　图 9-159

（5）保持图形的选取状态。选择"对象 > 角选项"命令，在弹出的对话框中进行设置，如图9-160所示。单击"确定"按钮，效果如图9-161所示。

（6）选择"文字工具" T，在适当的位置拖曳绘制一个文本框，输入需要的文字。将输入的文字选取，在控制面板中选择合适的字体并设置文字大小，填充文字为白色，取消文字的选取状态，效果如图9-162所示。

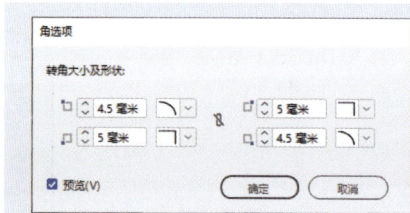

图 9-160　　　　　　　　　图 9-161　　　　　　　　　图 9-162

（7）选择"文件 > 置入"命令，弹出"置入"对话框。选择云盘中的"Ch09 > 素材 > 设计制作美食图书 > 34"文件，单击"打开"按钮，在页面空白处单击置入图片。选择"自由变换工具" ；拖曳图片到适当的位置并调整大小，效果如图9-163所示。

（8）选择"选择工具" ，选取需要的图形，在按住Alt+Shift组合键的同时，垂直向下拖曳图形到适当的位置，复制图形，效果如图9-164所示。拖曳图形右下角的控制手柄到适当的位置并调整大小，效果如图9-165所示。

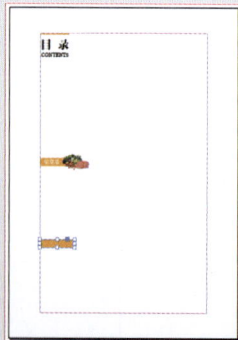
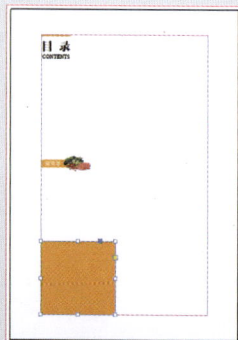

图 9-163　　　　　　　　　图 9-164　　　　　　　　　图 9-165

InDesign 核心应用案例教程（全彩慕课版）（InDesign 2020）

（9）取消图形的选取状态。选择"文件 > 置入"命令，弹出"置入"对话框。选择云盘中的"Ch09 > 素材 > 设计制作美食图书 > 07"文件，单击"打开"按钮，在页面空白处单击置入图片。选择"自由变换工具"，拖曳图片到适当的位置并调整大小，效果如图9-166所示。

（10）按Ctrl+X组合键，将图片剪切到剪贴板上。选择"选择工具"，选中下方的矩形，选择"编辑 > 贴入内部"命令，将图片贴入矩形内部，效果如图9-167所示。

（11）选择"文字 > 段落样式"命令，弹出"段落样式"面板，单击面板下方的"创建新样式"按钮，生成新的段落样式并将其命名为"目录文字"，如图9-168所示。

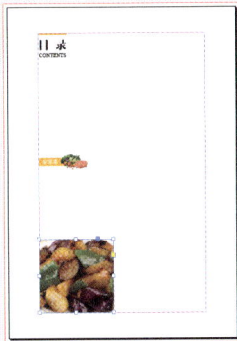

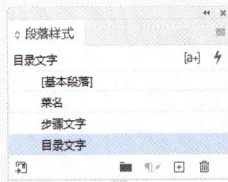

| 图 9-166 | 图 9-167 | 图 9-168 |
| --- | --- | --- |

（12）双击"目录文字"样式，弹出"段落样式选项"对话框。单击"基本字符格式"选项，显示相应的界面，设置如图9-169所示。单击"制表符"选项，显示相应的界面，设置如图9-170所示。单击"字符颜色"选项，显示相应的界面，选择需要的颜色，如图9-171所示，单击"确定"按钮。

（13）选择"版面 > 目录"命令，弹出"目录"对话框，在"其他样式"列表框中选择"菜名"样式，单击"添加"按钮，将"菜名"样式添加到"包含段落样式"列表框中，如图9-172所示。在"样式：菜名"选项组中的"条目样式"下拉列表中选择"目录文字"，如图9-173所示。

图 9-169

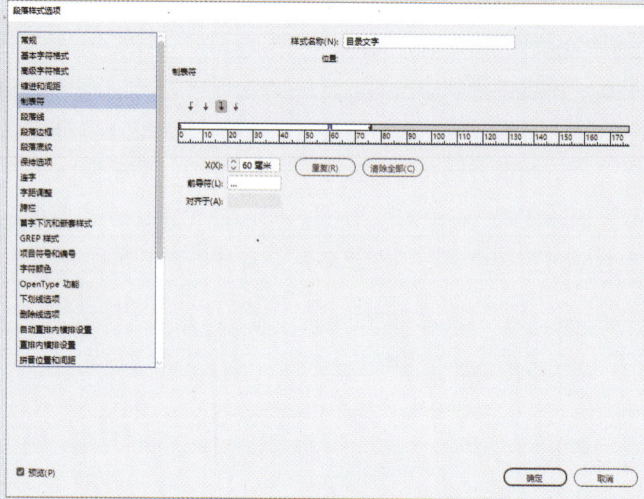

图 9-170

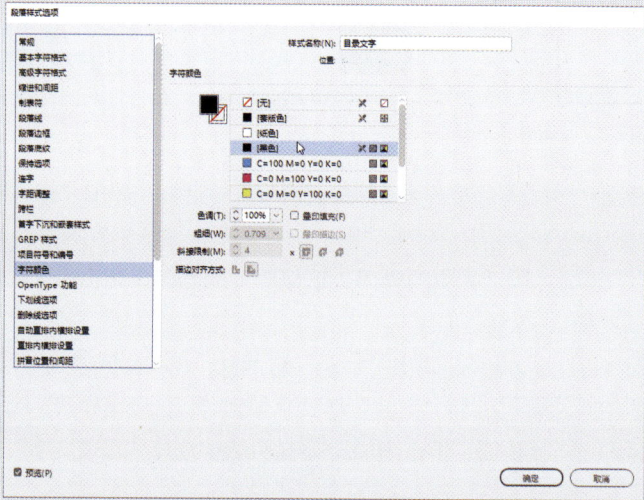

图 9-171

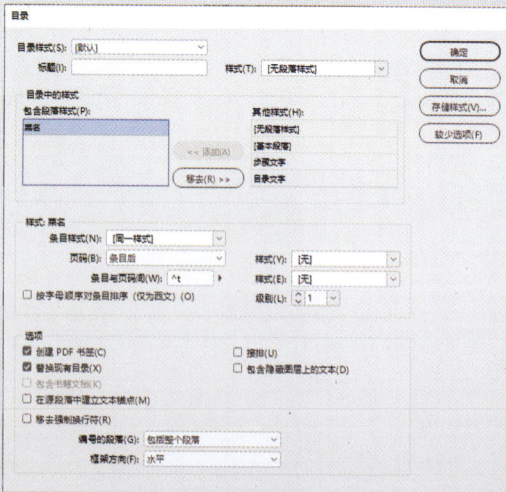

图 9-172

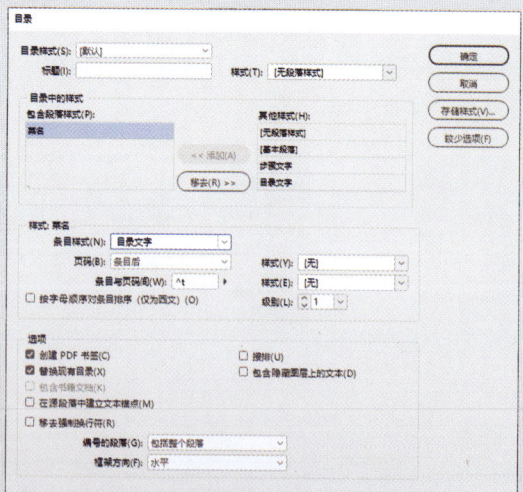

图 9-173

（14）单击"确定"按钮，在页面中适当的位置拖曳，提取目录，效果如图9-174所示。选择"文字工具" T ，在数字"05"右侧单击插入插入点，如图9-175所示。按Enter键，切换到下一行，如图9-176所示。

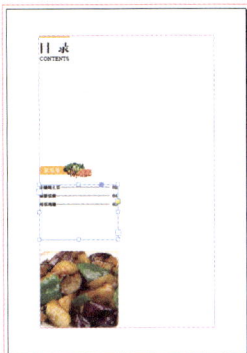

图 9-174　　　　　　　　　　图 9-175　　　　　　　　　　图 9-176

（15）选取并复制记事本文档中需要的文字，返回InDesign页面中。将复制的文字粘贴到文本框中，效果如图9-177所示。选择"选择工具" ▶ ，选取文字，单击文本框的出口，如图9-178所示。

图 9-177　　　　　　　　　　　　　　　　图 9-178

（16）当鼠标指针变为载入文本图符时，将其移动到适当的位置，如图9-179所示，拖曳文本，文本自动排入框中，效果如图9-180所示。在页面空白处单击，取消文字的选取状态，图书目录制作完成，效果如图9-181所示。

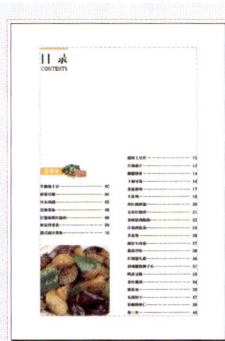

图 9-179　　　　　　　　　　图 9-180　　　　　　　　　　图 9-181

### 9.2.1 【项目背景】

**1. 客户名称**

云尽乐淘有限公司。

**2. 客户需求**

云尽乐淘是一家新兴电商平台，现平台将举行"购物节"活动，需要设计制作一款宣传单，要求能够突出购物节的优惠力度，吸引更多顾客关注。

### 9.2.2 【项目要求】

（1）使用粉色系渐变底图，做出景深效果，使整个底图呈现出空间感。

（2）使用3D图形进行点缀，丰富画面效果，增添画面的活泼感。

（3）文字内容信息精练，突出优惠信息。

（4）设计规格为210毫米（宽）×297毫米（高），出血3毫米。

### 9.2.3 【项目设计】

本案例设计效果如图9-182所示。

图 9-182

### 9.2.4 【项目要点】

使用"置入"命令添加素材图片，使用"文字工具"、"字符"面板添加宣传信息，使用"矩形工具"、"角选项"命令、"椭圆工具"、"路径查找器"面板、"投影"命令和"文字工具"制作价格标签，使用"钢笔工具"、"椭圆工具"、"矩形工具"和"不透明度"选项绘制装饰图形。

# 9.3 课后习题——设计制作饰品画册

## 9.3.1 【项目背景】

**1. 客户名称**

美俊达饰品股份有限公司。

**2. 客户需求**

美俊达是一家从事饰品设计、生产和销售的公司，公司近期需要设计制作一套全新的画册，包括封面和内页，要求起到宣传公司理念和产品特色的作用。

## 9.3.2 【项目要求】

（1）以产品实物图片作为画面主体，展现产品的优质工艺和设计感。

（2）画面的色调搭配和谐，给人现代、时尚的印象。

（3）版式灵活，富于变化，产品信息清晰。

（4）设计规格均为285毫米（宽）×210毫米（高），出血3毫米。

## 9.3.3 【项目设计】

本案例设计效果如图9-183所示。

图 9-183

| 微课 | 微课 | 微课 | 微课 | 微课 | 微课 | 微课 |
|---|---|---|---|---|---|---|
| 设计制作饰品画册封面 1 | 设计制作饰品画册封面 2 | 设计制作饰品画册封面 3 | 设计制作饰品画册封面 4 | 设计制作饰品画册内页 1 | 设计制作饰品画册内页 2 | 设计制作饰品画册内页 3 |

## 9.3.4 【项目要点】

　　使用"置入"命令置入素材图片,使用"钢笔工具""效果"面板为图片制作半透明效果,使用"文字工具""字形"命令添加封面名称和公司信息,使用"钢笔工具""多边形工具""椭圆工具""路径文字工具"制作标志,使用"椭圆工具""渐变色板工具""矩形工具""直接选择工具""贴入内部"命令制作装饰图形,使用"矩形工具""添加/删除锚点工具""贴入内部"命令制作图片剪切效果,使用"文字工具"、"矩形工具"和"字符"面板添加标题及相关信息,使用"垂直翻转"按钮、"效果"面板和"渐变羽化"命令制作图片倒影效果,使用"投影"命令为图片添加投影效果。

工业和信息化
普通高等教育"十三五"
规划教材立项项目

COMPREHENSIVE
TRAINING OF
ENTERPRISE DIGITAL
MANAGEMENT

# 企业数字化管理综合实训

## 金蝶云星空业财税一体化

**徐亚文 陆榕** / 主编

姚和平 邴綝纶 / 副主编

人民邮电出版社

北 京

图书在版编目（CIP）数据

企业数字化管理综合实训 ： 金蝶云星空业财税一体化 / 徐亚文，陆榕主编. -- 北京 ： 人民邮电出版社，2022.1
ISBN 978-7-115-58103-7

Ⅰ．①企… Ⅱ．①徐… ②陆… Ⅲ．①数字技术－应用－企业管理 Ⅳ．①F272.7

中国版本图书馆CIP数据核字(2021)第247418号

## 内 容 提 要

本书以金蝶云星空 V7.51 为教学平台，以集团公司下的两家子公司一个月完整的业务为例，详细介绍了多组织机构环境下，企业如何利用供应链、生产制造、财务管理功能模块协作完成综合业务数字化处理。本书内容包括概述、系统管理、企业基础信息、日常业务、期末处理、编制报表、数据可视化分析七部分。

本书将知识学习融入实务之中，以业务场景贯穿所有知识。第一章介绍金蝶云星空系统部署与常规操作方法，第二章和第三章介绍系统初始化的内容，第四章至第六章以四十八个业务场景循序渐进地介绍综合业务数字化处理过程，第七章通过三个业务场景介绍数据可视化分析技巧。

本书可作为高等院校工商管理、会计学、信息管理及其他经济管理类专业相关课程的教材，也可作为企业业务管理人员和信息化管理人员的参考用书。

◆ 主　　编　徐亚文　陆　榕
　　副 主 编　姚和平　邴祺纶
　　责任编辑　刘向荣
　　责任印制　李　东　胡　南

◆ 人民邮电出版社出版发行　　北京市丰台区成寿寺路 11 号
　　邮编　100164　　电子邮件　315@ptpress.com.cn
　　网址　https://www.ptpress.com.cn
　　北京九州迅驰传媒文化有限公司印刷

◆ 开本：787×1092　1/16
　　印张：14.5　　　　　　　　2022 年 1 月第 1 版
　　字数：418 千字　　　　　　2025 年 7 月北京第 9 次印刷

定价：49.80 元

读者服务热线：(010)81055256　印装质量热线：(010)81055316
反盗版热线：(010)81055315